机械工程系列规划教材

ProE Wildfire 5.0 立体词典：

产品建模

（第三版）

主　编　门茂琛　朱　红　战淑红

副主编　王翠芳　贾　磊

ZHEJIANG UNIVERSITY PRESS
浙江大学出版社

图书在版编目（CIP）数据

ProE Wildfire 5.0 立体词典：产品建模 / 门茂琛
等主编. —3 版. —杭州：浙江大学出版社，2016.1（2020.1 重印）
　ISBN 978-7-308-15224-2

　Ⅰ. ①P… Ⅱ. ①门… Ⅲ. ①工业产品—产品设计—
计算机辅助设计—应用软件 Ⅳ. ①TB472-39

　中国版本图书馆 CIP 数据核字（2015）第 240757 号

内容提要

　　本书以 Pro/ENGINEER wildfire 5.0 中文版为蓝本，详细介绍了三维产品建模技术的基础知识和相关技巧。全书共 12 章，分别介绍 Pro/E 软件的基础知识和基本操作、二维草绘设计、基准特征、零件设计、曲面和曲线设计、装配和工程图、关系式和族表以及 ProE 软件的系统规划与配置等内容。

　　本书将 Pro/ENGINEER 软件操作的相关知识和实际运用结合起来，并穿插针对性的操作技巧和实例，以帮助读者切实掌握用 Pro/ENGINEER 软件来设计产品的方法和技巧。

　　针对教学的需要，本书由浙大旭日科技配套提供全新的立体教学资源库（立体词典），内容更丰富、形式更多样，并可灵活、自由地组合和修改。同时，还配套提供教学软件和自动组卷系统，使教学效率显著提高。

　　本书可以作为本科、高职高专等相关院校的 Pro/ENGINEER 教材，同时为从事工程技术人员和 CAD\CAM\CAE 研究人员提供参考资料。

ProE Wildfire 5.0 立体词典：产品建模（第三版）

主　编　门茂琛　朱　红　战淑红
副主编　王翠芳　贾　磊

责任编辑　杜希武
责任校对　陈慧慧
封面设计　刘依群
出版发行　浙江大学出版社
　　　　　（杭州市天目山路 148 号　邮政编码 310007）
　　　　　（网址：http://www.zjupress.com）
排　　版　杭州好友排版工作室
印　　刷　杭州日报报业集团盛元印务有限公司
开　　本　787mm×1092mm　1/16
印　　张　23.75
字　　数　592 千
版 印 次　2016 年 1 月第 3 版　2020 年 1 月第 2 次印刷
书　　号　ISBN 978-7-308-15224-2
定　　价　48.00 元

《机械工程系列规划教材》
编审委员会

第三版前言

作为制造业工程师最常用的、必备的基本技术，工程制图曾被称为是"工程师的语言"，也是所有高校机械及相关专业的必修基础课程。然而，在现代制造业中，工程制图的地位正在被一个全新的设计手段所取代，那就是三维建模技术。

随着信息化技术在现代制造业的普及和发展，三维建模技术已经从一种稀缺的高级技术变成制造业工程师的必备技能，并替代传统的工程制图技术，成为工程师们的日常设计和交流工具。与此同时，各高等院校相关课程的教学重点也正逐步由工程制图向三维建模技术转变。

Pro/ENGINEER 软件是 PTC 公司推出的一套最新的三维专业 CAD 软件，广泛应用于航天、汽车、模具、工业设计、玩具等行业，是目前主流的大型 CAD/CAM/CAE 软件之一。其版本在不断的更新，功能也越来越强大，对使用者的要求也越来越高。由于现代社会越来越注重效率的提高，因此如何在最短的时间内，使读者快速掌握该软件，并能快速绘制高质量的产品成为 Pro/ENGINEER 教材追求的目标，本书正是满足了这个需求而编写的。

本书以 Pro/ENGINEER Wildfire 5.0 为蓝本，在认真听取兄弟院校教师和读者意见的基础上，经编委会成员讨论后，对本书第二版修订而成，详细介绍了三维产品建模技术的基础知识和相关技巧。本书一共分为 12 章，前 2 章主要介绍 Pro/E 软件的基础知识和基本操作，该部分覆盖知识全面，使读者充分了解该软件；第 3 章详细介绍草绘的基础知识及其操作；第 4 章介绍基准特征的创建方法，为以后复杂零件的设计和装配打下基础；第 5、6、7、8 章是本书的重点，讲解了零件设计及其变更和曲面、曲线的创建方法，该部分通过大量针对性的实例使读者对软件操作有更深入的理解与掌握；第 9、10 章介绍在 Pro/ENGINEER 进行虚拟装配和基于三维模型创建工程图的方法，这也是设计软件的关键部分；最后 2 章介绍了 Pro/ENGINEER 在企业中应用时的高级技巧，使读者更高效地、规范地运用 Pro/ENGINEER 软件。

此外，我们发现，无论是用于自学还是用于教学，现有教材所配套的教学资源库都远远无法满足用户的需求。主要表现在：1) 一般仅在随书光盘中附以少量的视频演示、练习素材、PPT 文档等，内容少且资源结构不完整。2) 难以灵活组合和修改，不能适应个性化的教学需求，灵活性和通用性较差。为此，本书特别配套开发了一种全新的教学资源：立体词典。所谓"立体"，是指资源结构的多样性和完整性，包括视频、电子教材、印刷教材、PPT、练习、试题库、教学辅助软件、自动组卷系统、教学计划等等。所谓"词典"，是指资源组织方式。即把一个个知识点、软件功能、实例等作为独立的教学单元，就像词典中的单词。并围绕教学单元制作、组织和管理教学资源，可灵活组合出各种个性化的教学套餐，从而适应各种不同的教学需求。实践证明，立体词典可大幅度提升教学效率和效果，是广大教师和学生的得力助手。

本书第8、10、11、12章由门茂琛(郑州大学综合设计研究院有限公司)编写，第3、5章由朱红(武汉职业技术学院)编写，第7、9章由战淑红(长春汽车工业高等专科学校)编写，第1、4章由王翠芳(江西旅游商贸职业学院)编写，第2、6章由贾磊(商丘工学院)编写。本书可以作为本科、高职高专等相关院校的Pro/ENGINEER教材，同时为从事工程技术人员和CAD/CAM/CAE研究人员提供参考资料。限于编写时间和编者的水平，书中必然会存在需要进一步改进和提高的地方。我们十分期望读者及专业人士提出宝贵意见与建议，以便今后不断加以完善。请通过网站http://www.51cax.com或致电0571-87952303与我们交流。

杭州浙大旭日科技开发有限公司为本书配套提供立体教学资源库、教学软件及相关协助，在此表示衷心的感谢。

最后，感谢浙江大学出版社为本书的出版所提供的机遇和帮助。

编　者

2016年1月

目　　录

第 1 章　Pro/ENGINEER 入门知识

学习单元:Pro/ENGINEER 入门知识	参考学时:1
学习目标	

◆掌握 CAD 技术的概念和三维造型的一般过程

◆了解 Pro/ENGINEER 系列软件的相关基础知识、优势及其特点

◆了解 Pro/ENGINEER 软件所能实现的功能

◆认识 Pro/ENGINEER Wildfire 5.0 界面

◆熟悉参数化三维建模的基本过程

学习内容	学习方法
★CAD 技术概况	
★三维造型基础	
★Pro/ENGINEER 软件模块	◆理解概念,熟悉环境
★Pro/ENGINEER 最新版本特点及新增功能	◆联系实际,勤于练习
★Pro/ENGINEER Wildfire 5.0 的工作环境	
★零件设计的基本流程	
考核与评价	教师评价 (提问、演示、练习)

　　人们生活在三维世界中,采用二维图纸来表达几何形体显得不够形象、逼真。三维造型技术的发展和成熟应用改变了这种现状,使得产品设计实现了从二维到三维的飞跃,且必将越来越多地替代二维图纸,最终成为工程领域的通用语言。因此三维造型技术也成为工程技术人员所必须具备的基本技能之一。Pro/ENGINEER 是美国参数技术公司(Parametric Technology Corporation,简称 PTC)的重要产品。在目前的三维造型软件领域中占有着重要地位,并作为当今世界机械 CAD/CAE/CAM 领域的新标准而得到业界的认可和推广,是现今最成功的 CAD/CAM 软件之一。

1.1　Pro/ENGINEER 特性介绍

1.1.1　Pro/ENGINEER 软件背景

1. 所属公司

Pro/ENGINEER(简称 Pro/E)是美国 Parametric Technology Corporation(PTC)公司的产品,官方网站为 http://www.ptc.com。

2. 技术特点

Pro/E 以其参数化、基于特征、全相关等概念闻名于 CAD 界,操作较简单,功能丰富。

3. 主要功能

Pro/E 的主要功能包括三维实体造型和曲面造型、钣金设计、装配设计、基本曲面设计、焊接设计、二维工程图绘制、机构设计、标准模型检查及渲染造型等,并提供大量的工业标准及直接转换接口,可进行零件设计、产品装配、数控加工、钣金件设计、铸造件设计、模具设计、机构分析、有限元分析和产品数据管理、应力分析、逆向工程设计等。

4. 应用领域

Pro/E 广泛应用于汽车、机械及模具、消费品、高科技电子等领域,在我国应用较广。

5. 主要客户

Pro/E 的主要客户有空客、三菱汽车、施耐德电气、现代起亚、大长江集团、龙记集团、大众汽车、丰田汽车、阿尔卡特等。

1.1.2　Pro/ENGINEER 功能模块

1. Pro/E 模块

Pro/E 模块是 Pro/ENGINEER Wildfire 5.0 最基本的部分,是 Pro/ENGINEER Wildfire 5.0 软件的主体,包括构造基本三维造型所需要的全部功能。其最主要的功能是进行参数化的实体设计。

2. Pro/Designier 模块

Pro/Designier 原名为 Pro/CDRS,它是工业设计模块的一个概念设计工具,主要在工业设计上应用。使用 Pro/Designier 能够使产品开发人员快速创建、评价和修改产品的多种设计概念。可以生成高精度的曲面几何模型,并能够直接传送到机械设计和(或)原型制造中。所以 Pro/Designier 在加快设计大型及复杂的装配工作,非参数化装配概念设计、参数化概念分析及三维部件的平面布置等方面有其独特的优势。

3. Pro/Feature 模块

Pro/Feature 模块扩展了 Pro/E 的特征。它可以将 Pro/E 中的各种功能任意组合,形成用户定义的特征。Pro/Feature 具有将零件从一个位置复制到另一个位置的能力,可以镜像复制带有复杂轮廓的实体模型。允许产品设计人员利用简便的设计工具创建高级特征(例如高级的扫描和轮廓混合),这在很短的时间内就可以实现。

4. Pro/Surface 模块

利用 Pro/Surface 模块,设计者可以快速开发任一实体零件中的自由曲面和几何曲面,也可以开发整个曲面模型。Pro/Surface 为生成各种曲面提供了强大的支持。

5. Pro/Assembly 模块

Pro/Assembly 是一个参数化的组装管理模块。利用该模块可以实现虚拟装配,可用来检验是否有装配干涉发生,以便使设计者及时发现问题并进行修改,而且 Pro/Assembly 构造和管理大型复杂的模型,这些模型包含的零件数目不受限制。装配体可以用不同的详细程度来表示,从而使工程人员可以对某些特定部件或者子装配体进行研究,同时在整个产品中的设计意图保持不变。附加的功能还能使用户很容易也创建一组设计,有效地支持工程数据重用(EDU)。

6. Pro/Detail 模块

Pro/Detail 可以独立于基本模块,也可以和基本模块配合使用,提供全几何公差配合和尺寸标注产生视图的能力以生成标准工程图,因而扩大了 Pro/E 生成设计图纸的能力。这些图纸遵守 ANAI、ISO、DIN 和 JIS 标准。

7. Pro/Draft 模块

Pro/Draft 是一个二维绘图系统,设计人员可直接利用它生成剖面图和工程图。Pro/Draft 也可以接收其他 CAD 系统生成的.dxf 等文件。

8. Pro/Molddesign 模块

Pro/Molddesign 是专门用于模具设计的软件包,利用它可完成模具部件的设计和模板的组装,包括自动生成模具型腔几何体,采用不同的收缩补充方式进行型腔几何体的修改,进行充模模拟,还可直接生成模具(包括浇口、冷凝口、流道等)的一些特定特征。

9. Pro/Sheetmetal 模块

Pro/Sheetmetal 是专门用于钣金设计的模块,可以利用它进行参数化的钣金造型和组装设计,包括产生钣金设计模型及其展开图。它为钣金设计提供了良好的工具,为钣金设计提供一个更为方便的设计通道。

10. Pro/Manufacturing 模块

Pro/Manufacturing 是 Pro/E 的 CAM 模块,它能生成生产过程规划及刀具轨迹,它允许设计者采用参数化的方法定义数控刀具轨迹以对模型进行加工,并通过后置处理生成数控(NC)程序,包括铣削(Milling)、车削(Turning)和钻削(Drilling)等加工工艺。

11. Pro/Mechanica 模块

该模块是一种功能仿真软件。用户无须离开 Pro/E 环境,软件就能够显示高级解算器计算的有限元结果,还支持在产品开发早期对设计进行验证。

12. Pro/Notebook 模块

Pro/Notebook 以"自顶向下"的方式对产品的开发过程进行管理,同时对复杂产品设计过程中涉及的多项任务自动分配,从而提高工程的生产效率。

13. Pro/Scan-Tools 模块

Pro/Scan-Tools 满足工业上使用物理模型作为新设计起点的需求。把模型数字化,它的形状和曲面就可以点数据的形式输入 Pro/Scan-Tools 中,因此能产生高质量的、与物理原型非常匹配的模型。

1.2 Pro/ENGINEER 的参数化设计特性

1. 三维实体模型

Pro/E 软件设计是基于三维实体模型的,而不是以往所看到的"二维"。在三维模型中,用户不仅能更加直观看地到物体的实体模型,而且可以计算出物体的质量、密度、受力等特性。

2. 基于特征的参数化设计

在基于特征的造型系统中,特征是指构成零件的有形部分,如表面、孔和槽等。Pro/E 系统配合其独特的单一数据库设计,将每一个尺寸视为一个可变的参数。例如,在草绘图形时，先只管图形的形状而不管它的尺寸，然后通过修改它的尺寸，使绘制的图形达到设计者的要求。充分利用参数式设计的优点，设计者能够减少人工改图或计算的时间，从而大大地提高工作效率。

3. 数据库统一

单一数据库是指工程中的资料全部来自一个数据库，使得多个用户可以同时为一个产品造型工作，即在整个设计过程中，不管哪处地方因为某种需要而发生改变，整个设计的相关环节都会随着改变。Pro/E 系统就是建立在单一数据库上的 CAD/CAM/CAE 系统，优点是显而易见的。如在零件图和装配图都已完成的情况下，又发现某一处需要改动，用户只需要改变零件图或者装配图上的相应部分，其他与之相应部分也会随之改变，数控加工程序也会自动更新。

4. 全相关技术

Pro/E 的一个很重要的特点就是有一个全相关的环境：在一个阶段所做的修改对所有的其他阶段都有效。例如，设计好一组零件，并将之装配在一起，每个零件均生成工程图。这时，在任何一个阶段修改某个零件一处特征，则该修改在其他地方都有效，相应尺寸都会更改，这也是 Pro/E 单一数据库的具体体现。另外，设计者可利用尺寸之间的关系式来限定相关尺寸，特别是在机械设计中有需要配合的地方，利用参数关系式有很大的方便。例如，在冷冲模具设计中要求凸模和凹模有一定的配合关系，以圆形凸、凹模为例，凸模直径是 d_0，而凹模尺寸加上适当的间隙，假如单边间隙为 a，$d_1 = d_0 + 2a$。用关系式限定 d_1 的尺寸后，凸模尺寸发生改变时，总能得到正确的凹模尺寸，两者之间总有符合设计要求的间隙，从而保证了设计的准确性。

1.3　Pro/ENGINEER 的产品开发流程

Pro/ENGINEER 的产品设计一般流程如图 1-1 所示。

1. 概念设计

每一个产品的制造之初，要对该产品做一个概念的设计，利用不同的特征类型构造出要求的产品模型，然后进行概念设计。

2. 造型设计

概念设计完成之后，要对产品的外形进行设计，以满足客户的要求，特别是民用产品，其外形要求特别高。

3. 参数化建模

建模过程是产品设计全周期中最主要的阶段，这个阶段耗时最多，工作量最大，直接影响产品的质量，是本书主要介绍的部分。建模要按照事先的分析结果进行，但是在建模过程中往往要调整原来的分析方案，调整建模过程和方式，另外还包括模型内参数的传递。

4. 优化设计

这个步骤并不是必需的，对于简单的零件，建模完成即可，但是对于某些复杂的零件则需要对其进行优化设计。即完成零部件的三维建模后，针对产品在使用过程中的强度、运动、安装强度和密度的要求，对其特性进行分析和研究，如进行运动仿真、结构强度分析、疲劳分析、塑料流动、热分析、公差分析和优化、NC 仿真及其优化、动态仿真等。

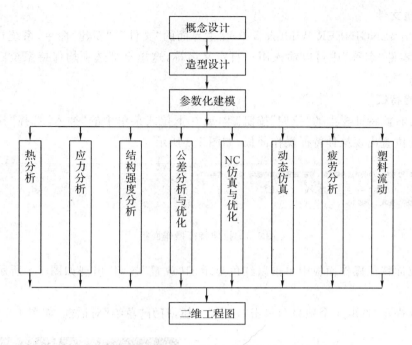

图 1-1　Pro/ENGINEER 产品设计的一般流程

5. 二维工程图输出

有时为了更方便地与其他工作人员交流，需要创建工程图。工程图在 Pro/E 中，是基于三维模型来创建的，而不是重新绘制。Pro/E 中创建的工程图，其视图和尺寸与三维模型完全相关联，即三维模型上的任何改变，包括尺寸、形状和位置，都会自动地反映到工程图上。

1.4　Pro/E 快速入门实例

本节通过一个简单的实例，介绍 Pro/E 的基本建模过程，使读者对用 Pro/E 进行产品设计有一个初步的认识。

【例】绘制如图 1-2 所示阶梯轴。

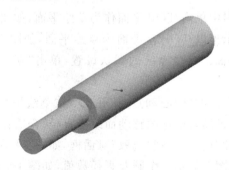

图 1-2　阶梯轴

1. 新建文件

启动 Pro/ENGINEER Wildfire 5.0,在主界面的"文件"|"新建"命令,系统打开"新建"对话框,在零件"名称"中可以输入用户自定义名称,这里全部选项均保持系统默认。单击"确定"按钮。

2. 创建特征

1)单击右侧特征栏上的"拉伸"按钮 ,或在下拉式菜单中的"插入"选择"拉伸",在原"消息区"的位置出现拉伸特征操作面板,如图 1-3 所示。

图 1-3　拉伸特征操作面板

2)在拉伸特征操作面板中单击以红色显示的"放置"按钮,出现如图 1-4 所示的"草绘"上滑面板。

3)系统提示"选取 1 个项目",单击"定义"按钮,打开"草绘"对话框,如图 1-5 所示。

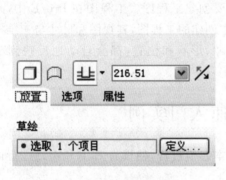

图 1-4　"草绘"上滑面板

图 1-5　"草绘"对话框

4)在工作区域或模型树中单击 TOP 平面作为草绘平面,如图 1-6 所示。

5)"草绘"对话框中显示出以 TOP 基准面为草绘平面,如图 1-7 所示,表示当前已经选择 TOP 基准面作为草绘平面。接受系统的默认设置,单击"草绘"按钮,激活草绘器,进入草绘环境。

6)单击右侧特征工具栏上的"圆心和点"按钮 ,在草绘平面单击原点作为圆心,移动鼠标,这时会出现一个圆并且随着鼠标的移动而改变直径;合适直径时,单击鼠标左键,就可绘制成一个圆形;单击"尺寸"按钮,出现"选取"对话框,如图 1-8 所示。

7)单击"确定"按钮,草图上显示一个圆及直径数值,如图 1-9 所示。

8)双击直径尺寸数值,激活尺寸修改输入框,如图 1-10 所示;输入 100,并按"回车"。草图自动更新。

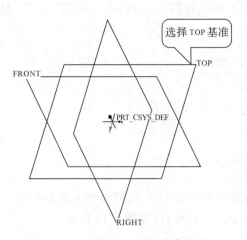

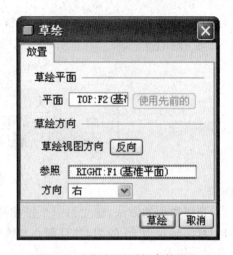

图 1-6　选择 TOP 平面作为草绘平面　　　　图 1-7　"草绘"对话框参数设置

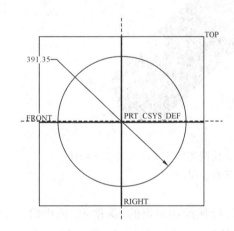

图 1-8　"选取"对话框　　　　图 1-9　草绘图形:圆

9)单击右侧工具栏上的"确定"按钮 ✓ 即可完成草绘操作,系统自动返回到拉伸特征操作面板,同时绘图区中显示出三维预览模型;按住鼠标中键不放并拖动,可以改变观察三维模型的视角,如图 1-11 所示。

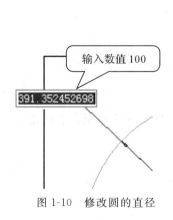

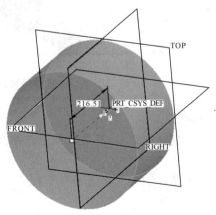

图 1-10　修改圆的直径　　　　图 1-11　观察三维模型

10）在拉伸特征操作面板的"深度值"框中输入500，如图1-12所示，然后按"回车"；最后单击"确定"按钮☑。

输入数值

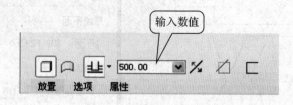

图1-12　确定拉伸深度值

11）按照类似的方法，建立另一个拉伸特征，选择如图1-13所示的面作为草绘平面。

12）草绘半径为60的圆，并且圆心与圆柱体端面中心重合，如图1-14所示。

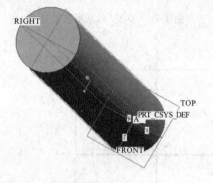

图1-13　指定圆柱体的顶面为第二个特征
　　　　　的草绘平面

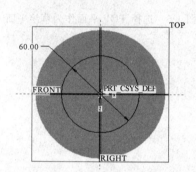

图1-14　草绘半径为60的圆

13）在拉伸特征操作面板的"深度值"框中输入200，然后按"回车"；最后单击"确定"按钮☑，拉伸特征建立完毕，阶梯轴主体模型如图1-15所示。

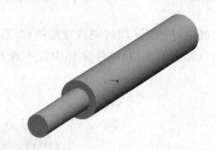

图1-15　拉伸距离为200，形成阶梯轴模型

3. 观察模型

完整模型建立完成后，按住鼠标中键并移动，可以调整观察视角至合适的角度。

提示：

常用的视角控制方法如表1-1所示。

表 1-1　常用的视角控制

操作	三维模型	二维模型	说明
旋转	鼠标中键	无	按住鼠标中键拖动
平移	Shift＋鼠标中键	鼠标中键	无
缩放	Ctrl＋鼠标中键	Ctrl＋鼠标中键	向下拖动放大
	滚动鼠标中键	滚动鼠标中键	向上拖动缩小
翻转	鼠标左键	无	无

4. 保存模型

选择"文件"|"保存"命令或者单击工具栏上的"保存"按钮 📖，系统弹出"保存对象"对话框，如图 1-16 所示。选择合适的目录，单击"确定"按钮保存模型。

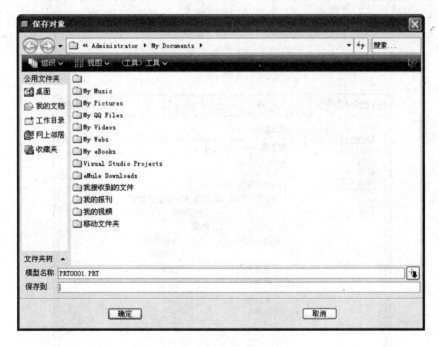

图 1-16　"保存"对象对话框

5. 绘制二维工程图

1）单击"新建"按钮 ，弹出如图 1-17 所示的"新建"对话框；选取文件类型，输入文件名，取消使用默认模板。

2）单击"确定"按钮，弹出如图 1-18 所示的"新建绘图"对话框，单击 浏览… 按钮，找到 PRT0001.prt，在该对话框中设置相关属性，图纸方向选择横向，单击"确定"按钮，进入工程图环境。

6. 创建一般视图

单击 按钮，然后在绘图界面上单击，弹出"绘图视图"对话框，如图 1-19 所示；在"绘图视图"对话框中根据需要修改视图比例（此处设置为 0.4），将显示设为"隐藏线"，并设置视图方向，然后在工程图上某一位置单击鼠标左键确认放置的位置。

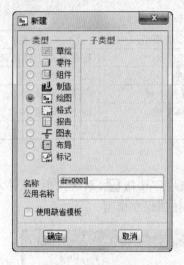

图 1-17　新建文件　　　　　　　　　　　图 1-18　指定模板

图 1-19　"绘图视图"对话框

7. 创建投影视图

单击按钮" 投影..."，然后在已创建好的一般视图上单击，拖动鼠标左键即可在视图的右方建立投影视图，如图 1-20 所示。

8. 插入表格

单击按钮 并通过合并单元格和设置表格宽度来创建标题栏表格，再单击按钮 添加注释和表格内容，完成如图 1-21 所示的表格和注释的创建。

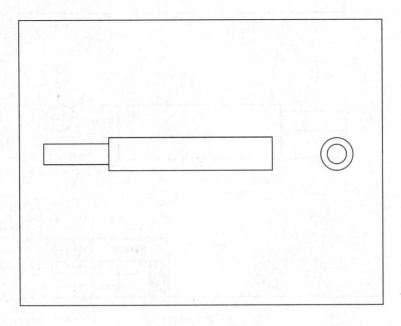

图 1-20　三视图

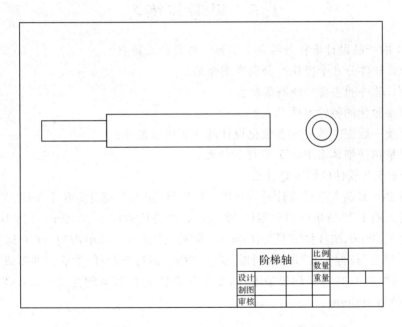

阶梯轴		比例	
		数量	
设计		重量	
制图			
审核			

图 1-21　插入表格

9. 尺寸标注

单击"显示/拭除"按钮 ，选择"显示"，并在"显示/拭除"对话框中选择相应的"尺寸"项目，显示方式选择"特征"，如图 1-22 所示，显示视图中的尺寸；单击"关闭"按钮结束操作。

10. 保存文件。以后直接调用。

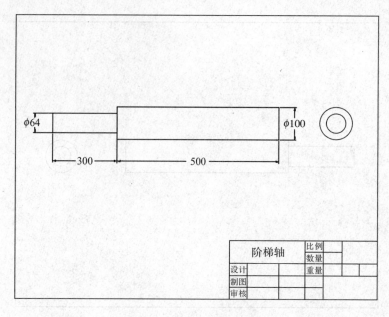

图 1-22　显示所有尺寸

1.5　思考与练习

1. CAX 的产品设计流程分哪几个步骤？各有什么特点？

2. Pro/E 软件分几个模块？分别详细介绍。

3. Pro/E 软件的主要功能有哪些？

4. 三维参数化的特性有哪几点？

5. 实行统一数据库管理和参数化设计的显著优点是什么？

6. 通过举例仔细体会 Pro/E 软件的特性。

7. Pro/E 5.0 软件的特点是什么？

8. 在用 Pro/E 5.0 进行设计时应使用三键鼠标,鼠标三键各有什么作用？

9. 绘制如图 1-23 所示的模型零件,要求长方体的长和宽为 200mm,高为 100mm,凸出的圆柱体高为 40mm,圆柱体直径为 100mm(提示:长方体通过单击"拉伸工具"形成,草绘矩形,然后再单击"拉伸工具"形成;同理,圆柱体特征通过草绘圆,然后拉伸形成)。

10. 绘制如图 1-24 所示的模型零件,要求长方体的长和宽均为 200mm,高为 100mm,中心孔的直径为 100mm。

图 1-23　模型零件

图 1-24　模型零件

第 2 章　Pro/E 的界面及基本操作

学习单元：Pro/E 的界面及基本操作	参考学时：2
学习目标	

◆熟悉 Pro/ENGINEER Wildfire 5.0 的界面

◆掌握 Pro/ENGINEER Wildfire 5.0 的文件操作

◆掌握 Pro/ENGINEER Wildfire 5.0 的视图操作

◆熟悉 Pro/ENGINEER Wildfire 5.0 工作环境的设置方法

学习内容	学习方法
★Pro/ENGINEER Wildfire 5.0 的界面 ★Pro/ENGINEER 工作模式 ★Pro/ENGINEER 系统设置 ★Pro/ENGINEER 文件操作 ★Pro/ENGINEER 视图操作	◆理解概念，熟悉界面 ◆勤于操作，提高速度
考核与评价	教师评价 （提问、演示、练习）

2.1　界面简介

　　Pro/E 5.0 软件界面包括导航选项卡区、下拉菜单区、顶部工具栏按钮区、右工具栏、智能选取栏、消息区和图形区。如图 2-1 所示。

1. 导航选项卡区

　　导航选项卡区包括四个页面选项，如图 2-2 所示。

　　● 模型树或层树：在模型树中记录着用户创建模型的每一个步骤，通过简易的图形符号就可以了解模型整个创建步骤或者装配步骤，可以方便地对数据进行查询和变更。它是按照创建的顺序进行的，活动零件或组件显示在模型树的顶部，其从属的零件或特征位于其下。当该窗口处于活动状态时，才可以对该模型树进行操作。同时也可以对管理模型中的层进行管理。

　　● 文件夹浏览器：在浏览器中可以进行文件夹中内容和网络页面的浏览。通过双击文件夹，可以在浏览器中预览其内容；在地址栏中输入网址，可以浏览相应的网页。

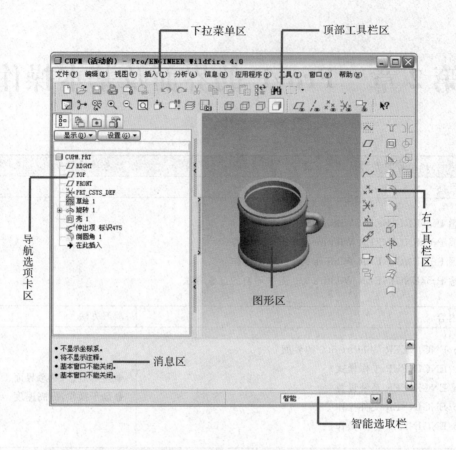

图 2-1 软件界面简单介绍

● 收藏夹：用于有效地组织管理个人资源。

● 连接：用于联机或者网络连接。

2. 下拉菜单区

如图 2-3 所示，菜单包括文件、编辑、视图、插入、分析、信息、应用程序、工具、窗口和帮助。

● 文件：对文件进行操作和设置工作目录等。

● 编辑：对操作和图元的编辑，比如复制、镜像、阵列等。

● 视图：对界面的显示设置等进行操作。

● 插入：插入零件特征。

● 分析：对零件的一些特性进行分析，比如质量、密度、长度等。

图 2-2 导航选项卡区页面选项

模型树

文件夹浏览器

收藏夹

连接

文件(F) 编辑(E) 视图(V) 插入(I) 分析(A) 信息(N) 应用程序(P) 工具(T) 窗口(W) 帮助(H)

图 2-3 菜单区

- 信息:查找有关零件的一些信息。
- 应用程序:一些高级零件的操作。
- 工具:对数据库和环境进行设置。
- 窗口:对窗口的操作,比如打开和关闭等。
- 帮助:帮助文件。

3. 顶部工具栏区和右工具栏按钮

文件操作工具栏如图 2-4 所示。

编辑操作工具栏如图 2-5 所示。

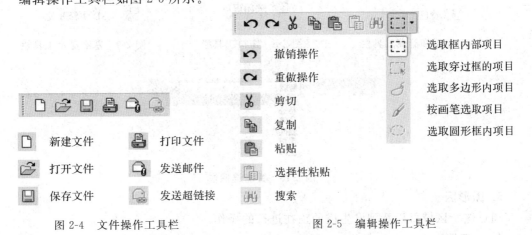

图 2-4 文件操作工具栏   图 2-5 编辑操作工具栏

视图操作工具栏如图 2-6 所示。

图 2-6 视图操作工具栏

显示和隐藏工具栏如图 2-7,窗口工具栏如图 2-8 所示。

基准显示工具栏如图 2-9 所示。

4. 智能选取栏

智能选取栏如图 2-10 所示。

智能选取栏,又叫作"过滤器"。可以对图形中的信息进行过滤,便于选取要点选的特征或者图元。

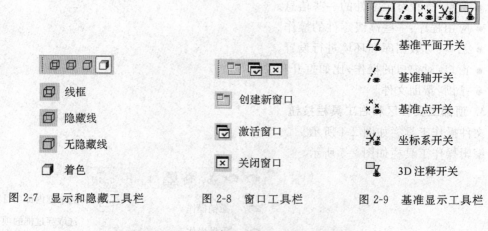

图 2-7 显示和隐藏工具栏　　图 2-8 窗口工具栏　　图 2-9 基准显示工具栏

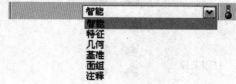

图 2-10 智能选取栏

5. 图形区

通过这个区域可以看到已生成的正在进行的操作。

6. 消息区

将要进行的下一步操作以及出错信息等在这个区域都有提示。

2.2　文件操作

在零件或组件的设计过程中，最主要的就是对文件的操作。对文件的操作包括新建文件、打开文件、保存文件、备份文件、重命名文件、拭除文件、删除文件、复制目、镜像文件、集成和实例操作等。"文件"菜单如图 2-11 所示。

2.2.1　新建文件

单击"文件"|"新建"，如图 2-12 所示。

用户需要在此窗口选择类型，选择子类型，输入文件名。主要的文件类型包括以下方面：

- 草绘：二维草图绘制，扩展名为.set。
- 零件：三维零件、曲面设计、钣金设计等，扩展名为.prt。
- 组件：三维组件设计、动态机构设计等，扩展名为.asm。
- 制造：模具设计、NC 加工程序制作等，扩展名为.mfg。
- 绘图：二维工程图制作，扩展名为.drw。
- 格式：二维工程图图框制作，扩展名为.frm。
- 报表：建立模型报表，扩展名为.rep。
- 图表：建立电路、管路流程图，扩展名为.dgm。

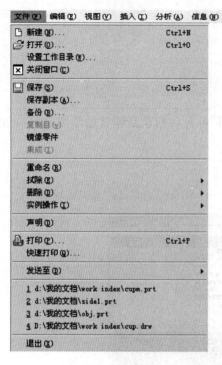

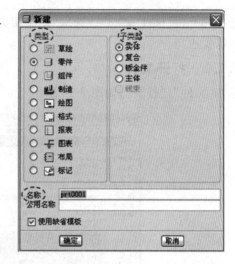

图 2-11　文件操作　　　　　　　　图 2-12　"新建文件"对话框

● 布局:建立新产品组装布局,扩展名为.lay。

● 标记:注解,扩展名为.mrk。

子类型栏是选择模块功能的子模块类型。输入的文件名只能是英文字母、数字和下划线,不能包括汉字和空格等。

如果选中"使用缺省模板"复选框,则系统将采用英制单位标准。如果想要采用公制单位标准,则应取消勾选该方框,直接单击"确定"按钮,弹出如图2-13所示对话框。

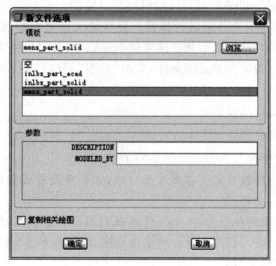

图 2-13　选择单位模板

说明：

inlbs_part_ecad：英制线路板文件。

inlbs_part_solid：英制零件文件。

mmns_part_solid：公制零件文件。

选择"mmns_part_solid"。选取"复制相关绘图"可自动创建新零件的绘图，用户可以根据自身需要选择。

2.2.2 打开文件

单击"文件"|"打开"，如图 2-14 所示。

图 2-14 "文件打开"对话框

打开文件有以下几种方法：

● 单击"公用文件夹"下的文件夹找到要打开的文件。

● 单击地址栏中的任意目录，然后选取目录或文件。

● 单击"切换地址栏"，以显示可直接编辑的目录路径。

● 单击文件夹树并选取文件夹进行浏览。要将某文件夹添加到"公用文件夹"的列表中，请选取该文件夹，单击右键，然后从快捷菜单中选取"添加到公用文件夹"。

为了快速查找，可以指定类型过滤条件：单击"类型"下拉列表选择相关类型，"子类型"下拉列表中选择子类型。

单击预览，可以预览所选图形。

2.2.3 保存文件

单击菜单"文件"|"保存"，将打开如图 2-15 所示对话框。

单击"确定"按钮，文件被自动保存到工作目录，如果还没有设置工作目录，则文件被保存在缺省的文件夹"我的文档"。

如果文件不是第一次被执行保存，则文件名框右端没有更改目录的可用选项。如果文件保存在当前工作目录，则可以用保存文件副本的形式保存：单击"文件"|"保存备份文件"，然后选取文件名，单击"确定"即可。

图 2-15 "保存对象"对话框

2.2.4 备份文件

与保存不同,备份文件是指在电脑上以相同的文件名进行备份,自动形成新版次。"保存"只能将文件存在源目录,"备份"则可以将文件保存在工作目录或用户指定的目录下。其对话框如图 2-16 所示,操作与保存相同。

图 2-16 备份文件

提示：

● 备份零件或组件时，与其相关的二维图亦被备份。

● 当备份组件时，用户可选择是否要备份其所含的零组件。

2.2.5　重命名文件

单击菜单"文件"|"重命名文件"，弹出如图 2-17 所示对话框。

图 2-17　重命名文件

注意：

需要零件和组件或工程图同时存在进程中，这样零件的修改会同时修改组件或工程图，如果不同时存在于进程中，则零件的修改会破坏其组件或二维工程图的文件。

2.2.6　拭除文件

单击菜单"文件"|"拭除文件"，弹出如图 2-18 所示子菜单。

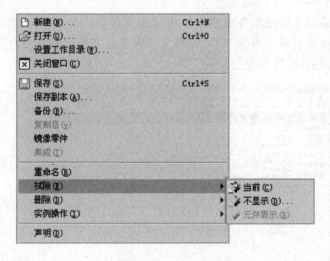

图 2-18　拭除文件

● 拭除当前：将当前窗口中的文件删除。

● 拭除不显示：将不显示在窗口中但存在于进程中的文件删除。

● 元件表示：将未使用的简化表示（零件的简易模型，一个零件可以定义几个简化表示）从进程中删除。

提示：

● 当参考该对象的组件或绘图仍处于活动状态时，不能拭除该对象。

● 拭除对象而不必从内存中拭除它参考的那些对象（例如，拭除组件而不必拭除它的元件）。

● 即使将文件保存在不同的目录中，也不能使用原始文件名保存或重命名文件。

2.2.7　删除文件

单击菜单"文件"|"删除"，弹出如图 2-19 所示子菜单。

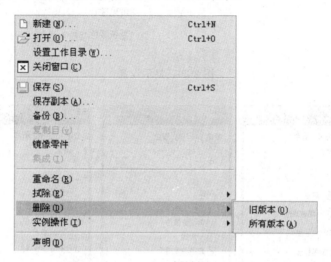

图 2-19　删除文件

● 删除旧版本：除了新的版次，其他的全部删除。

● 删除所有版本：删除所有版次的文件。

2.3　视图操作

2.3.1　显示设置

单击菜单"视图"|"显示设置"，如图 2-20 所示。

1. 模型显示

单击菜单栏中"视图"|"显示设置"|"模型显示"，得到如图 2-21 所示对话框。

● 在"普通"选项卡中可以设置显示造型着色状态、要显示的项目、重定向时的显示与动画和注释方向的栅格是否显示以及栅距。

● 可选择"显示造型"框中的显示类型，包括线框、隐藏线及着色等显示模式，其中着色为系统默认选项。

● "显示"选项区可以设置模型的显示内容，如颜色、跟踪草绘、尺寸公差、参考标志、内部电缆部分、焊接等。"颜色"复选框确定是否显示颜色；"尺寸公差"复选框确定是否显示尺寸公差，选择它并应用，在绘图工作区右下角将出现公差范围等信息。

● "重定向时显示"选项组用于设定在重定向模型时，是否显示基准特征、曲面网格、侧

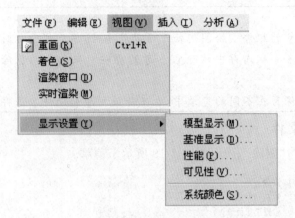

图 2-20　显示设置

图 2-21　模型显示的三个选项卡

面投影或方向中心。

 ● "重定向时的动画"选项组用于设置视图重定向时,动态画面允许的最大秒数与最小帧数。

 ● 在"边/线"选项卡中,可以设置"边"的显示质量和"相切边"的类型。

● 在"着色"选项卡中,可以设置"边"的显示质量和效果。

设置完成后,单击"应用"按钮,再单击"确定"按钮,即可完成设置。

2. 基准显示

单击菜单栏中"视图"|"显示设置"|"基准显示",如图 2-22 所示。

在基准显示中,可以设置"显示"和"点符号",在"显示"区中,如果勾选基准符号前的复选框,视图中会显示该基准,否则不会显示。

点符号可以设置为十字型、点、圆、三角、正方形。单击"确定"即完成设置。

另外,利用工具栏上的按钮,也可以控制"基准显示",如图 2-23 所示。

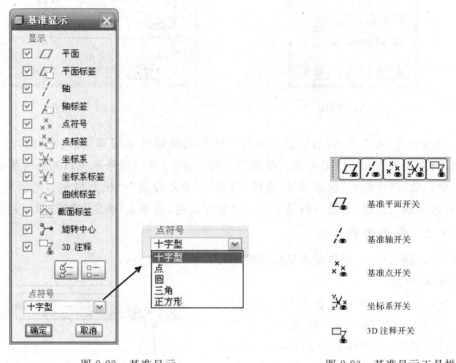

图 2-22　基准显示　　　　　　　　　　　图 2-23　基准显示工具栏

3. 性能

单击菜单"视图"|"显示设置"|"性能"命令,会打开如图 2-24 所示"视图性能"对话框。

在该对话框中可设置"隐藏线移除"、"旋转时的帧频"和"细节级别"三个项目。选择对应项目的"启用"复选框,即选中相应的项目。设置完成后,单击"应用"按钮,再单击"确定"按钮,即可完成设置。

4. 可见性

选择菜单"视图"|"显示设置"|"可见性",弹出如图 2-25 所示对话框。

● 修剪:一个平面穿过一个着色模型,只能显示出此平面后面的模型部分,通过"修剪"可以更改修剪平面放置。范围是 0% 到 100%,0% 表示在模型前面(屏幕最前面),100% 表示在模型后面。要启动"修剪"显示功能,选择菜单"视图"|"显示设置"|"模型显示",然后利用"模型显示"对话框的"着色"页进行启动操作。

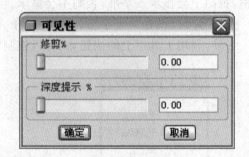

图 2-24　性能　　　　　　　　　　　　　　　图 2-25　可见性

● 深度提示：更改线框线的粗细，这样当线框的线延伸进屏幕（背离您）时，线显得深；延伸出屏幕（朝着您）时，线显得浅。范围为 0 到 100％。0 时线条最亮；100％时线框线条被取消。要启动"深度提示"显示功能，选择"视图"|"显示设置"|"模型显示"，然后利用"模型显示"对话框的"边/线"页进行启动操作。设置完成后，再单击"确定"按钮，即可完成设置。

2.3.2　模型查看

模型的旋转、平移、缩放是由鼠标键控制的。

1. 旋转模型

按住鼠标中键，移动鼠标可以实现旋转。当图 2-26 所示的"旋转中心"处于"开"状态时，旋转是以旋转中心（即模型中心）为中心的；当"旋转中心"处于"关"的状态时，旋转是以鼠标所在的位置为旋转点的。

旋转中心开关

图 2-26　旋转中心开关

2. 平移模型

按住 Shift 键，同时按下鼠标的中键，移动鼠标就可以平移模型。当模型的大小、角度及其位置被改变以后，可单击工具栏上如图2-27所示图标，再单击"标准方向"，即可将模型恢复为默认的显示方式。

3. 缩放模型

按中键滚动，即可实现缩放。也可以在如图 2-28 所示工具栏上单击放大或缩小按钮。

图 2-27　模型方向

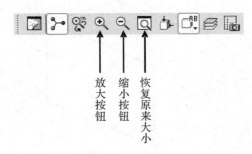

图 2-28　缩放按钮

2.3.3　模型显示方式

在 Pro/E 中,为了便于观察和操作,模型可以以四种方式进行显示,分别为线框、隐藏线、无隐藏线和着色。四种显示方式可通过单击工具栏上如图 2-29 所示图标进行切换。

1. 线框模式

单击工具栏上的"线框"按钮,模型以线框形式显示,不区分隐藏线,如图 2-30 所示。

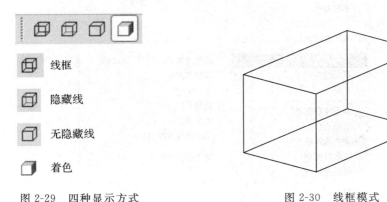

图 2-29　四种显示方式

图 2-30　线框模式

2. 隐藏线模式

单击工具栏上的"隐藏线"按钮,模型以线框形式显示,隐藏线以灰色显示,如图 2-31 所示。

3. 消隐模式

单击工具栏上的"无隐藏线"按钮,模型以线框形式显示,且不显示隐藏线,如图 2-32 所示。

4. 着色模式

单击工具栏的"着色"按钮,模型以着色形式显示,如图 2-33 所示。

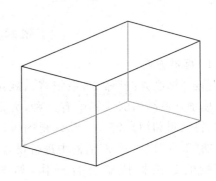

图 2-31　隐藏线模式

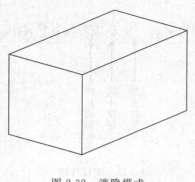

图 2-32 消隐模式

图 2-33 着色模式

2.3.4 视图方向

在模型设计过程中，三维视图的观察位置总会不停地改变，常常需要俯视、正视以及规则角度进行观察。通过"视图"|"方向"菜单下的命令就可以完成所需的功能，如图 2-34。

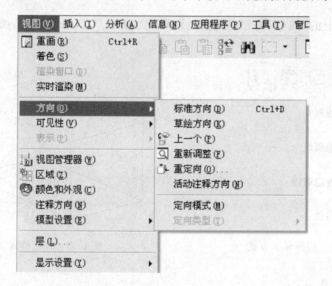

图 2-34 视图方向菜单

1. 标准方向

单击"标准方向"命令，系统将以默认视图显示模型。系统的默认视图有三种，分别为等轴测、斜轴测和用户定义。默认视图可以在主菜单的"工具"|"环境"对话框中进行设置，也可以直接通过图标按钮进行操作，如图 2-35 所示。

除了标准方向和默认方向外，还有六种方向供选择，分别是 BACK（后视图）、BOTTOM（仰视图）、FRONT（前视图）、LEFT（左视图）、

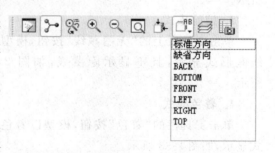

图 2-35 标准方向工具栏下拉列表

RIGHT(右视图)和 TOP(俯视图)。

2. 上一个

单击"上一个"命令,视图会返回上一个视图。

3. 重新调整

可以调整视图的中心和比例,使整个零件完全显示(最大化)在视图边界内。

4. 重定向

选择"重定向"命令,或单击工具栏中的按钮 , 弹出"方向"对话框。用三种方式来实现重定向:参照定向、动态定向及优先选项。

(1)参照定向方式:在"类型"列表中选择"按参照定向"选项,如图 2-36 所示。

该类型设置视角的方法是在模型上依次指定两个相互垂直的面作为参照 1 和参照 2,其中参照 1 的选取有 8 种方式:前、后、上、下、左、右、垂直轴和水平轴。

(2)动态定向方式:在"类型"列表中选择"动态定向"选项,如图 2-37 所示。

图 2-36　参照定向方式设置对话框

图 2-37　动态定向方式设置对话框

● 平移:在"平移"选区中分别拖动 H、V 中的滑块,或者在其后的数值框中输入数值,就可以改变模型在显示窗口中的水平和垂直位置。

● 缩放:在"缩放"选区中拖动滑块,或者在其后的数值框中输入数值,就可以改变模型在显示窗口中的大小。

● 旋转:在"旋转"选区中单击"使用屏幕中心轴旋转"按钮 ,分别拖动 H、V、C 中的滑块,或者在其后的数值框中输入数值,模型就可以围绕视图中心轴的水平、垂直和正交轴进行旋转。如果单击"使用旋转中心轴旋转"按钮 ,分别拖动 X、Y、Z 中的滑块,或者在其后的数值框中输入数值,模型就可以围绕所选中心轴的水平、垂直和正交轴进行旋转。

垂直轴和水平轴是在单一约束,无须配合参照 2 的情况下即可确定视角方向。而参照 1 的其他 6 种方式还需要与参照 2 配合使用。

(3)优先选项方式:在"类型"列表中选择"优先选项"选项,如图2-38所示。

该选项可以设置旋转中心和缺省方向,旋转中心有五种设置方式,其中,点或顶点是指设置基准点或者顶点作为旋转中心。边或轴是指以图形的边或者轴线作为旋转中心。缺省方向有斜轴测、对轴测和用户定义三种方向。系统一般以斜轴测为系统的默认方向。

2.3.5 设置图层

在 CAD 系统中,图层是组织图形对象最有用的工具。单击工具栏上的图标 ▧,则"导航选项卡"区会出现"图层"树。用户可以将点、线和面放入图层,通过隐藏和取消隐藏操作来管理图层的显示。单击"隐藏",则该图层不可见,放入该图层的点、线或者面是不可见的;当单击"取消隐藏",该图层又恢复显示。如图2-39所示。

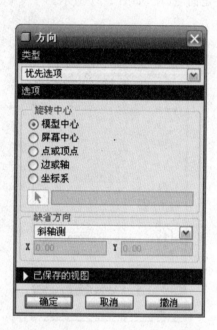

图 2-38　优先选项方式设置对话框　　　　图 2-39　图层操作快捷菜单

建立一个新零件时,系统会默认8个图层,如图2-39所示。各图层的用途如下:

● 01__PRT_ALL_DTM_PLN:为 Part all datum planes 的缩写,隐藏此图层可使所有的基准平面都不显示在画面上。

● 01__PRT_DEF_DTM_PLN:为 Part default datum planes 的缩写,隐藏此图层可使零件默认的三个基准平面 RIGHT、TOP 以及 FRONT 都不显示在画面上。

● 02__PRT_ALL_AXES:隐藏此图层可使所有的基准轴都不显示在画面上。

● 03__PRT_ALL_CURVES:隐藏此图层可使所有的曲线都不显示在画面上。

● 04__PRT_DTM_PLN:隐藏此图层可使所有的基准点都不显示在画面上。

● 05__PRT_ALL_DTM_CSYS:为 Part all datum coordinate systems 的缩写,隐藏此图层可使所有的坐标系都不显示在画面上。

● 05__PRT_DEF_DTM_SYS：为 Part default datum coordinate systems 的缩写，隐藏此图层可使零件默认的坐标系都不显示在画面上。

● 06__PRT_ALL_SURFS：为 Part all surfaces 的缩写，隐藏此图层可使所有的曲面都不显示在画面上。

"图层"操作一般通过快捷菜单进行：在图层上单击鼠标右键，弹出如图 2-39 所示快捷菜单。可以新建一个图层、删除图层、更改图层的名称、存储图层等。

2.4 系统设置

设置适合自己的工作环境可以大大提高工作效率。本节将介绍如何设置工作环境，包括设置自定义工具栏、设置系统颜色、设置单位、设置质量属性。

2.4.1 自定义工具栏

自定义工具栏是指用户可以根据自己的需要来设置工具栏按钮的显示隐藏和添加移除。使用【定制】对话框中的【工具栏】选项页，可将整个工具栏增加到 Pro/ENGINEER Wildfire 5.0 用户界面中，或从其中删除。

1. 添加或删除工具条

在菜单栏中选择【工具】|【定制屏幕】命令，单击【工具栏】标签，显示如图 2-40 所示【工具栏】选项卡；选择或取消复选框，然后单击【确定】按钮，即可从显示界面上添加或删除相应的工具条。

添加工具条时，还需在位置列表（位于工具栏名称右侧）中选取【顶部】、【左侧】或【右侧】来指定工具栏按钮的位置。

要将设置保存到 config. win 文件中，要在【定制】对话框中执行下列操作之一：

＊单击【自动保存到】复选框（缺省选取），文件名和路径，或者键入新文件名和路径，以便保存新的设置。

＊单击【文件】|【保存设置】，弹出【保存窗口配置设置】对话框，可接受缺省文件名和路径，或者键入新文件名和路径，以便保存新的设置。

单击【确定】按钮，关闭【定制】对话框并接受修改。

将鼠标箭头移至工具栏上，单击右键，在弹出的快捷菜单中选择【工具栏】命令，系统也会弹出如图 2-40 所示【定制】对话框。

2. 添加/移除命令按钮

Pro/ENGINEER Wildfire 5.0 可以添加/移除单个命令或整个工具条或菜单。

要移除单个命令，单击【工具】|【定制屏幕】，打开【定制】对话框；然后在 Pro/ENGINEER Wildfire 5.0 窗口中，将工具栏按钮或菜单命令从工具栏或菜单条中拖出。也可以在打开定制对话框后，直接在工具栏中用鼠标右键单击要移除的按钮，在弹出的快捷菜单栏中选择删除即可。

要添加单个命令，单击【工具】|【定制屏幕】，打开【定制】对话框，单击【命令】即换到【命令】选项卡；在【目录】栏中选取要添加的按钮所属的类别，【命令】列表中会显示该类别下的所有按钮，如图 2-41 所示；用鼠标左键按住要添加的按钮不放，然后拖动鼠标将按钮拖至工具栏即可。

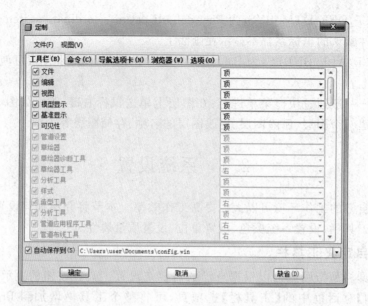

图 2-40 【工具栏】选项卡

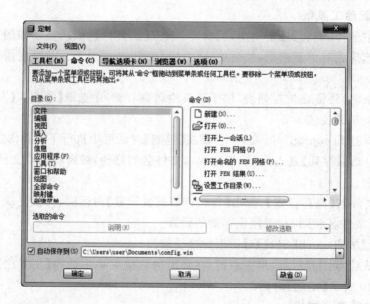

图 2-41 【命令】选项卡

2.4.2 设置系统颜色

Pro/ENGINEER 提供一整套完善的缺省系统颜色，用户可以利用它轻松地识别模型几何、基准和其他重要的显示元素，而且图元中颜色常常反映一些提示信息，如尺寸标注时多标注了一个尺寸，形成了过约束，系统将形成过约束的尺寸标注显示为红色，提示用户标注错误，必须删除一个红色的尺寸。

在主菜单依次选择【视图】|【显示设置】|【系统颜色】命令，系统将弹出【系统颜色】对话框，用于设置系统环境和各图元的显示颜色，如图 2-42 所示。

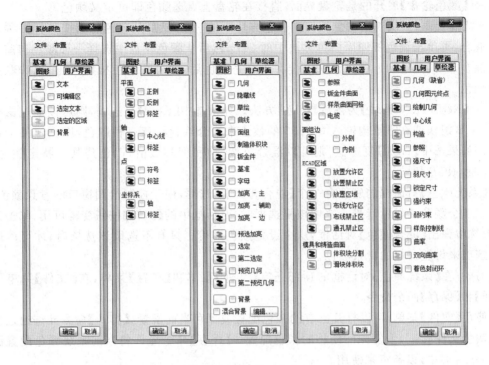

图 2-42 【系统颜色】对话框

* 【用户界面】选项卡：为文本、可编辑区、选定区域以及背景设置颜色。
* 【基准】选项卡：设置基准平面、轴、点和坐标系的颜色。
* 【图形】选项卡：显示图形元素的缺省颜色。
* 【几何】选项卡：为"参照"、"钣金件曲面"、"骨架曲面网格"、"电缆"、"面组边"、"模具和铸造曲面"和"ECAD 区域"设置颜色。

在该对话框中，每个选项前面都有一个按钮 ，用户若要改变某选项的颜色，只需要单击该按钮，系统会弹出【颜色编辑器】对话框，如图 2-43 所示。

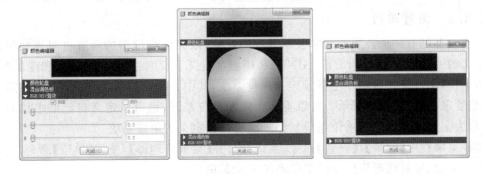

图 2-43 【颜色编辑器】对话框

【颜色编辑器】对话框提供了三种调整颜色的方法，分别是【颜色轮盘】、【混合调色板】和【RGB/HSV 滑块】。

＊【颜色轮盘】展开的是轮盘界面，直接在轮盘上点选颜色即可定义颜色。

＊【混合调色板】单击调色板四周白色方块中的一个，然后从颜色轮盘中选择一种颜色用于混合，再单击调色板四周白色方块中的一个，然后从颜色轮盘中选择一种颜色与前一种颜色混合，一共可选取四种颜色来混合。选取完颜色后，即可在调色板内单击，以选取混合后的颜色。

＊【RGB/HSV 滑块】为系统默认的方法。如果选中【RGB】复选框，则可以通过鼠标拖动 R、G、B 滑块或在方框内输入 0～255 的数值来混合红、绿、蓝三种颜色，以创建某一特定颜色。如果选中【HSV】复选框，则可以混合色调、饱和度和数值，以创建某一特定颜色，使用方法和 RGB 相同。

【系统颜色】对话框的底部有一个【混合背景】复选框，用于控制绘图窗口的背景颜色，即表示以混合颜色来显示背景。选中该复选框时，对话框中的【编辑】按钮变得可用，单击该按钮，系统将弹出【混合颜色】对话框，从中设置颜色即可。只有不选取该选项时，才可以通过其他选项来设置窗口的背景颜色。

另外，在【系统颜色】对话框的顶部还有【文件】菜单和【布置】菜单，在【文件】菜单下有【打开】和【保存】两个命令。

使用【文件】菜单，可以打开已有的颜色配置或保存当前配置，【打开】命令允许通过读取系统颜色文件(.scl)恢复先前使用的颜色配置。【保存】命令允许将当前系统颜色配置保存到文件(.scl)中，以备将来使用。

在【布置】菜单下则是几个由系统提供的颜色设置方案，Pro/ENGINEER Wildfire 5.0提供以下颜色配置：

- 白底黑色：在白色背景上显示黑色图元。
- 黑底白色：在黑色背景上显示白色图元。
- 绿底白色：在深绿色背景上显示白色图元。
- 初始：将颜色配置重置为配置文件设置所定义的颜色。
- 缺省：将颜色配置重置为缺省 Pro/ENGINEER Wildfire 颜色配置（背景的灰度级由浅到深）。
- 使用 Pre-Wildfire 配置：将颜色配置重置为 Pro/E 2001 版本的配置（蓝黑色背景）。

2.4.3 设置单位

每个模型都有一个公制的和非公制的单位系统，以确保该模型的所有材料属性保持测量和定义的一致性。所有 Pro/ENGINEER 模型都定义了长度、质量/力、时间和温度单位。

Pro/ENGINEER 提供了七种预定义单位系统，其中一个是缺省的单位系统，如图 2-44 中【单位管理器】对话框中所示。可以更改指定的单位系统，也可以定义自己的单位和单位系统（称为定制单位和定制单位系统），但不能更改预定义的单位系统。

选择菜单栏中【编辑】|【设置】命令，系统会打开【菜单管理器】，使用【单位】命令，可以设置、创建、更改、复制或删除模型的单位系统或定制单位。

选择【单位】命令会打开【单位管理器】对话框，如图 2-44 所示。此对话框列出了预定义的单位系统和所有定制单位系统，其中红色箭头表示的是模型当前的单位系统。利用此对话框，还可以创建新的定制单位和单位系统。

如果所用的模型不含有标准 SI 或英制单位，或者如果所用"材料"文件（使用【编辑】|

【设置】下的【材料】命令）含有不能从单位系统衍生的单位，或者兼而有之时，才使用定制单位。Pro/ENGINEER 使用定制单位的定义解释材料属性，也可以使用定制单位创建新的单位系统。

建议为模型创建一个模板，其中含有完整定义的单位系统。使用【文件】|【新建】，清除【新建】对话框中的【使用缺省模板】，然后使用【新文件选项】对话框，创建一个模板或修改一个 PTC 标准模板。需注意的是，在任何情况下，必须确保在设计模型之前有一个定义的单位集。

2.4.4 设置质量属性

Pro/ENGINEER 可根据对象的实际几何形状或用户指定的参数值计算零件或组件的质量属性。例如，为组件创建简化零件时，可能希望质量属性与全部零件相对应。可通过为其他质量参数指定值或使用质量属性文件，将质量属性分配到零件或组件中。

设置质量属性的步骤如下：

（1）在菜单栏中选择【编辑】|【设置】命令，系统将打开【零件设置】菜单管理器，如图2-44所示。

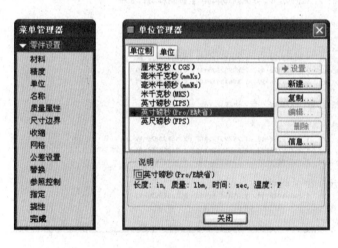

图 2-44 【单位管理器】对话框

（2）在零件设置菜单管理器中选取质量属性对话框，如图 2-45 所示。

图 2-45 【设置质量属性】对话框

（3）在【源】下拉列表中，选取"几何"、"几何和参数"或"文件"，处理零件或组件的质量属性时，可随时基于以下一种"源"生成质量属性报告：

几何：基于模型几何计算质量属性。

几何和参数：基于用户指定的其他参数值计算质量属性。如果未指定其他参数，系统会使用模型几何的参数值。

文件：基于质量属性文件中的参数值计算质量属性。文件必须包含全部参数值。如果文件不完整，系统不会生成报告。

（4）单击【设置质量属性】对话框中的【生成报告】按钮，系统将计算质量属性，然后弹出【信息窗口】对话框，在其中显示结果，如图 2-46 所示。

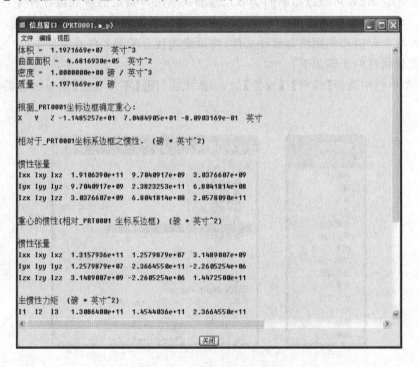

图 2-46 【信息窗口】对话框

（5）在【信息窗口】对话框中选择【文件】|【保存】可以将其保存。查看完毕后，单击【关闭】按钮，关闭窗口。

2.5 思考与练习

1. 对 Pro/E 软件界面进行简单介绍。
2. 文件存取包括哪些内容？分别有什么作用？
3. 保存文件和备份文件在操作上有什么不同？
4. 拭除文件有什么特点？与删除文件有什么本质的区别？
5. 显示设置包括哪几种？分别是指什么？
6. 移动模型和缩放图形用到哪些快捷键？

7. 模型显示方式有哪几种? 通过模型显示的操作来仔细说明。

8. 设置旋转中心有什么作用? 不设置会造成什么样的结果?

9. 视图方向的调整方式有哪几种? 分别介绍。

10. 设置工作目录有何好处?

11. 如何将模型文件输出为其他格式的图形文件?

12. 将绘图区的背景颜色设为"白色"。

第3章　绘制草图

学习单元:绘制草图	参考学时:4
学习目标	

◆了解草绘环境的设置

◆熟悉界面操作及其对常用图元的绘制和标注

◆熟练使用绘图工具绘制参数化的平面图形

◆掌握约束过冲突问题的解决和约束的操作问题

学习内容	学习方法
★Pro/ENGINEER 草绘的各种设置 ★应用合适的约束方法 ★尺寸标注方法 ★常用图元的绘制和标注 ★约束过冲突问题的解决	◆理解概念,熟悉环境 ◆熟记方法,勤于操作
考核与评价	教师评价 (提问、演示、练习)

　　草绘是造型的基础,草绘器是 Pro/E 软件中的草图绘制工具,利用该工具可以创建特征的剖面草图、轨迹线等。掌握草绘是创建实体的根本。

3.1　草图绘制环境

　　Pro/E 软件提供的二维草图绘制环境是软件中一个独立的模块,是 Pro/E 软件实现参数化模型的基础。二维草绘环境也可融合于其他工作模式中。

3.1.1　熟悉草绘环境关键词

草绘环境关键词包括:

● 图元:截面几何的任何元素(如直线、圆弧、矩形、圆锥、样条、点或坐标系)。

● 草绘:当分割或求交截面几何,或者参照截面外的几何时,可创建图元。

● 参照图元:当参照截面外的几何时,在 3D 草绘器中创建的截面图元。

● 尺寸:图元或图元之间位置的测量,也就是通常所说的标注。

● 约束:图元间关系的条件。

● 参数:草绘器中的一个辅助数值。

● 关系:关联尺寸和/或参数的等式。

● 弱尺寸或约束:在没有用户确认的情况下,草绘器可以移除的尺寸或约束就被称为"弱"尺寸或"弱"约束。由草绘器创建的尺寸是弱尺寸。添加尺寸时,草绘器会自动移除多余的弱尺寸或约束。弱尺寸或约束在缺省的配色方案中以灰色出现。

● 强尺寸或约束:草绘器不能自动删除的尺寸或约束被称为"强"尺寸或"强"约束。由用户创建的尺寸和约束总是强尺寸和强约束。如果几个强尺寸或约束发生冲突,则草绘器要求移除其中一个。强尺寸和强约束在缺省的配色方案中以黄色出现。

● 冲突:两个或多个强尺寸或约束出现矛盾或多余的情况。出现这种情况时,必须通过移除一个不需要的约束或尺寸来立即解决。通常用红色表示有冲突的约束或尺寸。

3.1.2 进入草绘环境

1. 单一草绘模式

单击"文件"|"新建",或单击工具栏"新建"按钮 弹出如图 3-1 所示的"新建"对话框;选择 草绘 单选按钮,在"名称"后的文本框中输入文件名,在"公用名称"后的文本框中可以输入中文(在工程图里可用"&PTC_CONMON_NAME"来提取);单击"确定",即可进入草绘环境。

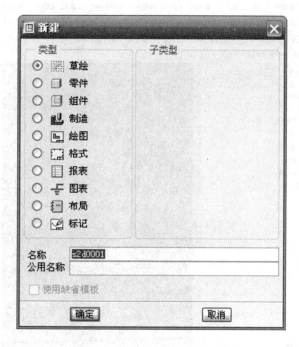

图 3-1　新建草绘文件

2. 从草绘型特征进入草绘环境

选择草绘型特征命令或者特征命令后,在视图左下方会出现特征操作面板,如图 3-2 所示。

单击特征操作面板"放置"上滑面板中"草绘"选项框中的"定义"按钮,就会弹出"草绘"对话框,如图 3-3 所示;指定草绘平面和参照平面后,单击"草绘"按钮即可进入草绘环境。

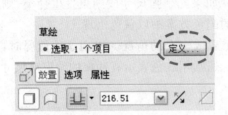

图 3-2　草绘操作面板　　　　　　　　图 3-3　"草绘"对话框

进入草绘模式之后，主菜单栏中增加了"草绘"菜单，工具栏中增加了"草绘模式工具条"，如图 3-4 所示。"草绘器工具"工具条分布在绘图区右侧，利用这些按钮设计所需要的草绘图。

图 3-4　草绘模式

该工具栏上还有一些按钮（如缩放和旋转）可以在"编辑"中找到。另外，也可以利用"分析"菜单进行草绘分析。

3.1.3　草绘菜单

1. 菜单命令

图 3-5 所示为"草绘"菜单下的命令。

（1）目的管理器：目的管理器能够实时显示各种可利用的约束条件，并能自动标注完整

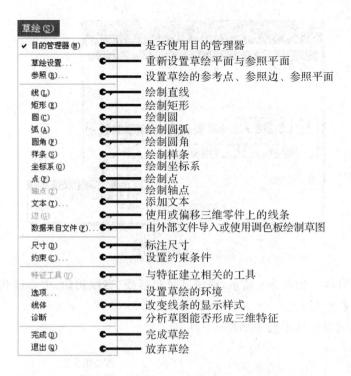

图 3-5 "草绘"菜单

的尺寸。勾选上表示软件会自动标注尺寸,不勾选表示需要手动标注尺寸。

(2)草绘设置:用以重新设置草绘平面与参照平面,此选项仅在创建三维零件的特征时才会显示出来。如图 3-6 所示。

图 3-6 "草绘"对话框

(3)参照:用以设置草绘的参考点、参照边和参照平面,此项默认为不可用,仅在创建三维零件的特征时才会显示出来。如图 3-7 所示。

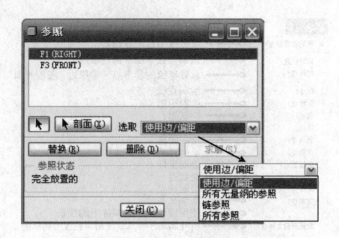

图 3-7　"参照"对话框

(4)线：绘制直线。如图 3-8 所示，线子菜单包括线、直线相切、中心线和中心线相切。

(5)矩形：绘制矩形。

(6)圆：绘制圆形。其子菜单如图 3-9 所示。

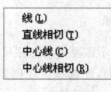

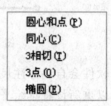

图 3-8　"线"子菜单　　　　　　图 3-9　"圆"子菜单

(7)弧：绘制圆弧。其子菜单如图 3-10 所示。

(8)圆角：绘制圆角和倒圆角。其子菜单如图 3-11 所示。

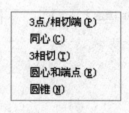

图 3-10　"圆弧"子菜单　　　　　　图 3-11　"圆角"子菜单

(9)样条：绘制样条。

(10)坐标系：一般在制作某些特殊特征时才有用。

(11)点：绘制点，点在一般的特征中可以起到辅助点的作用，不会产生真正的点，只有在草绘点特征时才会产生真正的点。

(12)轴点：在拉伸类特征中才能添加，可以在轴点处生成一条过轴点垂直于草绘平面的中心轴。

(13)文本：用以加入文字，如图 3-12。

图 3-12　"文本"对话框

(14)边：用以使用或偏移已有三维零件上的线条。如图 3-13、图 3-14 和图 3-15 所示。

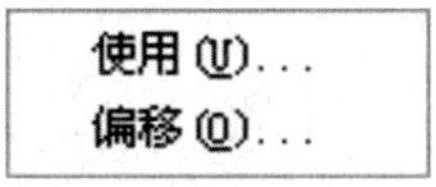

图 3-13　"边"子菜单 　　　　　　　图 3-14　"选择使用边"类型对话框

图 3-15　"选择偏距边"类型对话框 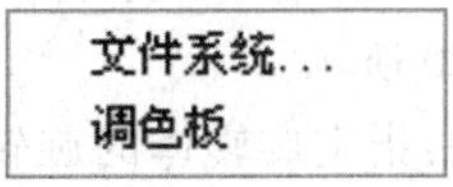　　　　图 3-16　"数据来自文件"子菜单

(15)数据来自文件：用于从外部文件导入草绘或者使用调色板绘制草绘，如图 3-16 和图 3-17。

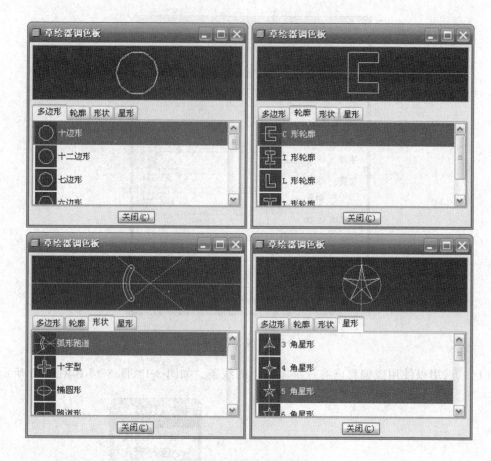

图 3-17　草绘器调色板

(16)尺寸：用于标注草图的尺寸，如图 3-18 所示。

图 3-18　"尺寸"子菜单

(17)约束：用于设置约束条件，如图 3-19 所示。

(18)特征工具：创建三维特征的一些工具，包括旋转轴、切换剖面、起始点、混合顶点和声明，如图 3-20 所示。

* 旋转轴：指定旋转体的旋转轴。
* 切换剖面：以混合的方式创建三维特征时，以此选项切换至下一个截面。
* 起始点：混合创建三维特征时，指定截面的起始点。
* 混合顶点：混合创建三维特征时，以此选项设置用以进行混合的点。
* 声明：宣告草图与装配配置图的关系。

选取一条直线或两点, 使线成为垂直

选取一条直线或两点, 使线成为水平

选取两个图形, 使其正交

选取两个图形(其中一个图形为圆或圆弧), 使其相切

选取一条直线和一个点, 使点落在直线的中点上

选取要对齐的两个图形或顶点

选取中心线和两个顶点来使它们对称

选取两条直线(相等段), 或两个弧,
或一个样条曲线与一条线或弧(等曲率)/圆/椭圆(等半径)

选取一条直线或两点, 使线成为垂直

图 3-19　草绘约束

(19)选项:设置用户偏好的草绘环境,如图 3-21 所示。

● 在杂项选项卡下可以设置是否显示栅格、顶点、约束、尺寸、弱尺寸等选项。要恢复软件默认设置,单击"缺省"按键。

● 在约束选项卡中,可以设置软件默认启用的几何约束,包括水平排列、竖直排列、平行、垂直、等长、相同半径、共线、对称、中点和相切等。(图 3-19)

● 在参数选项卡中,可以对栅格的原点、角度和类型等参数进行设置,还可以对栅格的间距和尺寸的精度等进行设置。

旋转轴(A)
切换剖面(T)
起始点(S)
混合顶点(B)
声明(D)

图 3-20　特征工具

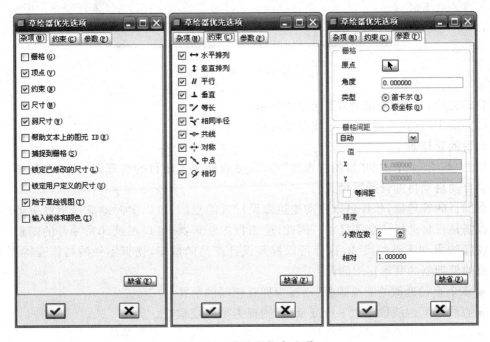

图 3-21　草绘器优先选项

(20)线体：设置线条的线型、线宽和颜色，如图 3-22。

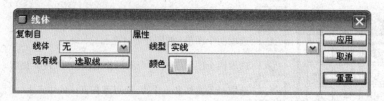

图 3-22 "线体"对话框

(21)诊断：诊断草图的正确性，以确定草图能否形成三维特征，如图 3-23 所示。

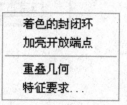

● 着色的封闭环：以颜色涂满封闭草图的内部区域，用以判别草图是否为封闭区域。

● 加亮开放端点：显示非封闭草图的端点。

● 重叠几何：显示重叠的线条。

图 3-23 "诊断"子菜单

● 特征要求：分析二维草图是否能够满足产生三维特征的需求，如图 3-24 所示。

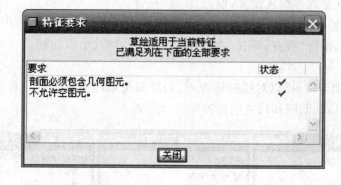

图 3-24 "特征要求"对话框

(22)完成：完成草图绘制，退出草绘环境。

(23)退出：放弃草图绘制，退出草绘环境。

2. 目的管理器

单击"草绘"菜单中的"目的管理器"项，即可启动或关闭目的管理器（进入草绘模式时，软件会自动启动目的管理器模式）。

借助目的管理器，软件可以自动地追踪设计者的意图，可以实时地显示出约束条件，也可以控制是否自动标注全部尺寸。因此，使用目的管理器，可以在设计完零件的图形以后，自动设置约束和完整的尺寸，这样可以提高设计产品的效率，使得零件的制作变得更为简单。目的管理器的基本作图假设：

● 多个直径近似的圆或圆弧，则视为拥有相同的半径。

● 直线与其他线段近似平行或垂直，则视为平行或垂直。

● 若对一个中心线近似对称地绘制线段或截面，则视为完全对称。

● 线段与已存在的圆弧或圆近似相切，则视为相切。

● 圆弧的端点与水平或垂直方向近似相切,则视为圆弧的弧度为 90°或 180°。

● 近似地绘制共线的线段,则视为共线。

● 对于任何长度未知的线段,软件会将其长度指定为近似于已存在线段的长度。

● 在线段的端点创建草绘点,软件会把该草绘点与端点视为重合。

● 草绘两个圆或圆弧时,若它们的圆心近似地位于同一水平或垂直面,则视为共面。

若关闭"目的管理器",则草绘工具条也会关闭,同时主窗口的右侧会打开浮动的"菜单管理器"窗口,如图 3-25 所示。"菜单管理器"可以实现"目的管理器"同样的功能,但"菜单管理器"更适合熟悉旧版本的用户,新版 Pro/ENGINEER Wildfire 5.0 不提倡使用"菜单管理器"。

综上所述,在草绘环境中绘制剖面时,一般通过命令菜单或右侧工具栏按钮绘制图元,软件提供实时动态约束条件并标注尺寸,然后由用户修改这些约束条件和尺寸值。

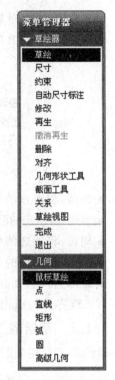

图 3-25 菜单管理器

3.1.4 编辑菜单

单击菜单栏上的"编辑",得到如图 3-26 所示对话框。

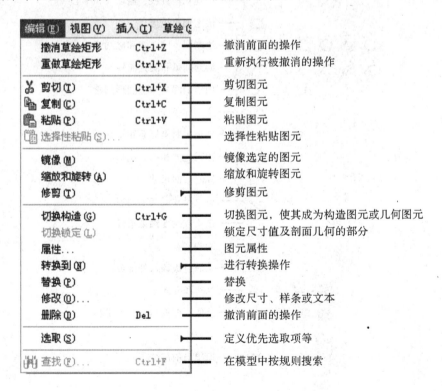

图 3-26 "编辑"对话框

(1)"修剪"子菜单如图 3-27 所示,包括删除段、拐角和分割。

(2)"转换到"子菜单如图 3-28 所示,包括加强、参照、周长、样条和锥形。

图 3-27 "修剪"子菜单   图 3-28 "转换到"子菜单

- 加强:将所选的弱尺寸转换为强尺寸。
- 参照:将所选的驱动尺寸改为参考尺寸。驱动尺寸是指会影响草图的几何形状的尺寸。
- 周长:将所选的循环改为由循环的整个周长来控制循环的几何外形。
- 样条:将所选的改为样条曲线。
- 锥形:将现有的三维零件所平移出来的边改为两端皆可给定尺寸的线条。即可做出与现有三维零件的边相倾斜的线段。

3.1.5 草绘器工具

草绘器工具栏如图 3-29 所示。

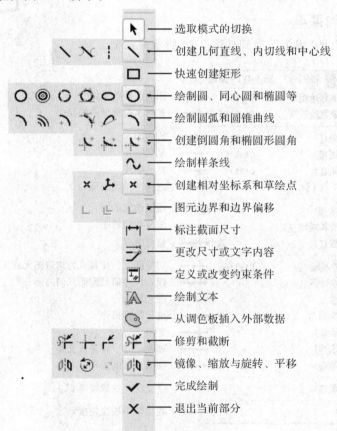

图 3-29 草绘器工具栏

各按钮功能如表 3-1 所示。有些按钮的右侧还有一个黑三角标记,这表示该按钮中还有与其类似的扩展工具,单击黑三角标记即可展开该工具。

表 3-1　草绘工具栏各按钮功能

工具栏按钮	功能说明
	"图形选择"与"图形绘制"功能切换按钮,按下该按钮即进入选择模式,一次选取一个项目,按下 Ctrl 键可连续选取多个项目
	第一个按钮用于创建直线;第二个按钮用于绘制一条与两图元(如圆弧、圆或样条曲线等)相切的直线;第三个按钮用于创建中心线
	通过定义矩形的两个对角定点来创建矩形
	第一个按钮用于创建圆;第二个按钮用于创建同心圆;第三个按钮用于通过选取圆上的三个点来绘制一个圆;第四个按钮用于绘制一个与另外三个图元(如圆弧、圆或样条曲线等)相切的圆;第五个按钮用于创建正椭圆
	第一个按钮用于由三点创建圆弧,或创建一个在其端点相切于图元的圆弧;第二个按钮用于创建同心圆弧;第三个按钮用于通过选取圆弧中心和端点来创建圆弧;第四个按钮用于绘制一个与另外三个图元(如直线、圆、弧、样条曲线等)相切的圆弧;第五个按钮用于创建一个锥形弧
	第一个按钮用于在两图元间创建一个圆形圆角;第二个按钮用于在两图元间创建一个椭圆形圆角
	创建样条曲线
	第一个按钮用于创建点;第二个按钮用于创建参照坐标系
	第一个按钮用来利用实体边界来创建图元;第二个按钮用来利用实体边界并加一个偏移量来创建图元
	用于创建尺寸
	用于修改尺寸值、样条几何或文本图元
	用于为截面加上约束
	用于创建文本(作为截面的一部分)
	将调色板中的外部数据插入活动对象

续表 3-1

工具栏按钮	功能说明
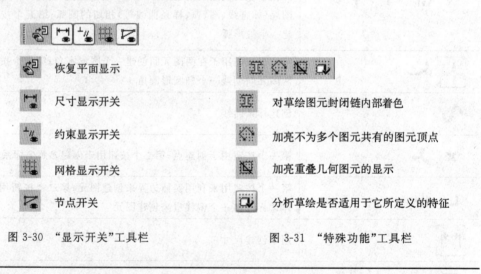	第一个按钮用来动态裁剪截面图元；第二个按钮用来将图元（切割或延伸项）裁剪为其他图元或几何；第三个按钮用来通过选取点分割图元
	第一个按钮用来镜像选定图元，第二个按钮用来缩放并旋转选定的图元；第三个按钮用来生成选定图元的一个副本

通过"约束"可以定义也可以修改几何特征之间的关系，使用户能精确地对图元进行定位和定形，使得绘图变得方便。

3.1.6　草绘模式工具栏

草绘模式下的工具栏如图 3-30 和图 3-31 所示。

图标	功能	图标	功能
	恢复平面显示		
	尺寸显示开关		对草绘图元封闭链内部着色
	约束显示开关		加亮不为多个图元共有的图元顶点
	网格显示开关		加亮重叠几何图元的显示
	节点开关		分析草绘是否适用于它所定义的特征

图 3-30　"显示开关"工具栏　　　　　　图 3-31　"特殊功能"工具栏

提示：
用户如果不知道图标的功能，可以将鼠标移动到图标上，停留片刻后软件将在图标旁边显示相应的功能信息，该图标的功能信息也会同时显示在主界面的信息提示栏（最下方）。

3.2　绘制草绘

基本图元是指组成图形的基本元素，例如直线、矩形、圆、圆角、文本等，复杂的几何图形都是由这些基本元素组成的。Pro/ENGINEER Wildfire 5.0 软件高度的智能化，使得在草绘模式下绘制二维几何图形更为简单。本节着重介绍这些基本图元的绘制方法和技巧,为以后绘制复杂草图打下基础。

3.2.1 选取操作

按 ,然后用鼠标选取图元,如图 3-32 所示。

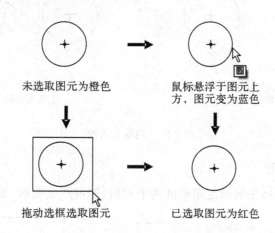

图 3-32 选取操作

3.2.2 绘制直线

1. 直线

单击 按钮,用鼠标左键点选两个点,即可产生一条直线,单击中键可以终止直线的绘制,如图 3-33 所示。

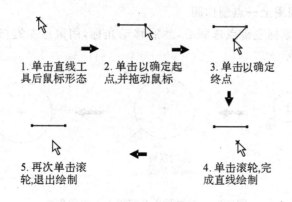

图 3-33 绘制直线

2. 公切线

单击 按钮,点选两个圆或圆弧,即可产生与圆或圆弧的公切线,如图 3-34 所示。

3. 中心线

单击 按钮,用鼠标点选两个点,即可产生一条中心线。

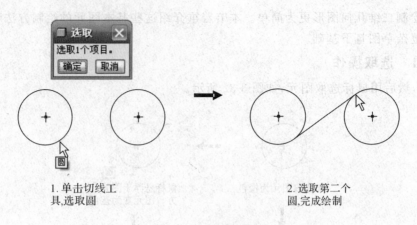

1. 单击切线工
具,选取圆

2. 选取第二个
圆,完成绘制

图 3-34　绘制公切线

3.2.3　绘制矩形

单击 ▢ 按钮,用鼠标左键指定矩形的两个对角,即可产生图形,如图 3-35 所示。

拖动鼠标

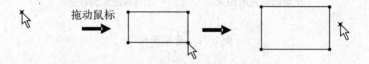

图 3-35　绘制矩形

3.2.4　绘制圆和椭圆

画圆的方法有 5 种:

1. 通过圆心及圆周上一点创作圆

单击 ⊙ 按钮,用鼠标左键点选圆心,然后移动光标,用鼠标左键指定出圆上的点,即可产生圆,如图 3-36 所示。

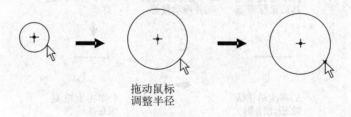

拖动鼠标
调整半径

图 3-36　根据圆心及圆周上一点创作圆

2. 同心圆

单击 ◎ 按钮,点选现成的圆或圆弧,然后移动光标,用鼠标左键指定圆上的点,即可产生同心圆,如图 3-37 所示。

3. 三点画圆

单击 ○ 按钮,用鼠标左键任意点选三个点,即可产生通过此三点的圆,如图 3-38 所示。

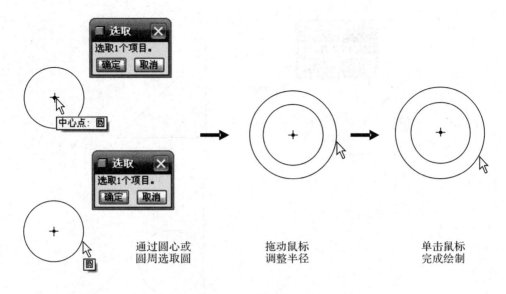

图 3-37　绘制同心圆

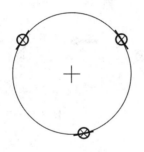

图 3-38　三点画圆

4．三切圆

单击 按钮，用鼠标左键点选三个图元，可为直线、圆和圆弧，即可产生与此三个图元相切的圆。如图 3-39 所示。

5．椭圆

单击 按钮，用鼠标左键点选中心，然后移动光标，用鼠标左键定出椭圆上的点，即可产生椭圆，如图 3-40 所示。

3.2.5　绘制圆弧

画圆弧的方法有下列 5 种：

1．三点画圆弧/端点相切圆弧

单击 按钮，用鼠标左键定出圆弧的起点及终点，然后移动光标，用鼠标左键定出圆弧上的点，即可产生圆弧。如图 3-41 所示。

2．同心圆弧

单击 按钮，点选现有的圆或者圆弧，再用鼠标左键定出圆弧的起点，移动光标至适当的位置，用鼠标左键定出圆弧的终点，如图 3-42 所示。

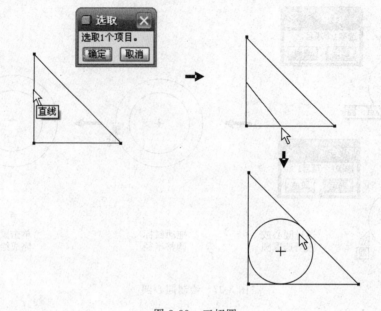

图 3-39　三切圆

图 3-40　绘制椭圆　　　　　　图 3-41　三点画圆弧/端点相切圆弧

拖动鼠标,调整半径

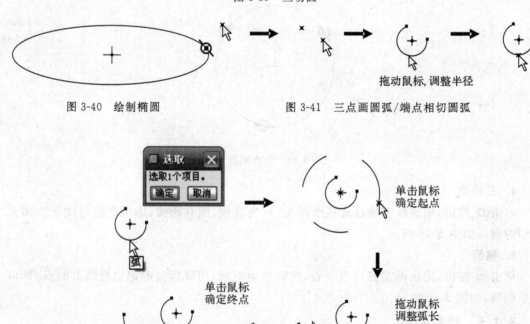

图 3-42　同心圆弧

3. 圆心及端点

单击 ⬚ ,用鼠标左键点选圆弧的圆心,再以左键定出圆弧的起点,移动鼠标,用鼠标左键定出圆弧的终点,如图 3-43 所示。

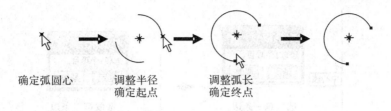

确定弧圆心　　　调整半径　　　调整弧长
　　　　　　　　　确定起点　　　确定终点

图 3-43　圆心及端点

4. 公切圆弧

单击 ![icon] 按钮,用鼠标左键点选三个图元,即可产生与此三个图元相切的圆弧,如图 3-44 所示。

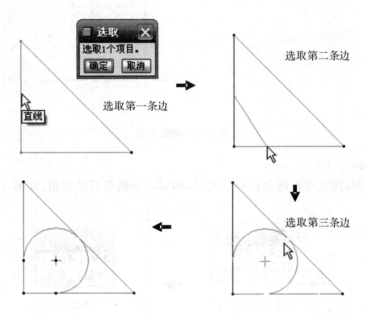

图 3-44　公切圆弧

5. 圆锥弧

圆锥弧为二次方多项式所形成的曲线,单击 ![icon] 按钮,用鼠标左键定出圆锥弧的起点和终点,然后移动光标,用鼠标左键定出圆锥弧上的点,如图 3-45 所示。

拖动鼠标,调整弧形

图 3-45　圆锥弧

3.2.6　绘制倒圆角

倒圆角的绘制方法有 2 种:

1. 圆弧倒角

单击 ![icon] 按钮,用鼠标左键点选两个图元,即可产生圆弧形的圆角,如图 3-46 所示。

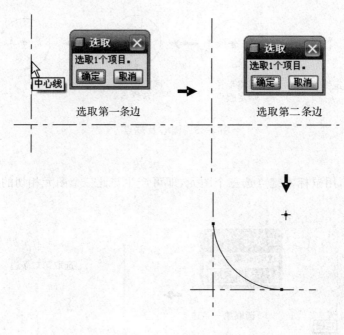

图 3-46　圆弧倒角

2. 椭圆倒角

单击 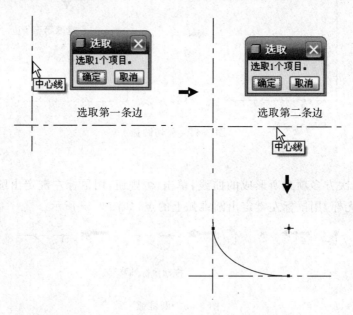 按钮，用鼠标左键点选两个图元，即可产生椭圆形的圆角，如图 3-47 所示。

图 3-47　椭圆倒角

3.2.7　绘制样条曲线

样条曲线为三次方或者三次方以上的多项式所形成的曲线。

单击 ～ 按钮，用鼠标左键在画面上选取曲线通过的点，单击鼠标中键终止选取，即可产生曲线,这些点称为内插点,如图 3-48 和图 3-49 所示。

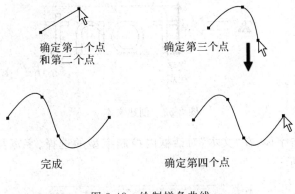

图 3-48　绘制样条曲线

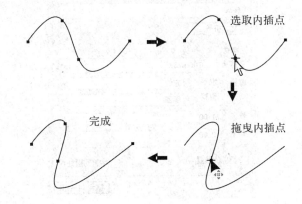

图 3-49　拖曳后的样条曲线

3.2.8　绘制点和坐标系

单击 ⊠ 按钮,用鼠标左键点选欲放置点的位置,即可产生一个点,点多用于表示倒圆角的顶点,如图 3-50 所示。

单击 ⚓ 按钮,用鼠标左键选欲放置坐标系的位置,即可产生一个共局部的坐标系,如图 3-51所示。

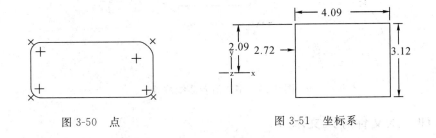

图 3-50　点　　　　　　　　　图 3-51　坐标系

3.2.9　创建文本

单击 Ⓐ,用鼠标左键拉出一条直线,在里面输入文字,如图 3-52 所示。

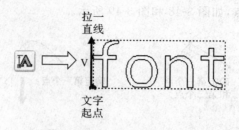

图 3-52   创建文本

此外，还可以双击字体，在"文本"对话框内控制字型的选择、字宽与字高的比例及文件的高度，如图 3-53 所示。

图 3-53   "文本"对话框

也可以将文字沿着曲线放置，如图 3-54 所示。

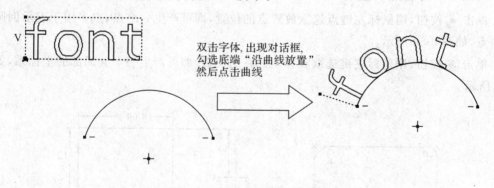

双击字体，出现对话框，
勾选底端"沿曲线放置"，
然后点击曲线

图 3-54   字体沿着曲线放置

3.2.10   从文件导入文本

如果使用软件既有的草图或其他绘图文件，单击菜单栏上"草绘"|"数据来自文件"|"文件软件"即可。可导入的文本格式包括草图格式（. sec）、绘图文件（. dwg）、工程图格式（. drw）、IGES 文件（. igs）以及 Adobe Illustrator 文件（. ai）。

3.2.11　调色板

单击菜单栏上"草绘"|"数据来自文件"|"调色板",得到的对话框有多边形、轮廓、形状及星形 4 个选项卡,如图 3-55 所示。

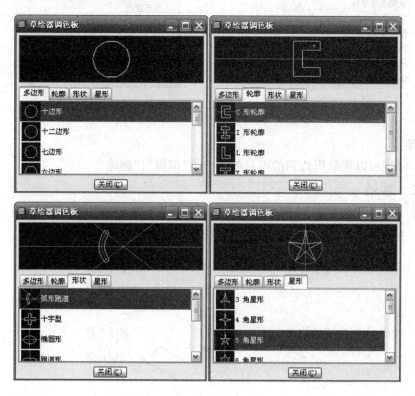

图 3-55　调色板

3.3　草绘编辑

绘图过程中,经常需要对草绘的图形进行删除、移动、修改、缩放和旋转、复制和镜像、修剪等操作。

3.3.1　选取和删除

1. 选取

单击菜单"编辑"|"选取",可以看到图 3-56 所示界面,包括优先选项、取消选取全部、依次、链、所有几何和全部选取。

- 优先选项:单击优先选项,可得如图 3-57 所示对话框,对其样式进行设置。
- 依次:用鼠标左键一次可以挑选一个项目,或者按 Ctrl 键同时选择多个项目,或者用拖方框的形式选取,然后拖动到其他位置或者改变其大小。
- 链:选取连续线。
- 所有几何:所有的几何图元被选取。
- 全部:画面上所有的项目被选取。

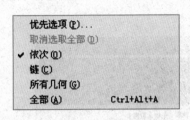

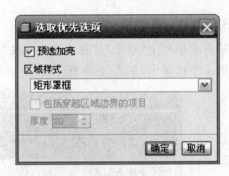

图 3-56 选取操作   图 3-57 "选取优先选项"对话框

2. 删除

按 delete 键可以删除所选到的项目或者单击"编辑"|"删除"。

3.3.2 移动

单击 ⬚ 按钮,选取图元,就可以移动图元。如果图元为直线,用鼠标左键单击直线的端点围绕另一个端点做旋转,双击直线,则可以移动直线。如图 3-58 所示。

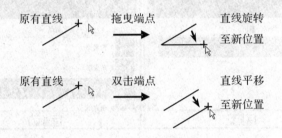

图 3-58 移动直线

如果图元为圆或圆弧,则移动中心会平移圆或者圆弧,移动圆或者圆弧会放大或者缩小圆或圆弧。如图 3-59 所示。

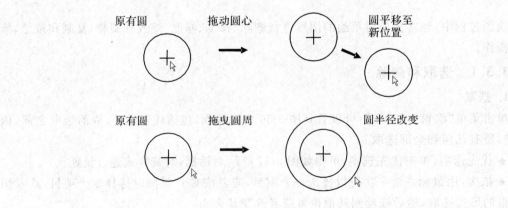

图 3-59 移动圆弧

3.3.3 修改

1. 修改尺寸值

可以双击尺寸值,然后修改数值。也可以单击"修改"出现如图 3-60 所示对话框,在对话框中对尺寸进行修改。

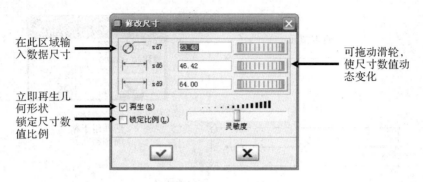

左侧标注:
在此区域输入数据尺寸
立即再生几何形状
锁定尺寸数值比例

右侧标注:
可拖动滑轮,使尺寸数值动态变化

图 3-60 "修改尺寸"对话框

注意:修改成负尺寸则向反方向发生改变。

2. 修改样条几何

修改样条几何有两种方法:

- 第一种:直接用鼠标左键按住内插点进行拖动,从而改变样条曲线的形状。
- 第二种:单击"编辑"|"修改",然后单击样条曲线,软件的下方消息区出现特征控制面板。如图 3-61 所示。

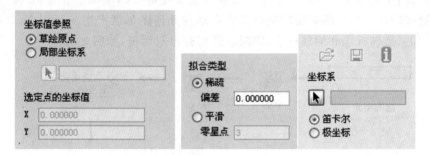

图 3-61 "修改样条几何"控制面板

上述的各个按钮功能如下:

- 点:单击点按钮和样条曲线就可以对点的坐标值进行修改。
- 拟合:单击此按钮可对样条线的拟合情况进行设置。
- 文件:单击此按钮并选取相关联的坐标系,可形成相对于该坐标的该样条线上所有点的坐标数据文件。
- 控制多边形:单击此按钮可在曲线上创建控制多边形。若已创建完控制多边形,单击之则可删除创建的控制多边形。
- 内插点:单击此按钮可使用内插值调整样条线。此按钮是软件默认的按钮。

● 控制点：单击此按钮可使用控制点调整样条线。

● 曲率分析：单击此按钮可显示样条线的曲率分析图。

3.3.4　缩放和旋转

选取线条，单击 ⊙ 按钮，就可以对线条进行缩放和旋转操作，如图 3-62 所示。

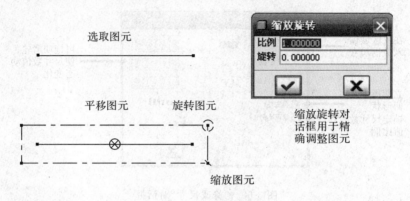

图 3-62　缩放和旋转图元

提示：

单击菜单"编辑"|"缩放或旋转"，选择选取对象，亦可实现缩放或旋转。

3.3.5　复制和镜像

对图形进行复制或镜像操作可以提高草绘效率。

1. 复制

选取图元，单击菜单栏"编辑"|"复制"，或者按快捷键＜Ctrl＋C＞；按"编辑"|"粘贴"，或者快捷键＜Ctrl＋V＞，然后旋转则软件将自动在几何图形区产生一个副本，并且显示图形的旋转中心、旋转标志和缩放标志，同时软件将弹出对话框，如图 3-63 所示。

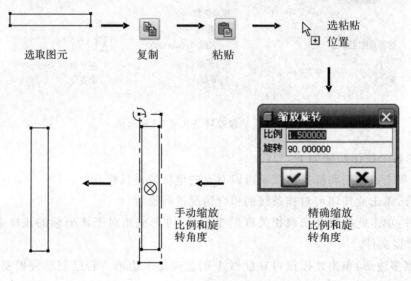

图 3-63　复制图元

2. 镜像

选中需要镜像的图元,在草绘工具条中选取 ⬚ 图标,或单击菜单栏上"编辑"|"镜像";选取镜像中心线,软件将自动在中心线的另一边复制出选中的图元,同时显示一些对称标志。进行镜像操作时,一定要有镜像中心线。如图 3-64 所示。

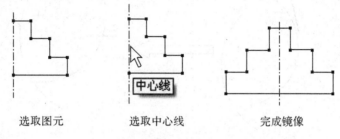

选取图元　　　　选取中心线　　　　完成镜像

图 3-64　镜像图元

3.3.6　修剪

修剪图元包括动态修剪图元、修剪到其他图元、在选取点分割图元,如图 3-65 所示。

● 动态修剪图元:单击 ⬚ 按钮,选取线条,被选到的即被删除。引出曲线和该曲线相交的部分被删除。

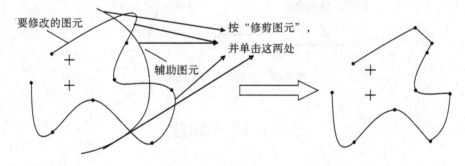

图 3-65　动态修剪图元

● 修剪到其他图元:单击 ⬚ 按钮,选取线条,软件会自动修剪或延伸到所选取的两条线,如图 3-66 和图 3-67。

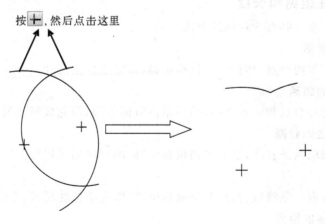

图 3-66　修剪到其他图元

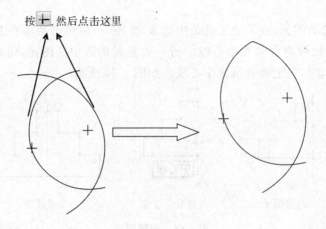

图 3-67　修剪到其他图元

● 在选取点分割图元：单击 按钮，在图元上选取一点，则图元在该点被分割，如图 3-68 所示。

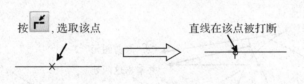

图 3-68　在选取点分割图元

3.4　尺寸标注

完成线条的绘制以后，软件会自动标注出所有的尺寸，这些是弱尺寸。如果不满意，可以修改成需要的尺寸，修改以后的尺寸是强尺寸，不会随着其他尺寸的修改而改变。当强尺寸发生冲突时，表示标注是存在错误的。

3.4.1　标注距离和长度

标注距离和长度一共有 5 种标注方法。

1. 点到点的距离

用鼠标左键选取两个点，然后单击鼠标中键，即完成标注尺寸。

2. 点到直线的距离

用鼠标左键选一个点和一条直线，然后单击鼠标中键，即完成标注尺寸。

3. 直线到直线的距离

用鼠标左键选取两条直线，然后单击鼠标中键，即完成标注尺寸。

4. 线段长度

用鼠标左键选取一条线段，然后单击鼠标中键，即完成标注尺寸。

5. 圆弧到直线的距离

用鼠标左键选取圆弧一个点和一条直线，然后单击鼠标中键，即完成标注尺寸。

具体如图 3-69 所示。

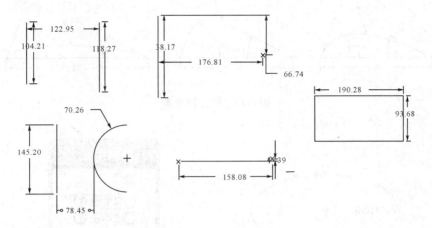

图 3-69 标注距离和长度

3.4.2 标注圆和圆弧

圆与圆弧的尺寸标注有 5 种方式。

1. 标注圆弧半径尺寸

在主菜单栏中选择"草绘"|"尺寸"|"垂直"或单击 ⊞ 按钮,选择需要标注的圆或圆弧,然后单击鼠标中键确定标注位置。如图 3-70 所示。

2. 标注圆弧直径尺寸

在主菜单栏中选择"草绘"|"尺寸"|"垂直"或单击 ⊞ 按钮,选择需要标注的圆或圆弧,然后单击鼠标中键确定标注位置。如图 3-71 所示。

图 3-70 标注圆弧半径尺寸   图 3-71 标注圆弧直径尺寸

3. 标注圆锥曲线尺寸

在主菜单栏中选择"草绘"|"尺寸"|"垂直"或单击 ⊞ 按钮,选择需要标注的圆锥弧或椭圆弧,然后单击鼠标中键确定标注位置。

● 标注圆锥弧:一般需要标注两端点的相对位置尺寸以及两端点处与端点连线的夹角。用 ρ 值来控制圆锥的扁平度,ρ 值越小,则曲线越扁平,即越靠近两端点连线;ρ 值越大,则曲线越膨胀,曲线顶角就越尖。如图 3-72 所示。

● 标注椭圆弧:标注椭圆尺寸,只标注其水平和垂直端点及其中心点的距离即可,即标注椭圆的 X 半径和 Y 半径。软件会弹出如图 3-73 所示对话框。

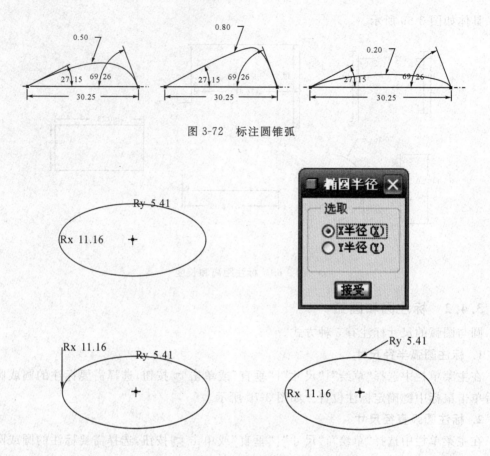

图 3-72　标注圆锥弧

图 3-73　标注椭圆弧

4. 旋转体的直径

　　点选草图的边线，然后点选中心线，再点选草图的边线，移动光标，单击中键完成，如图 3-74 所示。

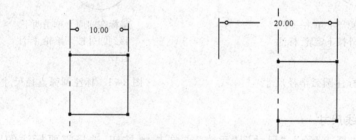

鼠标在矩形右边上单击一下，然后单击中心线，最后
再次单击矩形右边，移到圆外按下滚轮

图 3-74　标注旋转体的直径

5. 两个圆心之间的距离

　　用鼠标左键选取两个圆或者两个圆的圆心，然后移动光标，按下鼠标中键，完成标注，如图 3-75 所示。

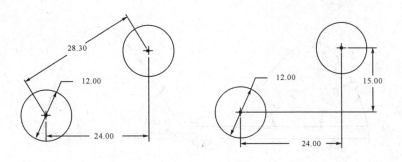

图 3-75　标注两个圆心之间的距离

3.4.3　标注角度

两条直线之间的夹角往往需要标注角度。在主菜单栏中选择"草绘"|"尺寸"|"垂直"或单击 按钮,然后单击鼠标中键确定标注的位置。

该标注有 5 种方法。如图 3-76 所示。

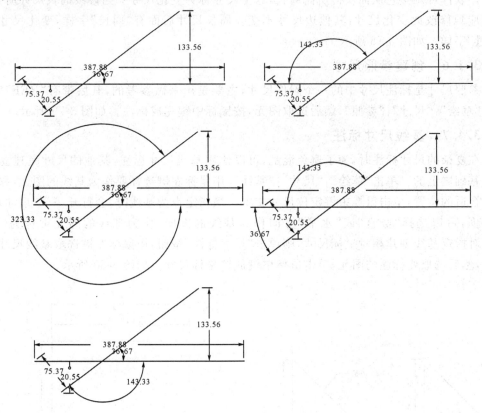

图 3-76　标注角度

3.4.4　标注样条曲线

标注样条曲线,需要标注端点处的角度尺寸,首先建立一条中心线,再选择曲线使曲线呈加亮显示,然后再选其端点和中心线,按中键完成标注,如图 3-77 所示。

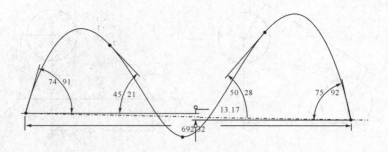

图 3-77　标注样条曲线

3.4.5　标注周长尺寸

单击菜单"编辑"|"转换到"|"周长"，可以对一封闭的链或环进行周长标注，先选择欲标注的图元链的边，然后选择菜单栏中"编辑"|"转换到"|"周长"，软件会提示选择一个可调整尺寸。软件可调整它从而获得所需周长，这个尺寸称为变化尺寸。当修改周长尺寸时，软件会相应地修改此变化尺寸，其他边尺寸不变。周长尺寸后面有"周长"字样，变化尺寸后有"变量"字样。如图 3-78 所示。

3.4.6　创建参照尺寸

参照尺寸是标注尺寸中的一个附件尺寸，主要是用来做参考的，其后带有"REF"字样。单击"草绘"|"尺寸"|"参照"，然后选取图元，按鼠标中键完成标注。如图 3-79 所示。

3.4.7　基线尺寸标注

在复杂的尺寸标注时，为了避免混乱，可以使用基线尺寸标注，其他的尺寸是建立在基线的基础之上的。单击"草绘"|"尺寸"|"基线"，用鼠标左键选择要作为基线的图元，移动鼠标到合适的位置，单击鼠标中键定位尺寸文本。当指定点为基线时，会打开一个"尺寸定向"对话框，可以选择"竖直"或"水平"方向作为基线的方向。作为基线的图元被标为0.00。若要对指定基线创建相对坐标尺寸，则单击"尺寸标注"按钮，用鼠标左键选取基线尺寸文字0.00，然后选取要标注的图元，单击鼠标中键放置坐标尺寸。如图 3-80 所示。

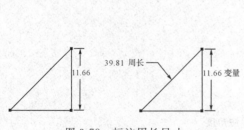

图 3-78　标注周长尺寸

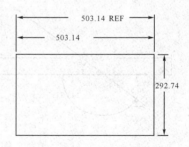

图 3-79　创建参照尺寸

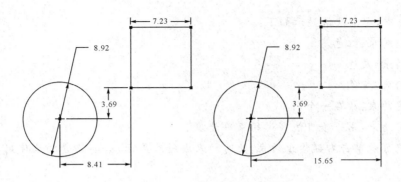

图 3-80　基线尺寸标注

3.5　约束应用

　　为了满足用户设计的一些特定要求,需要对图元做一些约束,当约束被设置后,不会随着用户的继续操作而变化。具体的约束介绍如图 3-81 所示。

图 3-81　约束

提示：

在软件中，约束默认显示如下：

- 当前约束：红色。

- 弱约束：灰色。

- 强约束：黄色。

- 锁定约束：放在一个圆中。

- 禁用约束：用一条直线穿过约束符号。

- 用户可以单击右键禁止约束，此时约束成斜线显示，若要恢复约束使用，则再单击左键即可。

- 按 Shift＋鼠标右键可以锁定约束，按左键可以解开锁定约束。用 TAP 可以切换处于活跃状态的约束。在工具栏中单击，可以控制约束的显示。

3.5.1　设置约束

1. 使垂直

单击"约束"|""，然后单击直线，使直线成竖直方向放置。如图 3-82 所示。

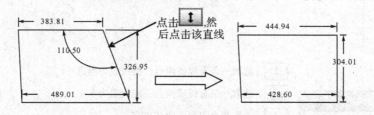

图 3-82　设置垂直约束

2. 使水平

单击"约束"|""，然后单击直线，使直线成水平位置。如图 3-83 所示。

图 3-83　设置水平约束

3. 使正交

单击"约束"|""，然后单击两条直线，使直线正交。如图 3-84 所示。

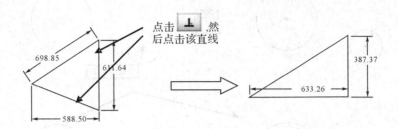

图 3-84　设置正交约束

4. 使相切

单击"约束"|"⚲"，然后单击直线和弧，使它们相切。如图 3-85 所示。

图 3-85　设置相切约束

5. 点在线条中间

单击"约束"|"↘"，然后单击该点和直线，使点在线中间。如图 3-86 所示。

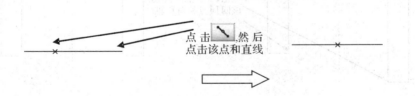

图 3-86　设置约束使点在线条中间

6. 使对齐

单击"约束"|"◉"，然后单击两个圆，使它们对齐。如图 3-87 所示。

7. 使对称

单击"约束"|"╪"，然后单击图元和对称轴，使它们对称。如图 3-88 所示。

8. 使相等

单击"约束"|"="，然后单击两弧，使它们相等。如图 3-89 所示。

9. 使平行

单击"约束"|"∥"，然后单击两直线，使它们平行。如图 3-90 所示。

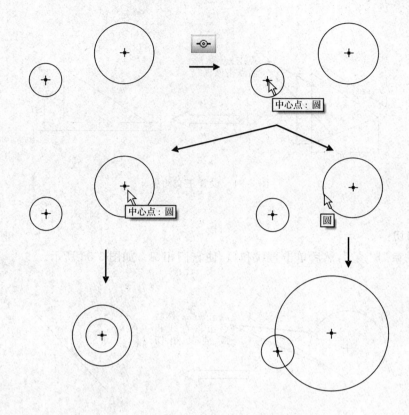

图 3-87　设置对齐约束

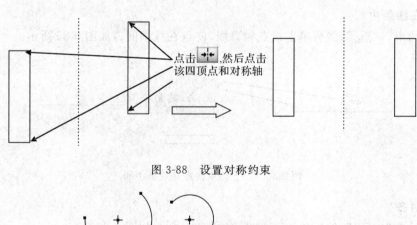

图 3-88　设置对称约束

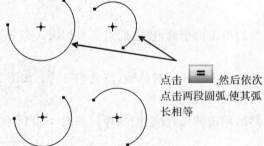

图 3-89　设置相等约束

图 3-90　设置平行约束

3.5.2　关于约束的其他操作

当约束发生冲突时,软件会以颜色加亮显示,提醒用户约束发生冲突,需要解决。在解决约束冲突的对话框中,有下列选项。

● 撤销:撤销使截面进入刚好导致冲突操作之前的状态。当选择"撤销"之后,"重做"命令不可用,因为最后一次操作还没有完成。

● 删除:删除发生冲突的约束或尺寸。

● 尺寸|参照:发生冲突的一个解决办法是选取一个尺寸转换为一个参照。

● 说明:选取一个约束,获取该约束的说明。

1. 过约束的解决

过约束是指添加尺寸标注时,与原有强尺寸发生冲突。如图 3-91 所示,在一个矩形中,长宽均被设置为强尺寸,如果再标注矩形的宽,就会被约束,软件会弹出"解决草绘"对话框。在"解决草绘"对话框中选择给出的问题解决方案,然后单击"删除"即可解决过约束。

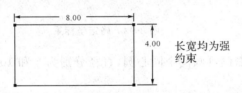

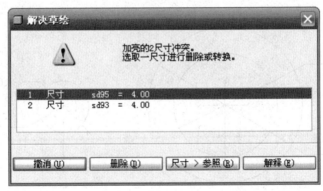

图 3-91　"解决草绘"对话框

2. 取消约束

如果想要取消约束,则单击该约束,右键单击"删除"即可。

3.6 实 例

【例】草绘操作方法的应用。

1）选择菜单"文件"|"新建"，新建一个文件名为"Sketch"的草绘图，单击"确定"进入草绘模式。

2）在右侧工具栏中单击 按钮，加入坐标系；单击 按钮画两个同心圆，并分别设置它们的直径为 20 和 30，如图 3-92 所示。

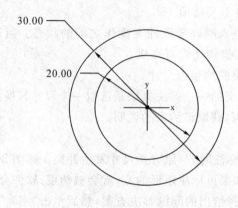

图 3-92　确定坐标系

3）单击 按钮在右侧再画两个同心圆，直径分别为 5 和 10，并使两组同心圆的圆心相距 31.2，如图 3-93 所示。

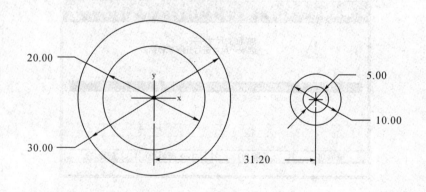

图 3-93　绘制两个同心圆

4）单击 按键加入中心线，如图 3-94 所示。

5）镜像操作：按住 Ctrl 键选中步骤 3）中创建的两个圆；单击 按键，然后单击步骤 4）创建的中心线，结果如图 3-95 所示。

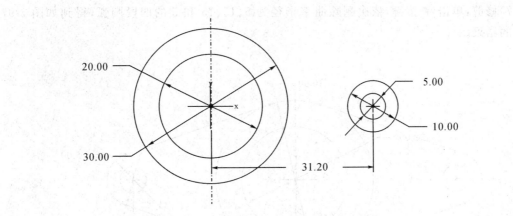

图 3-94　加入中心线

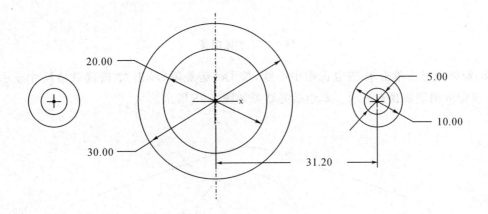

图 3-95　镜像

6)绘制公切线:单击 ✕ 按键,绘制四条相切线,如图 3-96 所示。

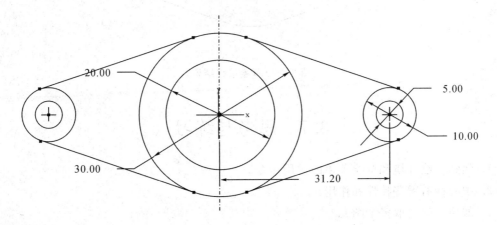

图 3-96　绘制四条相切线

7)修剪:单击 按键,依次删除曲率半径为 5、15、15 和 5 的四段圆弧,得到如图 3-97 所示的结果。

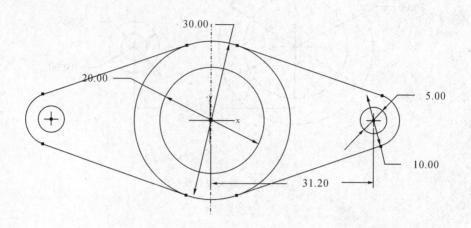

30.00

20.00

5.00

10.00

31.20

图 3-97　删除圆弧

8)修整图形。单击 按键选中中心线,按 Del 键删除;单击 按键取消尺寸显示;单击 按键取消剖面顶点显示。草绘最终结果如图 3-98 所示。

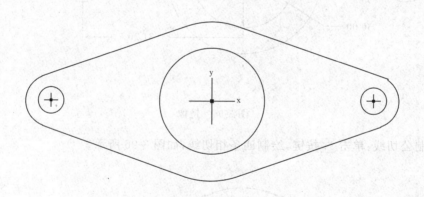

图 3-98　草绘最终结果

3.7　思考与练习

1. 熟悉草绘环境和草绘菜单的常用命令。

2. 中心线有哪些特性和作用?

3. 如何同时选取多个图元?

4. 对于小角度或者很短的线段,在绘图区不方便显示,应该采取何种操作?

5. 简述在 Pro/E 草绘环境中如何使用镜像工具。

6. Pro/E 草绘模块中,有哪些类型的约束? 实际意义是什么?

7. 如何设置草绘区域的大小?

8. "强尺寸"和"弱尺寸"有什么区别? 操作过程中应注意哪些问题?

9. 如何解决约束发生冲突的问题?

10. 图形中有较多的尺寸标注和约束符号时,影响观察,这时应该采取何种操作?

11. 圆和圆弧有几种绘制方式? 圆锥曲线的绘制步骤是怎样的? 如何绘制一条抛物线?

12. 如何绘制样条曲线?

13. 绘制文字的操作步骤是怎样的? 如何实现沿指定的曲线放置文字?

14. 如何标注直径尺寸? 如何标注角度尺寸?

15. 如何建立结构线?

16. 在草绘环境下输入文本"Pro/ENGINEER Wildfire 5.0",要求字体为 cal_alf,长宽比设定为 0.75,倾斜角设为 45.00。

17. 绘制并标注图 3-99 所示的草图。

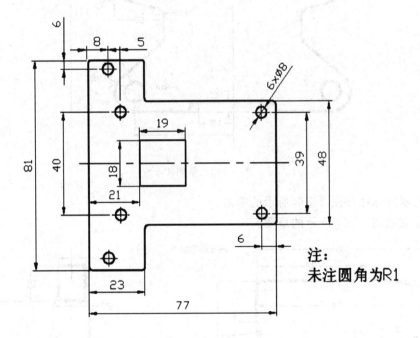

图 3-99 草图 1

18. 绘制并标注如图 3-100 所示的草图。

19. 绘制并标注如图 3-101 所示的草图。

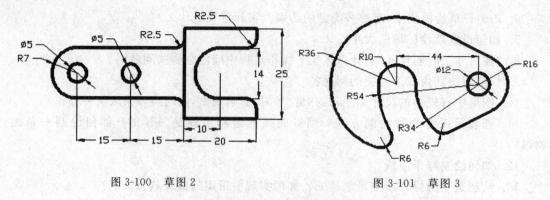

图 3-100　草图 2　　　　　　　　　　　图 3-101　草图 3

20. 绘制并标注如图 3-102 所示的草图。

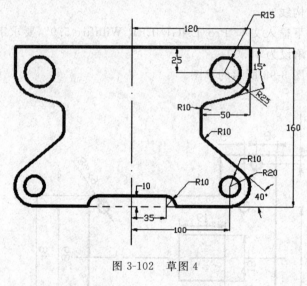

图 3-102　草图 4

21. 绘制并标注如图 3-103 所示的草图。

22. 完成如图 3-104 所示的草图。

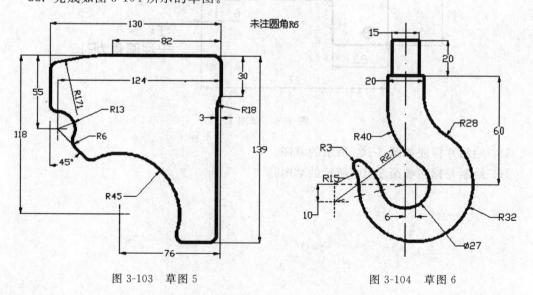

图 3-103　草图 5　　　　　　　　　　图 3-104　草图 6

23. 完成如图 3-105 所示的草图。

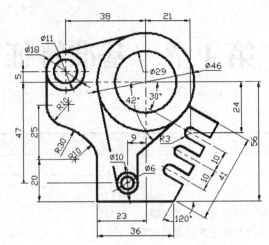

图 3-105　草图 7

24. 完成如图 3-106 所示的草图。

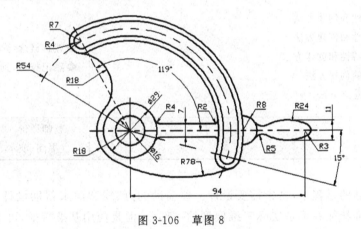

图 3-106　草图 8

25. 完成如图 3-107 所示的草图。

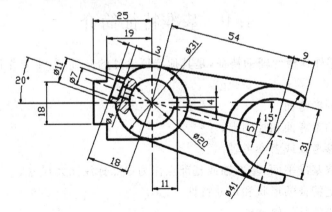

图 3-107　草图 9

第4章 基准特征

学习单元：基准特征	参考学时：4
学习目标	

◆掌握基准特征的概念
◆掌握基准平面和基准轴的建立方法及其应用
◆掌握基准坐标系和基准点的建立方法及其应用
◆掌握基准曲线的建立方法及其使用技巧

学习内容	学习方法
★基准点的特性和创建方法 ★基准轴的特性和创建方法 ★基准平面的特性和创建方法 ★基准坐标系的创建方法 ★基准曲线的建立方法	◆理解概念，熟悉方法 ◆熟记技巧，勤于操作
考核与评价	**教师评价** （提问、演示、练习）

在设计产品的过程中，常常需要设计一些辅助的点、线和面来帮助设计，这些特征就是基准特征。基准特征并不是实际三维模型的一部分，但是使用基准特征，可以帮助设计者更好地完成设计任务。

4.1 基准特征简介

基准特征是零件建模的辅助特征，是其他特征设计的基础，其主要作用是辅助 3D 特征的创建：

- 模型截面的参考面。
- 模型定位的参考面和控制点。
- 装配时的参考面或者参考轴。
- 草绘时选取基准平面、基准轴或基准点作为参照标注图元尺寸。
- 设计时确定特征的形状和尺寸特性。
- 可用于扫描特征的轨迹线。

工具栏上的基准按钮如图 4-1 所示，它包括基准点、基准轴、基准曲线、基准面和基准坐标系。

基准面的三个面是相互正交的,如图 4-2 所示。

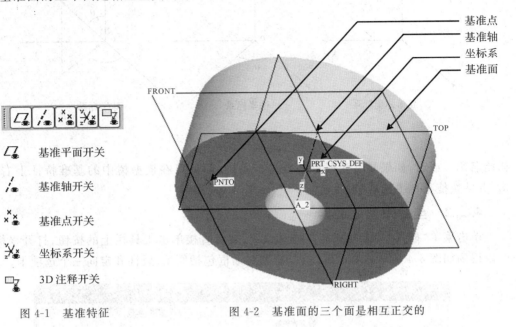

<table>
<tr><td></td><td>基准平面开关</td></tr>
<tr><td></td><td>基准轴开关</td></tr>
<tr><td></td><td>基准点开关</td></tr>
<tr><td></td><td>坐标系开关</td></tr>
<tr><td></td><td>3D 注释开关</td></tr>
</table>

图 4-1　基准特征　　　　　图 4-2　基准面的三个面是相互正交的

另外,基准特征的颜色,已在设置软件颜色里分析过,这里不再赘述。

4.2　坐标系

坐标系是可以添加到零件和组件中的参照特征,使用基准坐标系,可执行下列操作:

- 组装元件。
- 为"有限元分析(FEA)"放置约束。
- 为刀具轨迹提供制造操作参照。
- 用作定位其他特征的参照(坐标系、基准点、平面、输入的几何,等等)。
- 通用的三维模型格式,如 IGES、STL 等。
- NC 加工。
- 工程分析。

对于大多数普通的建模任务,可使用坐标系作为方向参照。

4.2.1　坐标系基础知识

Pro/ENGINEER 默认带有 X、Y 和 Z 轴的坐标系。当参照坐标系生成其他特征时,软件可以用 3 种方式表示坐标系,如图 4-3 所示。

- 笛卡尔坐标系:软件用 X、Y 和 Z 表示坐标值。
- 柱坐标系:软件用 R、θ 和 Z 表示坐标值。
- 球坐标系:软件用 R、θ 和 φ 表示坐标值。

Pro/ENGINEER 将基准坐标系命名为 CS♯,其中♯是已创建的基准坐标系的号码。如果需要,可在创建过程中使用"坐标系"对话框中的"属性"选项卡为基准坐标系设置一个

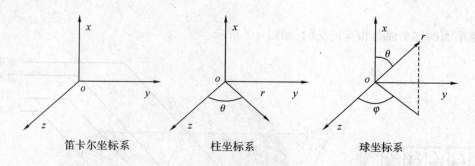

图 4-3　坐标系的表现形式

初始名称。或者，如果要改变现有基准坐标系的名称，可在模型树中的基准特征上右键单击，并从快捷菜单中选取"重命名"。

4.2.2　坐标系创建工具

单击菜单"插入"|"模型基准"|"坐标系"，或者直接单击工具栏上的按钮，打开坐标系，可以得到如图 4-4 所示的对话框，可以看到对话框包括原始、属性和定向三个选项卡。

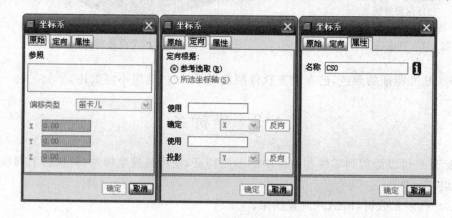

图 4-4　"坐标系"对话框

1. "原始"选项卡

"原始"选项卡主要用来对"参照"和"偏移类型"进行设置。

● "参照"：用来设置和更改参照（平面、边、轴、曲线、基准点、顶点或坐标系等）。单击列表框，然后在图形窗口中选取 3 个放置参照。软件根据所选定的放置参照，自动进行原点定位。若需要偏移坐标系原点，则可在"偏移类型"下拉框中选择偏移类型，并指定偏移量。

● "偏移类型"：用来改变参数值来偏移坐标系。

2. "属性"选项卡

主要用来对特征重命名，单击 **i** 按钮可以在内嵌浏览里查看有关当前基准特征的信息。

3. "定向"选项卡

主要用来确定新坐标系的方向，包括以下内容：

● "参考选取"：该选项允许通过为坐标系轴中的两个轴选取参照来定向坐标系。为每个方向收集器选取一个参照,并从下拉列表中选取一个方向名称。缺省情况下,软件假设坐标系的第一方向将平行于第一原点参照。如果该参照为一直边、曲线或轴,那么坐标系轴将被定向为平行于此参照。如果已选定某一平面,那么坐标系的第一方向将被定向为垂直于该平面。软件计算第二方向,方法是:投影将与第一方向正交的第二参照。

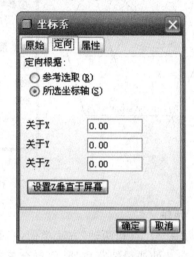

●"所选坐标轴":该选项允许定向坐标系,方法是绕着作为放置参照使用的坐标系的旋转轴旋转该坐标系,为每个轴输入所需的角度值,或在图形窗口中右键单击,并从快捷菜单中选取"定向",然后使用拖动控制滑块以手动定位每个轴。位于坐标系中心的拖动控制滑块允许绕参照坐标系的每个轴旋转坐标系。要改变方向,可将光标悬停在拖动控制滑块上方,然后向着其中的一个轴移动光标。在朝向轴移动光标的同时,拖动控制滑块会改变方向。如图4-5 所示。

●"设置 Z 垂直于屏幕":此按钮允许快速定向 Z 轴,使其垂直于查看的屏幕。

图 4-5　坐标系—定向选项卡

4.2.3　建立坐标系

在特征的不同位置建立坐标系,首先需要建立原点,然后再确定坐标轴的方向。常见的创建方法有三平面交点、点和两轴、两轴、偏移和从文件等。

1. 三平面交点

选择三个实体特征上的平面、基准平面或者曲面,即可创建一个坐标系,坐标系原点即为交点,并由软件默认方式确定坐标系各轴的正向。如图 4-6 所示。

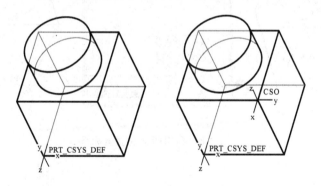

图 4-6　利用三平面交点建立坐标系

2. 点和两轴

选定一个基准点、顶点或某个坐标系的原点为新坐标系的原点,再按住 Ctrl 键在工作区选取两个基准轴、直线形实体边或者曲线,然后指定任意两个轴向(如图 4-7 所示),即可建立坐标系。

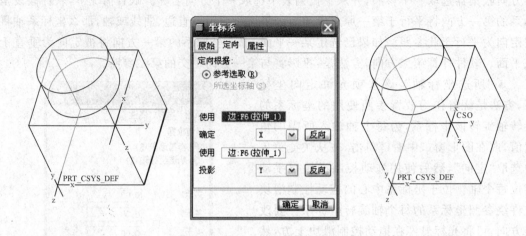

图 4-7　利用点和两轴建立坐标系

3. 两轴

"两轴"与"点和两轴"方法类似，只是坐标原点直接定位于两基准轴、直线形实体边或者曲线的交叉处或最短距离处（原点会落在所选的第一条线上），无须重新指定坐标原点。

按住 Ctrl 键，选取两个基准轴、直线形实体边或者曲线，其相交点或最短距离处被定为新坐标系的原点，然后再指定两个轴向，如图 4-8 所示。

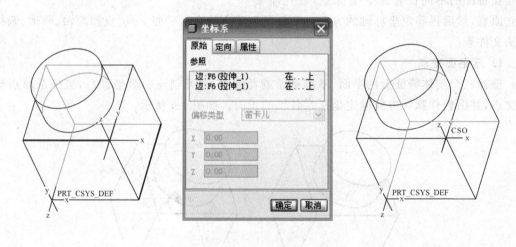

图 4-8　利用两轴建立坐标系

4. 偏移

通过平移或旋转已有坐标系来得到。创建时，首先要选择使用平移方式还是旋转方式，然后根据软件的提示输入平移距离的数值或转角数值即可，或者用鼠标拖动滑块来移动，如图 4-9 所示。

5. 从文件获得

使用数据文件创建新坐标系。数据文件中定义两个向量：第一个向量为 X 轴方向，第二个向量位于 XY 平面内（通常在 Y 轴方向上）。文件中也确定新坐标系的原点。软件会

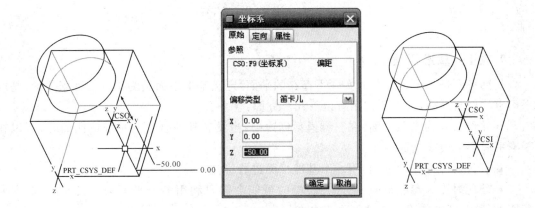

图 4-9　利用偏移建立坐标系

根据右手定则自动确定 Z 轴。

　　单击菜单"插入"|"模型基准"|"坐标系",打开"坐标系"对话框;在"原始"选项卡的"偏移类型"下拉列表中选择"自文件",如图 4-10 所示;单击"打开"对话框,选取要载入的转换文件(.trf),并单击"打开"按钮,软件就在文件中所指定的位置处显示新坐标系的预览;按"确定",完成创建。

图 4-10　从文件获得建立坐标系

4.3 基准平面

4.3.1 基准平面简介

基准平面是一个无限大的实际不存在的平面,定义基准平面是为设计特征服务的,基准平面也称作基准面,其主要作用有以下几个方面:

● 草绘时作为参照平面:在三维模型创建中,当没有其他合适的平面或曲面时,可以在基准平面上草绘或放置特征。

● 标注尺寸时作为基准:用一个基准平面进行标注。

● 装配时作为参照平面:零件在装配时可能会需要利用多个平面来定义匹配、对齐或者插入,通常可以使用基准平面作为参考。

● 绘制工程图时作为剖面:当建立零件的某个剖面图时,可以选择基准平面作为此剖面的放置位置。

● 三维零件方向的参考:三维实体的方向需要两个相互垂直的面定义后才能决定,因此可用基准面作为三维实体方向决定的参考依据,而且还可以通过建立基准面来调整三维实体的视角方向。

根据软件的默认,每个基准平面都有正、反两个面,在不同视角下,基准平面的边界线的显示颜色是不同的。Pro/ENGINEER Wildfire 5.0 将基准平面显示为褐色或者灰色,具体显示为哪种颜色取决于哪一面朝向屏幕。如果正视时,平面的边界为褐色,那么当平面转到和最初视角相反的一面时,基准平面就变成灰色边界显示。当装配元件、定向视图和草绘参照时,应用这些颜色区分视角方向。

4.3.2 建立基准平面

1. 使用默认基准平面

创建新的零件文件后,软件会自动创建三个互相垂直的基准平面,如图 4-11 所示。

三个相互垂直的平面分别为 TOP 面、FRONT 面和 RIGHT 面,默认的基准平面有很多良好的特性,包括:

● 允许建立适当的父子关系,避免产生多余的父子关系;

● 为以后的建模提供良好的实体基础;

● 可以通过工具栏来控制其显示。

2. 用户创建基准平面

单击右侧工具栏上的 $\square$ 按钮,或者单击"插入"|"模型基准"|"平面",可得如图 4-12所示对话框。

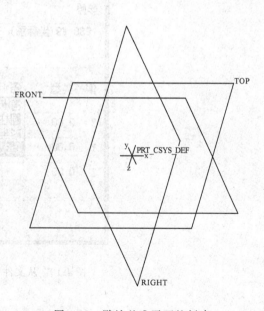

图 4-11 默认基准平面的创建

图 4-12 "基准平面"对话框

● "放置"选项卡:利用现有的参照如平面、曲面、边、点、坐标系、轴、顶点、基于草绘的特征、平面小平面、边小平面、顶点小平面或草绘基准曲线并设置偏距来创建新的基准平面。

● "显示"选项卡:可以控制正反向显示和对轮廓的调整。

● "属性"选项卡:通过单击方框右侧的 ⓘ ,查看软件默认浏览器里的关于基准平面的信息。

在"放置"选项卡"参照收集器"内的约束列表中选择所需的约束选项。要将多个参照添加到选取列表中,可在选取时按下 Ctrl 键。选取参照后,参照出现在"基准平面"对话框内的"参照"收集器中,直到所有的约束选取完整为止。约束的使用如表 4-1 所示。

表 4-1 约束的使用

约束	条件	需要选取的图元
穿过	基准平面穿过选取的图元	点、轴、边、平面、圆弧、曲线
法向	基准平面垂直选取的图元	轴、边、曲线或者平面
平行	基准平面平行选取的图元	平面
偏移	基准平面平移或者旋转图元	平面、坐标
相切	基准平面相切于图元	圆弧面

所需的约束选项可以是一个或者多个,软件能根据设置的约束选项判断出确定的位置。下列基准参照约束只能单独使用:

● 约束为"穿过",创建一个与平面一致的基准平面参照。

● 约束为"偏移",创建一个平行于平面并以指定距离偏离该平面的基准平面参照。

● 约束为"偏移",创建一个垂直于一个坐标轴并偏离坐标原点的基准平面参照。

【例 4-1】基准平面的创建。

● 由"穿过"和"平行"建立一个基准平面,如图 4-13 所示。

● 由"法向"和"穿过"建立一个基准平面,如图 4-14 所示。

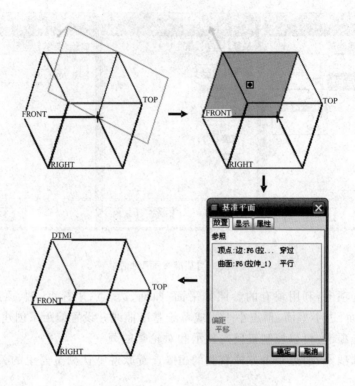

图 4-13   由"穿过"和"平行"建立基准平面

图 4-14   由"法向"和"穿过"建立基准平面

- 由"偏移"建立一个基准平面，如图 4-15 所示。
- 由"法向"和"相切"建立一个基准平面，如图 4-16 所示。

另外，在模型树中基准平面上右键单击重命名，可以对基准平面的名称进行修改。

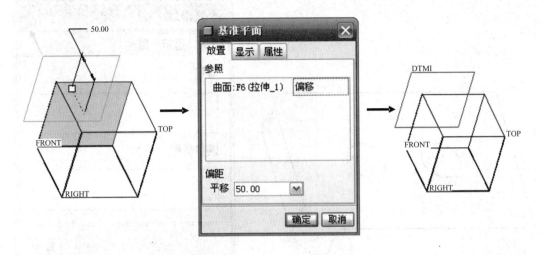

图 4-15 由"偏移"建立基准平面

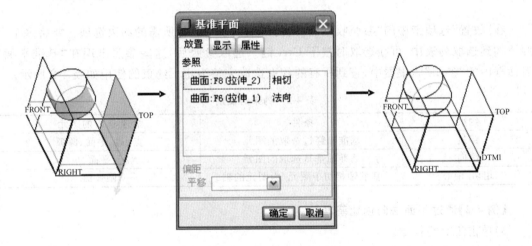

图 4-16 由"法向"和"相切"建立基准平面

4.4 基准轴

4.4.1 基准轴基础知识

基准轴是一条虚线,可以由软件自动产生(如创建旋转体时),也可以由用户创建,用来创建圆孔或阵列,也可以用来做旋转轴。如图 4-17 所示。

4.4.2 建立基准轴

用户创建基准平面:可以单击右侧工具栏上的 ⁄ 按钮,或者单击"插入"|"模型基准"|"轴",出现如图 4-18 所示的对话框。

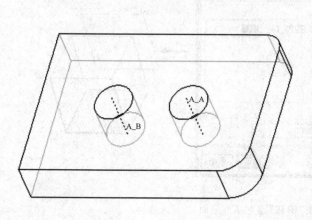

图 4-17　基准轴

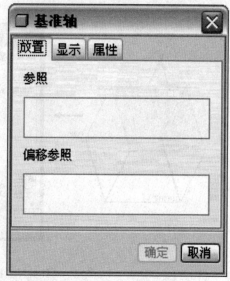

图 4-18　"基准轴"对话框

在"放置"选项卡中的"参照收集器"内的约束列表中选择所需的约束选项。要将多个参照添加到选取列表中，可在选取时按下 Ctrl 键。选取参照后，这些参照出现在"基准平面"对话框内的"参照"收集器中，直到所有的约束选取完整为止。约束的使用如表 4-2 所示。

表 4-2　约束的使用

约束	条件	需要选取的图元
穿过	基准轴穿过选取的图元	点、边、平面、圆弧
法向	基准轴垂直选取的图元	平面
相切/中心	基准轴相切于图元/为图元的轴	圆弧面

【例 4-2】通过平面法向创建基准轴。

1)单击工具栏按键。

2)选中一个面，如图 4-19-(1)所示。

3)用鼠标拖动绿色的点到一个面，如图 4-19-(2)所示。松开鼠标，结果如图 4-19-(3)所示。

4)用鼠标拖动另一个绿色的点到另外一个面，如图 4-19-(4)所示。松开鼠标，结果如图 4-19-(5)所示。

5)在基准轴对话框或工作区中修改要插入的基准轴相对于第二步和第三步确定的两个面的距离，如图 4-19-(6)所示。

6)单击对话框"确定"按钮，结果如图 4-19-(7)所示。

【例 4-3】穿过两个点创建基准轴。

1)单击工具栏 🖊 按键。

2)选中一个点，如图 4-20 所示。

3)按住 Ctrl 键选择第二个点。

4)单击对话框"确定"按钮。

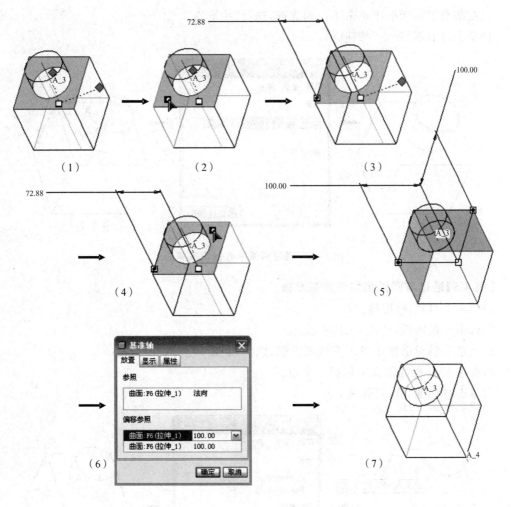

图 4-19 通过平面法向创建基准轴

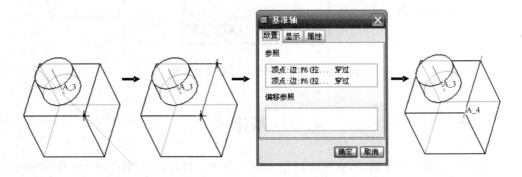

图 4-20 穿过两个点创建基准轴

【例 4-4】通过圆弧中心创建基准轴。

1)单击工具栏 ⬚ 按键。

2)选中一段圆弧,如图 4-21 所示。

3）在基准轴对话框中单击下拉列表框，选择"中心"。

4）单击对话框"确定"按钮。

图 4-21　通过圆弧中心创建基准轴

【例 4-5】通过与圆弧相切创建基准轴。

1）单击工具栏 / 按键。

2）选中一段圆弧，如图 4-22 所示。

3）在基准轴对话框中单击下拉列表框，选择"相切"。

4）按住 Ctrl 键在圆弧上选择一个点。

5）单击对话框"确定"按钮。

图 4-22　通过与圆弧相切创建基准轴

4.5　基准点

基准点可以用作创建模型，也可以用作分析模型的工具，Pro/ENGINEER Wildfire 5.0支持四种类型的基准点，这些点的创建方法和作用各不相同。具体类型如下：

- 一般点：在图元上、图元相交处或自某一图元偏移处所创建的基准点。
- 草绘：在草绘器中创建的基准点。
- 自坐标系偏移：通过选定坐标系偏移所创建的基准点。
- 域点：在建模中用于分析的点，一个域点标识一个几何域。

前三种类型用在常规建模中。

基准点的默认显示标志是×符号,按照创建的先后顺序,分别编号为 PNT0、PNT1、PNT2……

可以单击右侧工具栏上的 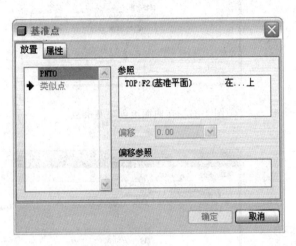 按钮,或者单击"插入"|"模型基准"|"点",出现如图 4-23 所示对话框。

图 4-23 "基准点"对话框

4.5.1 一般基准点

一般基准点就是从图元、图元交点或者图元偏移建立的基准点,其分类如表 4-3 所示。

表 4-3 基准点创建方法分类

图 元	操 作
点(曲线/边线的端点或已有的基准点)	1. 在其上:在所选的点上创建 2. 偏移:将所选的点沿着平面的法线方向偏移
线(可为曲线或曲面的边)	在其上:在线上做一个点,点的位置可以由比率和实数两种方式 其中,比率是 0~1 的数值,实数是点到线条起始点的距离
面(可为平面或者曲面)	1. 在其上:在所选的面上用尺寸确定一个点 2. 偏移:将所选面上的点沿着平面的法线方向偏移
点以及平面/曲面	点:偏距;面:法向 由偏距后的点向所选的面的法线方向偏移一段距离

【例 4-6】一般基准点的创建。

打开零件 magnet.prt,然后按以下方式创建一般基准点。

1)单击右侧工具栏上的按钮 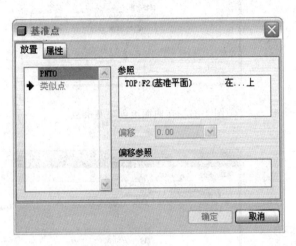,选择一个曲面,然后把两个定位握柄移到该曲面的两个侧面,设置定位尺寸,在基准点对话框中选择"在其上",按住鼠标中键,创建成功。如图 4-24 所示。

2)单击右侧工具栏上的按钮 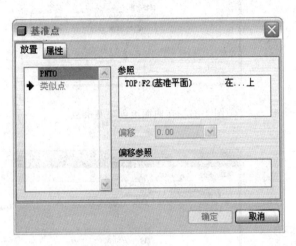,选择一个曲面,然后把两个定位握柄移到该曲面的两个侧面,设置定位尺寸,在基准点对话框中选择"偏移",设置偏移距,按住鼠标中键,创建成功。如图 4-25 所示。

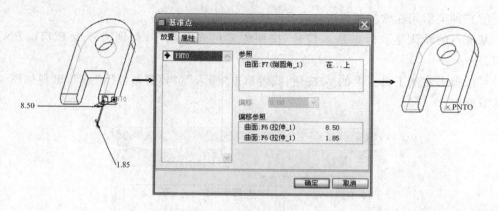

图 4-24　在曲面上创建基准点

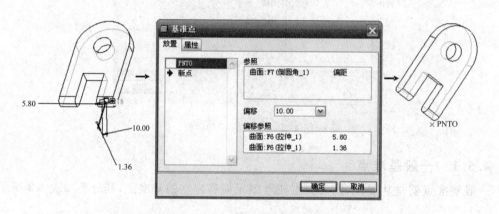

图 4-25　偏移曲面创建基准点

3)单击右侧工具栏上的按钮 ，选择线条的端点，按住鼠标中键，即创建了基准点。如图 4-26 所示。

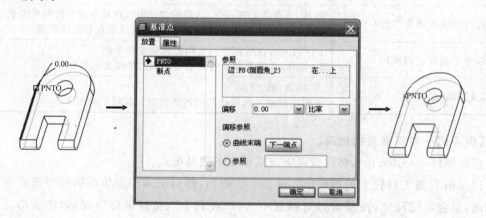

图 4-26　在线条端点创建基准点

4)单击右侧工具栏上的按钮 ，选择线条的端点，在基准点对话框中选择"偏移"，设置偏移距，按住鼠标中键，即线段端点的偏移基准点。如图 4-27 所示。

图 4-27　偏移线条端点创建基准点

5）单击右侧工具栏上的按钮 ▨ ，按 Ctrl 键选择三个曲面，按住鼠标中键，即创建了三个曲面的交点。如图 4-28 所示。

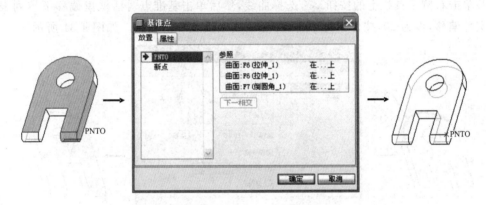

图 4-28　在三个曲面的交点处创建基准点

6）单击右侧工具栏上的按钮 ▨ ，选择曲线，然后单击基准点对话框里偏移参照列表框，选取侧面作为参照，最后设置偏移距，按住鼠标中键，即在曲线上设置了基准点。如图 4-29 所示。

图 4-29　在曲线上偏移侧面创建基准点

7)单击右侧工具栏上的按钮 ，选择曲线，然后单击基准点对话框里偏移下拉列表框，选择比率偏移，设为0.54，按住鼠标中键，即在曲线上设置了基准点。如图4-30所示。

图4-30　在曲线上按比率创建基准点

8)单击右侧工具栏上的按钮 ，选择曲线，然后单击基准点对话框里偏移下拉列表框，选择实数偏移，设为20，按住鼠标中键，即在曲线上设置了基准点。如图4-31所示。

图4-31　偏移曲线端点创建基准点

9)单击右侧工具栏上的按钮 ，选择两条曲线，按住鼠标中键，即在曲线交点上设置了基准点。如图4-32所示。

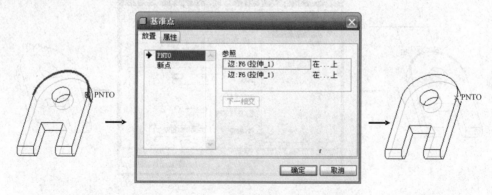

图4-32　在两条曲线交点上创建基准点

4.5.2 草绘基准点

单击工具栏上的草绘按钮 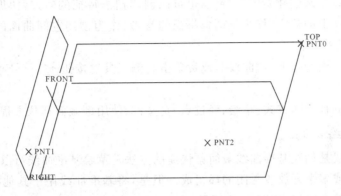 ，进入草绘模式，使用工具栏上的点工具 ×，创建多个点，如图 4-33 所示。

图 4-33 草绘基准点

4.5.3 偏移坐标系基准点

偏移坐标系基准点是通过指定基准点相对于坐标系的偏移数值来定位基准点的位置。可使用笛卡尔坐标系、球坐标系或柱坐标系偏移点。单击"插入"|"模型基准"|"点"|"偏移坐标系"，或者单击右侧工具栏上的按钮 ，出现如图 4-34 所示的对话框。

4.5.4 域基准点工具

可以在实体边线、曲线或曲面的任意位置创建基准点。在创建基准点时无须定位基准点的精确位置，只需在工作区中选取参照即可。

单击"插入"|"基准模型"|"点"|"域"，或者单击右侧工具栏中的按钮 ，打开域对话框，选择"参照"，如图 4-35 所示。

单击"确定"按钮，创建完成，结果如图 4-36 所示。

图 4-34 "偏移坐标系基准点"对话框

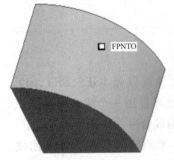

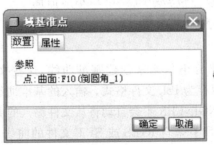

图 4-35 利用域内参照创建基准点

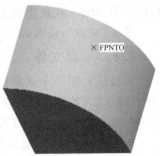

图 4-36 域基准点

<h1 style="text-align:center">4.6 基准曲线</h1>

基准曲线可以用来创建旋转等特征，也可以创建扫描特征的轨迹，协助基本面、基准轴及基准点等基准特征的建立，作为倒圆角特征的参考，作为创建空间曲面的边界曲线，创建skeleton动态分析模型等。

单击"插入"|"模型基准"|"曲线"，或者单击右侧工具栏按钮 ～ ，打开菜单管理器，如图4-37所示。

基准曲线有五种创建方式：草绘、经过点、自文件、使用剖截面和从方程。

4.6.1 草绘

草绘基准曲线是创建基准曲线最简单快捷的方法。草绘基准曲线可以由一个或多个草绘曲线以及一个或多个开放或封闭的环组成。但是，将基准曲线用于其他特征通常限定在开放或封闭环的单个曲线，如图4-38所示。

图4-37 "基准曲线"菜单管理器

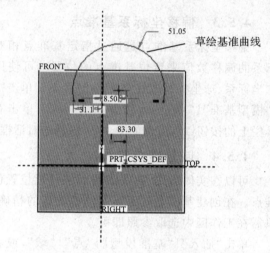

图4-38 草绘基准曲线

4.6.2 经过点

将已生成的基准点、实体上的顶点连接成样条曲线、单一半径或多重半径的基准曲线。如图4-37所示，单击"经过点"，得到如图4-39所示对话框。

单击"完成"，得到如图4-40所示结果。

4.6.3 自文件

可以从文件导入点的坐标值信息来创建基准曲线，这些文件可以是IGES、SET、SEC、DWG或VDA格式。最后保存为IBL文件格式。输入的基准曲线可以由一个或多个段组成，且多个段不必相连。Pro/ENGINEER不会自动将从文件输入的曲线合并为一条复合曲线。

Pro/ENGINEER读取所有来自IGES或SET文件的曲线，然后将其转化为样条曲线。当输入VDA文件时，软件只读取VDA样条图元。另外，可以重定义由文件创建的基准曲线，也可以用由文件输入的其他曲线裁剪或分割它们。

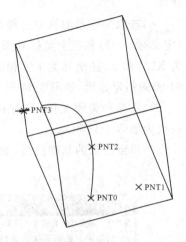

图 4-39　经过点创建基准曲线　　　　　　　　　图 4-40　经过点的基准曲线

4.6.4　使用剖截面

首先在模型上创建剖截面,剖截面的边界即创建的基准曲线。单击"插入"|"模型基准"|"曲线",得到图 4-37 所示的对话框,选择对话框里的"使用剖截面",即得到所要的基准曲线。

4.6.5　从方程

1)单击"插入"|"模型基准"|"曲线",或单击"基准"工具栏上"基准曲线"按钮,打开"菜单管理器";选择"从方程",单击"完成"可得如图 4-41 所示对话框。

2)选取坐标系,如图 4-42 所示。

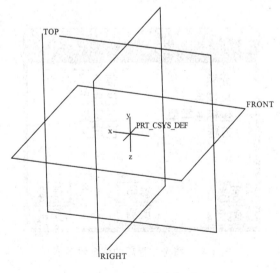

图 4-41　从方程创建基准曲线　　　　　　　　　图 4-42　选取坐标系

3）选取了坐标系，出现如图 4-43 所示对话框。

4）选取坐标系的其中一种类型，根据参数 t（定义域 0～1）和三个坐标系参数（笛卡尔坐标为 X、Y 和 Z；柱坐标为 r、θ 和 z；球坐标为 r、θ 和 φ）来指定方程，如图 4-44 所示。

5）保存和关闭文件，此时初始的信息对话框变为如图 4-45 所示。

6）得到要求的基准曲线，如图 4-46 所示。

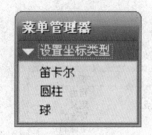

图 4-43 "设置坐标类型"菜单管理器

rel.ptd – 记事本

文件(F) 编辑(E) 格式(O) 查看(V) 帮助(H)

```
/* 为笛卡儿坐标系输入参数方程
/*根据t(将从0变到1) 对x, y和z
/* 例如:对在 x-y 平面的一个圆, 中心在原点
/* 半径 = 4, 参数方程将是:
/*        x = 4 * cos ( t * 360 )
/*        y = 4 * sin ( t * 360 )
/*        z = 0
/*--------------------------------------------------
         x = 4 * cos ( t * 360 )
         y = 0
         z = 6 * sin ( t * 360 )
```

图 4-44 根据参数指定方程

曲线：从方程

元素	信息
坐标系	已定义
坐标系类型	已定义
方程	已定义

定义　参照　信息
确定　取消　预览

图 4-45 指定方程后的信息对话框

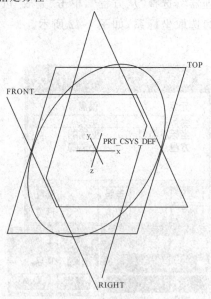

图 4-46 从方程得到的基准曲线

4.7 实 例

【例 4-7】基准点、基准轴和基准平面的实际应用。

1)单击 ⊞ 按钮,选择 TOP 面作为草绘平面,RIGHT 面作为参照平面,方向为"底部",如图 4-47 所示。

2)草绘一个 100×100 的矩形,如图 4-48 所示,单击 ✔ 按钮,完成草绘。

图 4-47 "草绘"对话框

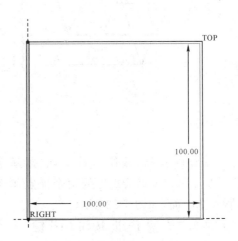

图 4-48 草绘矩形

3)单击 ✎ 按钮,选择 TOP 面作为放置参照,设置参照约束为"法向"。选取 RIGHT 面和 FRONT 面作为偏移参照,偏移值均为 50,如图 4-49 所示。

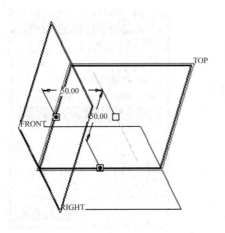

图 4-49 创建基准轴

4）单击 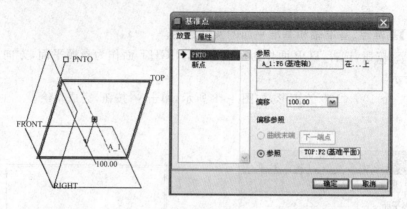 按钮，选择基准轴 A_1 作为参照，选择 TOP 面作为偏移参照，设置偏移量为100，如图 4-50 所示。所得结果如图 4-51 所示。

图 4-50　创建基准点

5）单击 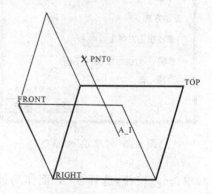 按钮，按住 Ctrl 键，选择基准点PNT0 以及第二步草绘矩形的两个顶点作为参照，插入基准面，如图 4-52 所示。

6）再次单击 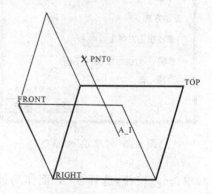 按钮，按住 Ctrl 键，选择基准点 PNT0 以及第二步草绘矩形的另外两个顶点作为参照，插入基准面。结果如图 4-53所示。

图 4-51　基准点创建完成

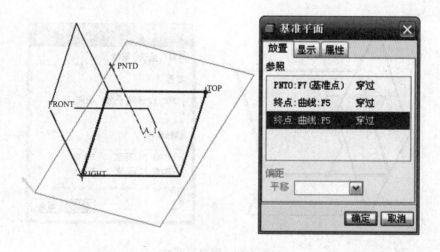

图 4-52　创建基准平面

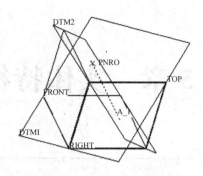

图 4-53　再次创建基准平面

4.8　思考与练习

1. 坐标系的创建方法有哪些？如何创建？

2. 基准特征有哪些？分别有什么作用？

3. 基准平面有哪些特性？

4. 创建基准平面时，在参照收集器中添加约束时有哪些注意事项？

5. 基准点有哪几种创建方法？详细说明。

6. 基准曲线有哪几种创建方法，各有什么优点？

7. 简述至少五种建立基准平面的方法。

8. 简述至少五种建立基准轴的方法。

9. 在 Pro/E 5.0 系统中坐标系扮演着十分重要的角色，它一般用在哪些场合？

10. 创建经过 TOP 面和 RIGHT 面交线的基准平面 DTM1，并与 TOP 面成 60°角，如图 4-54 所示。（提示：先创建穿过 TOP 面和 RIGHT 面的基准轴。）

11. 创建如图 4-55 所示的基准曲线。（提示：螺旋曲线参数方程。）

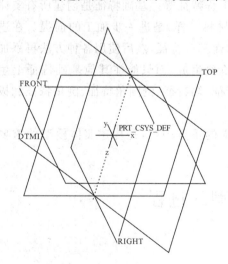

图 4-54　需要创建的基准平面

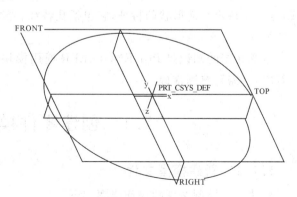

图 4-55　需要创建的基准曲线

第5章　实体特征

学习单元：实体特征	参考学时：8
学习目标	

◆理解并掌握创建零件模型的过程

◆理解并掌握层的概念和操作

◆理解并掌握基本特征，如：拉伸特征、旋转特征、扫描特征、混合特征等的创建方法

◆理解并掌握工程特征，如：孔特征、圆角和倒角特征、筋特征和壳特征等的创建方法

◆能综合应用基础特征和工程特征工具，完成复杂零件的建模

学习内容	学习方法
★零件模型的创建过程	
★层的概念和操作	◆理解概念，掌握对象
★拉伸特征、旋转特征、扫描特征等基础特征	◆熟记方法，勤于操作
★孔特征、圆角和倒角特征、筋特征和壳特征等工程特征	
考核与评价	教师评价 （提问、演示、练习）

　　特征是 Pro/ENGINEER 中的重要概念，它是构成模型实体的基本元素。根据特征的建模方式，可以分为多种类型：基础特征、基准特征、工程特征等。基础特征是创建所有实体模型的基础，就像是高层建筑的地基、机械加工的原材料一样，是进一步加工的前提。在进行三维实体设计时，第一步的工作常常是从零开始创建基础特征，然后使用各种方法再添加其他各类特征。工程特征也称构造特征，它们不能单独生成，而只能在其他基础特征上生成，是一类特定几何形状的特征，它包括孔特征、壳特征、筋特征、倒圆角特征、倒角特征和拔模特征等。

　　本章介绍的知识是 Pro/ENGINEER 通用模块中的重点内容，是构建实体模型的重要工具之一，需要熟练掌握。

5.1　创建零件模型的过程

5.1.1　新建模型文件

新建一个模型文件的操作步骤如下：

1）设置工作目录：单击"文件"|"设置工作目录"。

2）单击"新建"按钮或者下拉菜单"文件"|"新建"，系统打开如图 5-1 左侧所示对话框。

3）选择对话框中"类型"选项组中的"零件"，选中"子类型"中的"实体"单选钮。

4）输入文件名，取消选择"使用缺省模板"，单击"确定"，出现如图 5-1 右侧所示对话框，单击"mmns_part_solid"；单击"确定"按钮。

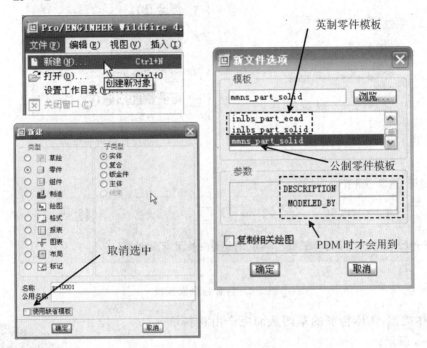

图 5-1　新建零件文件

提示：

　　模板是一个预先定义好特征、层、参数、命名的视图、默认单位和其他属性的标准的 Pro/ENGINEER 模型，分为两种类型：模型模板和工程图模板。模型模板又分为零件模型模板、装配模型模板和模具模型模板等。为模型模板提供了两种类型：一种是公制模板，使用公制度量单位；一种是英制模板，使用英制单位。工程图模板是一个包含了要创建的工程图项目说明的特殊工程图文件，这些项目包括视图、表、格式、符号、捕捉线、注释、参数注释及尺寸。另外，PTC 标准工程图模板包括三个正交视图。用户还可以根据自己的需要定制，具体见第 2 章。

5.1.2　创建零件的基础特征

1. 调用特征工具

单击右侧工具栏上的特征按钮调用特征工具，如图 5-2 所示。

也可以在菜单中选取特征命令来调用特征工具，如图 5-3 所示。

2. 定义特征类型

选择特征命令后，窗口左下方会出现如图 5-4 所示的操控板。

利用该操控板，可以创建实体类型、曲面类型、薄壁类型和切削类型。如图 5-5 所示，在圆盘上草绘一个圆。不同的特征类型，可以得到不同的模型：

图 5-2 工具栏基础工程命令

图 5-3 菜单栏基础特征命令

图 5-4 特征命令操控板

● 实体类型：实体特征的草图截面完全由材料填充，如图 5-6 所示。

● 曲面类型：得到一个没有厚度和重量的面，也可以通过相应的命令操作变成一个实体。如图 5-7 所示。

● 薄壁类型：得到一个由材料填充而成的均厚的环，环的内侧或者外侧或者中心轮廓线是截面草图，如图 5-8 所示。

● 切削类型：创建的特征可分为"正空间"特征和"负空间"特征。"正空间"特征是指在现有零件模型上添加材料，"负空间"特征是指在现有零件模型上去除材料。如图 5-9 所示。

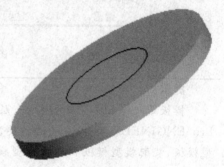

图 5-5 在圆盘上草绘一圆

图 5-6 得到实体类型

图 5-7 得到曲面类型

图 5-8　得到薄壁类型

图 5-9　得到切削类型

说明：

● 如果按下"切削特征"按钮⬜的同时，按下"实体特征"按钮⬜，则从零件模型中去除材料。

● 如果零件模型中没有材料，则"切削特征"按钮⬜呈现灰色状态。

● 如果按下"切削特征"按钮⬜的同时，按下"曲面特征"按钮⬜，则在现有的曲面上裁剪掉正在创建的曲面特征。

● 如果按下"切削特征"按钮⬜的同时，按下"薄壁特征"按钮⬜，又按下"实体特征"按钮⬜，则可以用薄壁切削实体特征。

---

3. 定义截面草图

定义截面草图有两种方法：

第一，选择已有的草图作为特征的截面草图。单击"实体类型"图标，弹出"上滑面板"（如图 5-10 所示），单击"草绘"右侧的按钮 定义⋯，即进入草绘界面，然后绘制自己需要的二维草绘界面。绘制完毕，单击"确定"按钮。

图 5-10　操作面板中定义截面草图

第二，单击右侧工具栏上的草绘按钮⬚，或者单击菜单栏上的"草绘"，即可进入草绘界面；绘制完毕后单击"确定"按钮。

4. 定义特征属性

（1）定义深度方向

模型的深度方向可以采用默认值，也可自己改变。改变的方法有 4 种：

- 在操控板中，单击深度文本框后面的按钮 ⚹ 。
- 单击深度方向箭头。
- 将鼠标指针移至深度方向附近，单击右键，在弹出的快捷菜单中选择"反向"命令。
- 将鼠标指针移至模型中的深度尺寸上单击右键，弹出如图 5-11 所示的快捷菜单，选取"反向深度方向"命令。

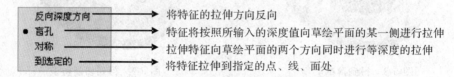

图 5-11　深度方向

(2)定义深度类型。

在图 5-4 所示操控板上选取深度类型，具体说明如图 5-12 所示：

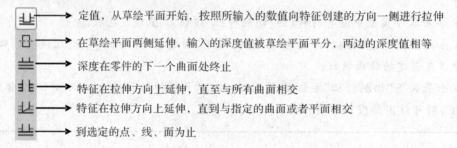

图 5-12　深度类型

提示：

- 使用 ⬚⬚⬚⬚ 选项时，可以选择一个基准平面作为终止面。
- 如果特征应终止于其到达的最后曲面，须使用 ⬚ 穿透选项。
- 穿过特征没有与伸出项深度有关的参数，修改终止曲面可改变特征深度。
- 如果特征应终止于其到达的第一个曲面，须使用 ⬚ 到下一个选项，使用该选项创建的伸出项不能终止于基准平面。
- 如果特征要拉伸至某个终止曲面，则特征的截面草图的大小不能超出终止曲面的范围。
- 可以单击"预览"按钮 ⬚⬚ 查看所创建的特征，如果不符合自己的设计意图，可以重新在操作板修改。预览完成后，单击"完成"按钮 ⬚ ，完成特征的创建。

5.2　模型树

5.2.1　模型树概述

打开 Pro/ENGINEER 中的一个文件以后，可以看到左侧有一个模型树，如图 5-13 所

示。如果显示的为"图层"树,可以单击"模型树"标签或单击"显示"|"模型树"。

模型树以树的形式列出了创建过程中的所有特征和零件,根部显示为父特征,下面的为从属特征。在零件模型中,模型树列表顶部是零件名称,下方是每个特征的名称;在装配体模型中,顶部为总装配,下面是各子装配和零件。每个子装配下方是该子装配中各个零件的名称,每个零件下方是各个零件的特征。零件只显示活动的对象,也可以单击鼠标右键隐藏不需要显示的零件或特征。

5.2.2 模型树界面简介

模型树的操作界面及各个下列菜单命令介绍如图 5-13 所示。

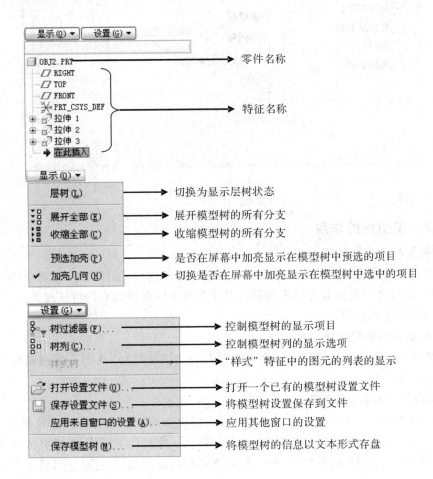

图 5-13 模型树操作界面

另外,模型树还可以显示特征、零件或者装配件的隐藏、显示及再生、未再生状态。

5.2.3 模型树的设置

单击"设置"|"树过滤器"命令,弹出如图 5-14 所示的对话框,通过该对话框可以控制模型中的各类项目是否在模型树中显示。

通过在项目前勾选"☑",即可在模型树中显示,否则不显示。

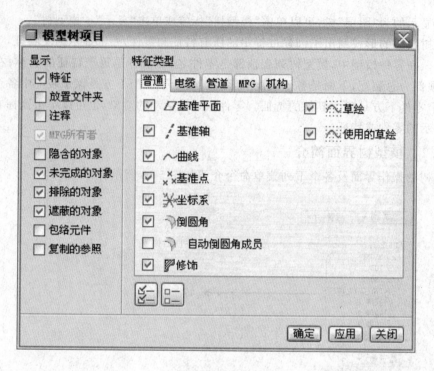

图 5-14　模型树项目

5.2.4　模型树的作用

1. 在模型树中选取对象

可以通过单击模型树中的特征或者零件对象来直接选取。对于在图形区中不可见的特征或者零件，最好通过此选取方法来选取。对于在模型中禁用选取的特征或者零件，也可以在模型树中进行选取操作。

2. 在模型树中使用快捷命令

在特征或者零件上单击鼠标右键则可以打开一个快捷菜单，从中可以选取相对于选定对象的特定操作命令。

3. 在模型树中插入定位符

在"模型树"中有一个带红色箭头的标识，该标识指明了创建特征时特征的插入位置。默认情况下，它总是在模型树列出的所有项目的最后。也可以上下拖动，将其放在其他的特征之间。将插入符移动到新位置后，插入符后面的项目将被隐含，这些项目将不在图形区的模型上显示。

5.2.5　模型搜索

在模型树中可以对零件或者特征按照一定的规则搜索项目。单击下拉菜单"编辑"|"查找"命令，或者在工具栏中单击按钮 🔍，系统弹出如图 5-15 所示的"搜索工具"对话框，通过该对话框可以设定一些规则进行搜索，搜索到的项目将会在"模型树"窗口中加亮，也可以通过左侧"模型树"|"显示"|"加亮几何"，来对图形中搜索到的模型进行加亮。

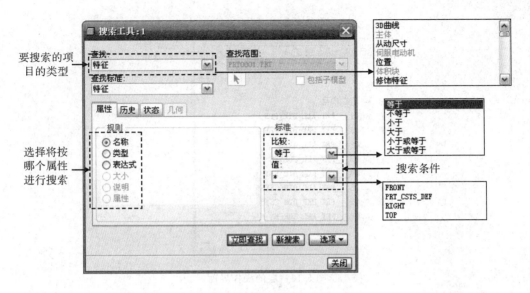

图 5-15   搜索工具

5.3   Pro/ENGINEER 软件中的层

5.3.1   层的基本概念

Pro/ENGINEER 中,层就是一组实体(模型项目、参考平面、绘制实体、绘制尺寸)。在一些情况下,有时会隐藏某些不需要显示的内容,但又需要保留其信息,这时需要用到层操作。层主要的应用也就是利用其隐藏功能(blank),来使某些内容不显示。

层的三个属性:名称、显示状态、包含元素。显示状态(shown, blanked, or isolated)就是控制层中的内容是否显示。每一个层都可以包含下列内容:特征、尺寸、注释、几何公差(形位公差),甚至包含其他层。也就是说一个层还可以组织和管理其他许多层。通过组织层中的模型要素并用层来简化,使任务流水化,大大地提高了工作效率。层是和模型同时局部存储的,不会影响其他的模型。

层操作的一般流程为:

1)进入层的操作界面;

2)选取活动层对象(在零件模式下无须此步操作);

3)进入层操作,比如创建新层、向层中增加项目、设置层的显示状态等;

4)保存状态文件;

5)保存当前层的显示状态;

6)关闭层操作界面。

5.3.2   进入层的操作界面

单击"导航选项卡"|"显示"|"层树"命令,或者按下工具栏中的层按钮 ,即可打开如图 5-16 所示的对话框。

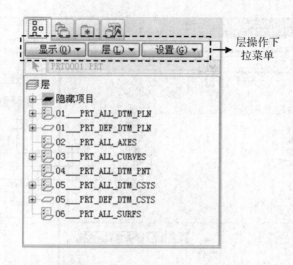

图 5-16 层的操作界面

5.3.3 选取活动模型

在一个总装配中，总装配和其下的各级子装配以及零件都有各自的层树，所以在装配模式下，在进行层操作前，要明确是哪一级的模型进行层操作，要进行层操作的模型称为"活动层对象"。在操作之前，除了在零件模式下，其他都需要选取活动层对象。具体操作如图 5-17 所示。

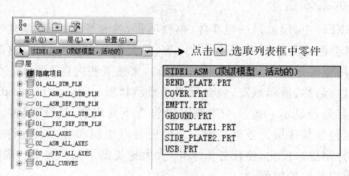

图 5-17 选取活动类型

5.3.4 创建新层

创建新层的步骤如下：

1) 单击导航选项卡中的"层"|"新建层"，得到如图 5-18 所示对话框。

2) 在上述对话框的"名称"和"层 ID"右侧分别输入新层的名称和"层标识"号。单击"确定"按钮。

5.3.5 将项目添加到层中

单击欲向其中添加项目的层，然后在其上单击右键，在弹出的对话框中单击"层属性"，弹出如图 5-19 所示的对话框。

单击"包括"按钮，然后将鼠标指针移到图形区的模型上，可看到鼠标指针接触到基准面、基准轴、坐标系、伸出项特征等项目时，相应的项目变成天蓝色，单击鼠标左键即可添加到该层中。如果要从该层中删除,则单击"排除"按钮,再从项目列表中选取该项目。如果想彻底删除该项目,则需要单击右侧"移除"按钮。

图 5-18　新建层

图 5-19　添加层

如果在装配模式下选取的项目不属于活动类型,则系统会打开"放置外部项目"对话框。在该对话框中,显示出外部项目所在模型的层的列表。选取一个或者多个层名,然后选择图中下部的选项之一,即可处理外部项目的放置。

提示:

在层上添加项目前,要将设置文件 drawing.dtl 中的选项 ignore_model_layer_status 设置为 no。

5.3.6　设置层的隐藏

可以将层设置为"隐藏"状态,此时层中项目在图元区将不可见。选择该层,单击鼠标右键,在弹出的快捷菜单上选取"隐藏"命令,如图 5-20 所示。单击工具栏上的重绘按钮 ⬚,可以查看效果。

图 5-20　设置层的隐藏

说明：

层的隐藏或者显示不影响模型的实际几何形状。对含有特征的层进行隐藏操作的话，只有特征中的基准和曲面被隐藏，特征的实体几何则不受影响。

5.3.7 层树的显示与控制

单击导航选项卡中的"显示"|"展开全部"或者"显示"|"收缩全部"对层树中的层进行展开、收缩等操作，各部分的功能如图 5-21 所示。

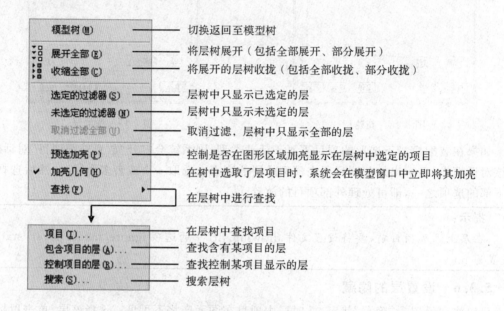

图 5-21 层的操作菜单

5.3.8 关于层的设置

单击导航选项卡中的"设置"下拉菜单，对不同的层在层树中的显示状态进行切换或者对设置文件进行操作。各部分的功能如图 5-22 所示。

5.4 设置零件模型的属性

5.4.1 零件模型属性的介绍

单击菜单"编辑"|"设置"命令，系统弹出如图 5-23 所示的菜单管理器，通过该菜单可以设置零件模型的属性。

5.4.2 零件模型材料的设置

1. 定义新材料

1）单击"材料"，系统弹出"材料"对话框，如图 5-24 所示。

2）在"材料"对话框中单击"文件"|"新建"，出现如图 5-25 所示的"材料定义"对话框。在该对话框中，输入材料名称及材料的一些属性值，单击"保存到模型"按钮。

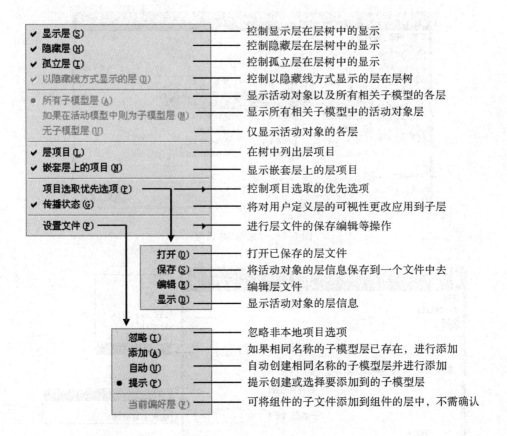

图 5-22　层的设置菜单

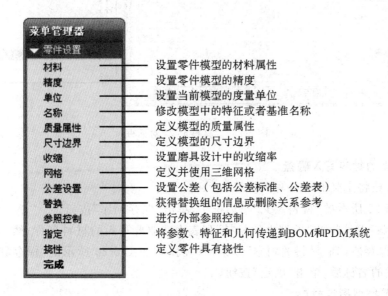

图 5-23　零件设置菜单

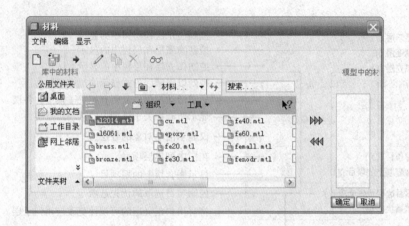

图 5-24　"材料"对话框

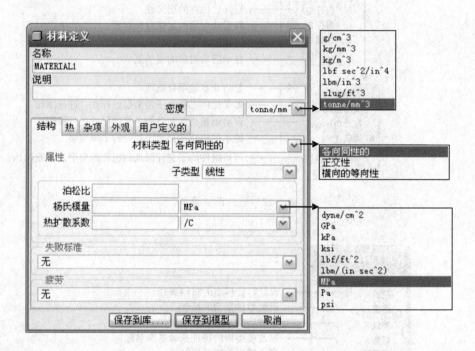

图 5-25　"材料定义"对话框

2. 将定义的材料写入磁盘

有两种方法将定义的材料写入磁盘。

● 在图 5-25 所示的"材料定义"对话框中，单击"保存到库"按钮。

● 在"材料"对话框的"模型中的材料"列表中选取要写入的材料名称；然后在"材料"对话框中单击"保存所选取材料的副本"按钮，系统弹出如图 5-26 所示的"保存副本"对话框；输入材料文件的名称后，单击"确定"按钮。

3. 为当前模型指定材料

在"材料"对话框的"库中的材料"列表中选取所需的材料名称，然后单击"将材料指定给模型"按钮，此时材料被放置到"模型中的材料"列表中；单击"确定"按钮。如图 5-27 所示。

图 5-26　保存副本

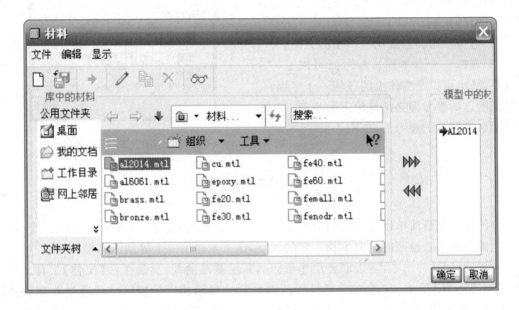

图 5-27　为当前模型指定材料

5.5　实体特征简介

Pro/ENGINEER Wildfire 5.0 中最常见的也是最基本的创建特征的方法有拉伸、旋转、扫描和混合。除了复杂的曲面,大多数的零件模型都可以通过这几种基本的方法创建。在 Pro/ENGINEER Wildfire 5.0 中,这几种基本特征的创建都有相应的快捷按钮,如图 5-1 所示,主菜单栏【插入】中也有相应的命令,如图 5-28 所示。

要建立三维的特征,一定要先定义空间的坐标标准,包括原点、坐标系和基准平面,再从面板中选择要建立的特征,接着定义相关的属性并选择绘图面和参考面,然后才能进行截面或者轨迹的绘制。

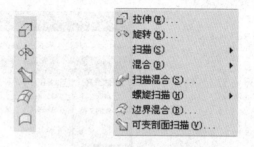

图 5-28　基本特征工具栏

无论是在空间中建立一个新的特征或是在已存在的三维模型上再追加一个特征，都需要先决定将截面绘在哪个平面上，这个平面被称为绘图面。由于所选择的绘图面在转成二维状态下会有四个视图方向（顶、底、左、右），因此选择好绘图面之后，系统会要求选择一个与绘图面垂直的平面作为参考面，以完全定义在二维状态下绘图面呈现在屏幕上的情况。

有关设置绘图面与参考面的步骤可归纳如下：

（1）选择一个绘图面。单击工具栏中的【草绘】按钮，系统会打开【草绘】对话框；选择一个绘图面，绘图面可以是一个基准平面，也可以是实体上的任何一个平面。

（2）选择参考面法线向量所指的方向。

（3）选择一个参考面。参考面可以是一个基准平面，也可以是实体上的任何一个平面，但要保证所选的参考面必须与绘图面垂直。一般可接受系统默认的参考面，如图 5-29 所示。

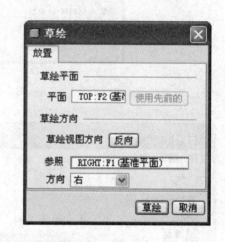

图 5-29　【草绘】对话框

5.6　拉伸特征

拉伸特征是最简单也是最常用的特征。其拉伸的原理是：在某个平面上绘制一个截面，然后让截面沿垂直绘图的方向生长一定的深度，即可创建出一个等截面三维特征。

通常，要创建伸出项，需选取要用作截面的草绘基准曲线，然后激活【拉伸】工具。Pro/ENGINEER Wildfire 5.0 会随着所设置的参数预览显示相应的特征。可通过改变拉伸深度，在实体或曲面、伸出项或切口间进行切换，或通过指定草绘厚度以创建加厚特征等方法根据需要调整特征。

5.6.1　拉伸用户界面

进入 Pro/ENGINEER Wildfire 5.0 零件模式，单击【基础特征】工具栏上的 ，或选择主菜单栏中的【插入】|【拉伸】，即可调用拉伸特征命令，其操作面板如图 5-30 所示。

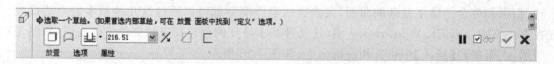

图 5-30　拉伸特征操作面板

1. 对话栏

"拉伸特征"对话栏包括以下元素:

(1)公共"拉伸"选项

● 【实体拉伸】按钮 ⬜ :创建实体。

● 【曲面拉伸】按钮 ⬒ :创建曲面。

(2)深度选项:约束特征的深度

● 【深度】框和【参照】收集器:指定由深度尺寸所控制的拉伸的深度值。如果需要深度参照,文本框将起到收集器的作用,并列出参照摘要。

● 【切换拉伸方向】按钮 ⬜ :相对于草绘平面反转特征创建方向。

(3)用于创建切口的选项

● 【切口拉伸】按钮 ⬜ :使用拉伸体积块创建切口。

● 【切换切口方向】按钮 ⬜ :创建切口时改变要移除的方向。

(4)和【加厚草绘】选项一同使用的选项

● 【加厚草绘】按钮 ⬜ :通过为截面轮廓指定厚度创建特征。

● 【切换厚度方向】按钮 ⬜ :改变添加厚度的一侧,或向两侧添加厚度。

● 【厚度】框:指定应用于截面轮廓的厚度值。

(5)用于创建"曲面修剪"的选项

● ⬜ :使用投影截面修剪曲面。

● ⬜ :改变要被移除的面组侧,或保留两侧。

● 【面组】收集器:如果面组的两侧都被保留,则指定一侧来保留原始面组的面组标识。

2. 上滑面板

【拉伸】工具提供下列上滑面板:

(1)【放置】:使用该上滑面板重定义特征截面。单击【定义】创建或更改截面。

(2)【选项】:使用该上滑面板可进行下列操作:

● 重定义草绘平面每一侧的特征深度。

● 通过选取【封闭端】选项用封闭端创建曲面特征。

(3)【属性】:使用该上滑面板编辑特征名,并在 Pro/ENGINEER Wildfire 5.0 浏览器中打开特征信息。

3. 拉伸的截面

【拉伸】工具要求定义要拉伸的截面。可使用下列方法之一定义截面:

● 在激活【拉伸】工具前选取一条草绘的基准曲线。

● 激活【拉伸】工具并草绘截面。要创建截面,单击【放置】上滑面板,然后单击【编辑】。

● 在【拉伸】工具中,创建要用作截面的草绘基准曲线,单击【基础特征】工具栏中的 ⬜ 。

● 激活【拉伸】工具并选取一条草绘基准曲线。

5.6.2 预选取草绘平面

在进入【拉伸】工具前可先选取一草绘平面。

选取基准平面或平曲面并激活【拉伸】工具后,选定的平面参照将会被用作缺省草绘平面。因此,进入【草绘器】后,【截面】对话框打开,其中带有定义的草绘平面。如果需要,可改变选定的草绘平面。

5.6.3 深度选项

通过选取下列深度选项之一可指定拉伸特征的深度：

- ▣ 盲孔：自草绘平面以指定深度值拉伸截面。指定一个负的深度值会反转深度方向。
- ▣ 对称：在草绘平面每一侧上以指定深度值的一半拉伸截面。
- ▣ 穿至：将截面拉伸，使其与选定曲面或平面相交。

对于终止曲面，可选取下列各项：

- 不要求零件曲面是平曲面。
- 不要求基准平面平行于草绘平面。
- 由一个或几个曲面所组成的面组。

在一个组件中，可选取另一元件的几何：

- ▣ 到下一个：拉伸截面至下一曲面。使用此选项，在特征到达第一个曲面时将其终止。注意：基准平面不能被用作终止曲面。
- ▣ 穿透：拉伸截面，使之与所有曲面相交。使用此选项，在特征到达最后一个曲面时将其终止。
- ▣ 到选定项：将截面拉伸至一个选定点、曲线、平面或曲面。

5.6.4 拉伸类型

使用【拉伸】工具，可创建下列类型的拉伸：

- 伸出项：实体、加厚。
- 切口：实体、加厚。
- 拉伸曲面。
- 曲面修剪：规则、加厚。

常见的拉伸特征类型如下表 5-1 所示。

表 5-1　常见的拉伸特征类型

拉伸实体伸出项	
具有指定厚度的拉伸实体伸出项（加厚）	

用【穿至下一个】所创建的拉伸切口	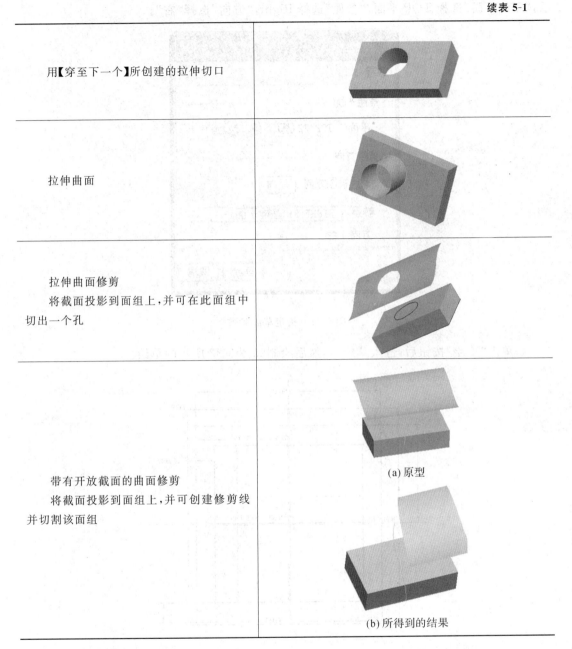
拉伸曲面	
拉伸曲面修剪 将截面投影到面组上，并可在此面组中切出一个孔	
带有开放截面的曲面修剪 将截面投影到面组上，并可创建修剪线并切割该面组	(a) 原型 (b) 所得到的结果

5.6.5 创建拉伸特征

拉伸特征是最简单也是最常用的特征。其拉伸的原理是：在某个平面上绘制一个截面，然后让截面沿垂直绘图的方向生长一定的深度，即可创建出一个等截面三维特征。

【例 5-1】拉伸特征实例

1）新建零件：extrude. prt 文件。

2）单击"基础特征"工具栏上的 ，默认选择为"实体拉伸" 。

3）选择"放置"选项，打开放置上滑面板，单击"定义"，出现"草绘"对话框，如图 5-31 所示，"草绘平面"选择 TOP 平面，"参照"选择 Right，"方向"选择"右"。

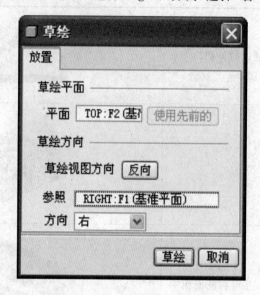

图 5-31　指定草绘参数

4)单击"草绘"按钮后，进入草绘器，然后绘制如图 5-32 所示的草绘。

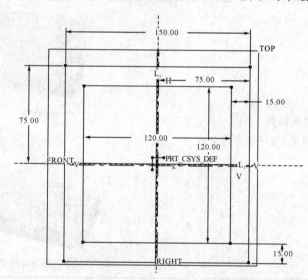

图 5-32　草绘二维截面线

5)在拉伸工具面板中输入拉伸深度是 200，得到如图 5-33 所示的长方体空桶。

6)按照同样的方式建立另一个拉伸特征：在长方体上表面再定义草绘（如图 5-34 所示）。

7)拉伸深度设置为 100，最后得到的零件如图 5-35 所示，由两个拉伸特征构成。

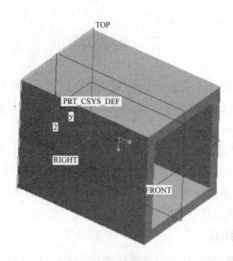

图 5-33　拉伸成实体

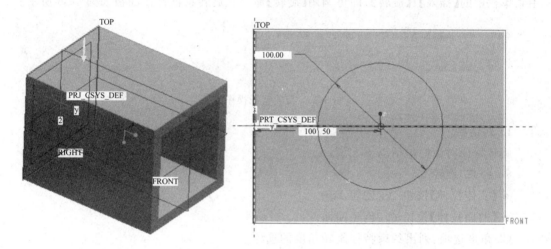

图 5-34　在长方体表面草绘一个圆

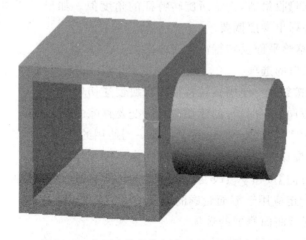

图 5-35　由两个拉伸特征构成的三维模型

5.7　旋转特征

　　旋转特征是指在草绘平面上，将一定形状的闭合曲线（即特征的截面）绕着一条中心线旋转一定角度而生成的特征。旋转特征主要用于生成回转类实体，例如回转轴、齿轮等，是另一种常用的实体创建方法。

　　要创建旋转特征，可先激活【旋转】工具并指定特征类型：实体或曲面，然后选取或创建草绘。旋转截面需要旋转轴，此旋转轴既可利用截面创建，也可通过选取模型几何进行定义。在【旋转】工具预览显示特征几何后，可改变旋转角度，在实体或曲面、伸出项或切口间进行切换，或指定厚度以创建加厚特征。

5.7.1　旋转用户界面

　　进入 Pro/ENGINEER Wildfire 5.0 零件模式，单击【基础特征】工具栏上的 ⚹ ，或选择主菜单栏中的【插入】|【旋转】，即可调用【旋转】命令。旋转特征操作面板如图 5-36 所示。

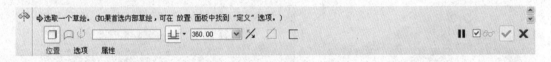

图 5-36　旋转特征操作面板

1. 对话栏

旋转特征对话栏包括以下元素：

（1）公共"旋转"选项

● 【实体拉伸】按钮 □ ：创建实体。

● 【曲面拉伸】按钮 ⌒ ：创建曲面。

（2）角度选项：列出约束特征旋转角度的选项

选择以下选项之一：【可变】⬐ 、【对称】 ⊟ ，或【到选定项】 ≜ 。

【角度】框/【参照】收集器：指定所旋转特征的角度值。如果需要参照，文本框将起到一个收集器的作用，并列出参照摘要。

● ⅔ ：相对于草绘平面反转特征创建方向。

（3）用于创建切口的选项

● 【切口旋转】按钮 ⟋ ：使用旋转特征体积块创建切口。

● 【切换切口方向】按钮 ⅔ ：创建切口时改变要移除的侧。

（4）和"加厚草绘"（Thicken Sketch）选项一同使用的选项

● 【加厚草绘】按钮 ⊏ ：通过为截面轮廓指定厚度创建特征。

● 【切换厚度方向】按钮 ⅔ ：改变添加厚度的一侧，或向两侧添加厚度。

● 【厚度】框：指定应用于截面轮廓的厚度值。

（5）用于创建旋转曲面修剪的选项

● ⟋ ：使用旋转截面修剪曲面。

● ⅔ ：改变要被移除的面组侧，或保留两侧。

● 【面组】收集器：如果面组的两侧均被保留，则选取一侧以保留原始面组的面组标识。

2．上滑面板

【旋转】工具提供下列上滑面板：

（1）【放置】：使用此上滑面板重定义特征截面并指定旋转轴。单击【定义】创建或更改截面。在【轴】收集器中单击以定义旋转轴。

（2）【选项】：使用该上滑面板可进行下列操作。

● 重定义草绘平面每一侧的旋转角度。

● 通过选取【封闭端】选项用封闭端创建曲面特征。

（3）【属性】：使用该上滑面板编辑特征名，并在 Pro/ENGINEER Wildfire 5.0 浏览器中打开特征信息。

5.7.2　旋转类型

使用【旋转】工具可创建不同类型的旋转特征，常见的旋转特征类型如表 5-2 所示。

表 5-2　常见的旋转特征类型

旋转实体伸出项	
具有指定厚度的旋转伸出项（使用封闭截面创建）	
具有指定厚度的旋转伸出项（使用开放截面创建）	
旋转切口	
旋转曲面	

5.7.3　旋转轴和旋转角度

1．旋转轴

使用旋转特征时必须定义中心线，定义旋转特征的旋转轴，可使用以下方法之一：

（1）外部参照。即使用现有的有效类型的零件几何，选取现有的线性几何作为旋转轴。

可将以下图元用作参照：

- 基准轴
- 直边
- 直曲线
- 坐标系的轴

（2）内部中心线。即使用"草绘器"中创建的中心线。在"草绘器"中，可绘制中心线以用作旋转轴。注意下列关于中心线的信息：

- 如果截面包含一条中心线，则该中心线将被用作旋转轴。
- 如果截面包含一条以上的中心线，系统会将第一条中心线用作旋转轴。用户可声明将任一条中心线用作旋转轴。

（3）定义旋转特征时，可更改旋转轴，例如选取外部轴代替中心线。注意以下针对定义旋转轴的规则：

- 必须只在旋转轴的一侧草绘。
- 旋转轴（几何参照或中心线）必须位于截面的草绘平面中。

2．旋转角

在旋转特征中，将截面绕旋转轴旋转至指定角度。旋转角度共有三种设置方式。

（1）可变

即自草绘平面以指定角度值旋转截面。在文本框中键入角度值，或选取一个预定义的角度（90°、180°、270°、360°）。如果选取一个预定义角度，则系统会创建角度尺寸，如图 5-37 为旋转 270°形成的实体。

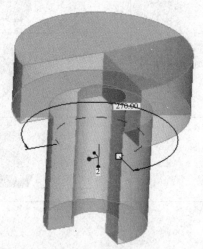

图 5-37　可变角度操控旋转面板及特征预览

（2）对称

即在草绘平面的每个侧面上以指定角度值的一半旋转截面。如图 5-38 为旋转 200°，关于 TOP 平面对称即双侧旋转形成的实体,注意和可变方式形成实体的区别。

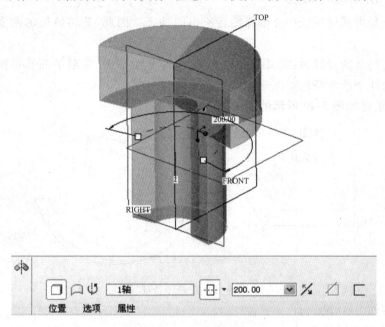

图 5-38 对称旋转操控面板及特征预览

（3）到选定项

即将截面一直旋转到选定基准点、顶点、平面或曲面。选择终止平面或曲面时,可分别指定两侧使用不同的旋转设置,或给定不同的旋转角度,如图 5-39 所示,RIGHT 面为选定项。

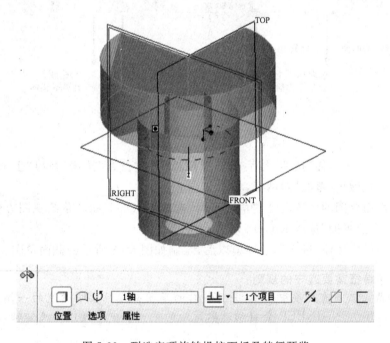

图 5-39 到选定项旋转操控面板及特征预览

5.7.4 创建旋转特征

旋转特征是由截面围绕中心轴线旋转所得的特征。因此，旋转特征的两要素为中心轴线和截面。

创建旋转特征的步骤为：定义截面放置属性，即草绘平面、参照平面和参照平面的方向→绘制中心轴线→绘制特征截面→确定旋转方向和角度。

【例5-2】创建如图5-40所示的旋转体。

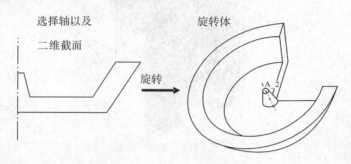

选择轴以及

二维截面

旋转

旋转体

旋转

A 2

图 5-40　旋转体特征

1）新建零件 Revolve. prt。

2）创建旋转特征的截面。

(1)选取特征命令：单击下拉菜单"插入"｜"旋转"或者直接单击工具栏中的"旋转"命令按钮 ⬦⬦ 弹出如图5-41所示的操控板。

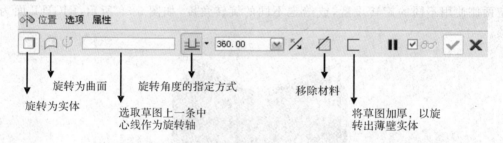

旋转为曲面

旋转为实体

选取草图上一条中
心线作为旋转轴

旋转角度的指定方式

移除材料

将草图加厚，以旋
转出薄壁实体

图 5-41　"旋转"特征操控板

(2)单击"旋转为实体"按钮，然后单击操控板上的"位置"按钮，弹出"上滑移板"；单击"定义"按钮，系统弹出"草绘"对话框，如图5-42所示。

(3)定义截面草图的放置属性："草绘平面"选取 FRONT 面，"草绘视图方向"采用系统默认的方向；"参照平面"选取 RIGHT，方向为右。

(4)单击"草绘"按钮，进入草绘环境以后，绘制如图5-43所示的截面草图。

草绘旋转特征需要遵守的规则：

● 旋转截面必须有一条中心线，并且旋转的草图必须位于中心线的一侧。若中心线多于一条，则 Pro/ENGINEER 会自动选取草绘的第一条中心线作为旋转轴，除非用户自己选择。

● 实体特征的截面必须是封闭的，而曲面特征的截面可以不封闭。

图 5-42　草绘对话框

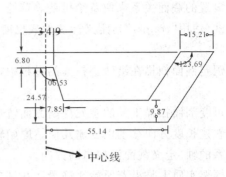

图 5-43　截面草图

3）创建旋转特征的角度。

在操控板中，选取旋转角度类型 ![icon]；再在角度文本框中输入角度值 270.0，并按 Enter 键。

说明：

![icon]：特征将从草绘平面开始按照所输入的角度值进行旋转。

![icon]：特征将在草绘平面两侧分别从两个方向以输入角度值的一半进行旋转。

![icon]：特征将从草绘平面开始旋转至选定的点、线、平面或曲面。

4）完成特征的创建。

单击预览按钮 ![icon]，可以查看创建的旋转特征，查看各要素是否合乎自己的要求，如需改动，则修改操控板上参数，重新定义。如果检查无误，则单击"完成"按钮，完成创建如图 5-44 所示的旋转特征。

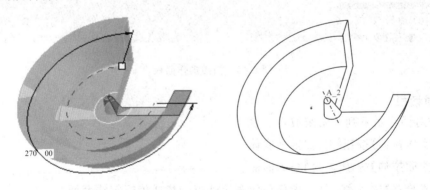

图 5-44　完成特征创建

5.8　扫描特征

使用扫描特征可创建实体或曲面特征。可在沿一个或多个选定轨迹扫描剖面时通过控制剖面的方向、旋转和几何来添加或移除材料。可使用恒定截面或可变截面创建扫描。

可变剖面扫描将草绘图元约束到其他轨迹（中心平面或现有几何），或使用由"trajpar"

参数设置的截面关系来使草绘可变。草绘所约束到的参照可改变截面形状，以控制曲线或关系式（使用"trajpar"），定义标注形式也能使草绘可变。草绘在轨迹点处再生，并相应更新其形状。

恒定剖面扫描在沿轨迹扫描的过程中，草绘的形状不变。仅截面所在框架的方向发生变化。

可变剖面扫描工具的主元件是截面轨迹。草绘剖面定位于附加至原始轨迹的框架上，并沿轨迹长度方向移动以创建几何。原始轨迹以及其他轨迹和其他参照（如平面、轴、边或坐标系的轴）定义截面沿扫描的方向。

框架实质上是沿着原始轨迹滑动并且自身带有要被扫描截面的坐标系。坐标系的轴由辅助轨迹和其他参照定义。"框架"非常重要，因为它决定着草绘沿原始轨迹移动时的方向。"框架"由附加约束和参照（如"垂直于轨迹"、"垂直于投影"和"恒定法向"）定向（沿轴、边或平面）。

Pro/ENGINEER 将草绘截面相对于这些参照放置到某个方向，并将其附加到沿原始轨迹和扫描截面移动的坐标系中。

扫描特征是通过草绘或选取扫描轨迹，将草绘截面沿该轨迹延伸建立的特征。扫描特征的构建原则是建立一条扫描轨迹路径，草绘截面沿此轨迹移动形成的结果，主要分为伸出项、切口、曲面和曲面修剪四种类型。除曲面外，其他三种在套用薄板模式下又衍生出另外三种，分别是薄板伸出项、薄板切口、薄板曲面修剪。

5.8.1　扫描工具面板

进入 Pro/ENGINEER Wildfire 5.0 零件模式，单击【基础特征】工具栏上的 ，或选择主菜单栏中的【插入】|【扫描】，即可调用【扫描】命令。其操作面板如图 5-45 所示。

图 5-45　扫描操作面板

1. 对话栏

扫描对话栏由下列元素组成：

● 【实体拉伸】按钮 ：扫描为实体。

● 【曲面拉伸】按钮 ：扫描为曲面。

● 【草绘器】按钮 ：打开内部截面草绘器以创建或编辑扫描截面。

● 【切口扫描】按钮 ：实体或曲面切口。

● ：薄伸出项、薄曲面或曲面切口。

● ：更改操作方向以便添加或移除材料。

【最近使用的值】框：键入或选取一个厚度值。

【裁剪面组】框：包含选定要进行修剪的面组参照。

2. 上滑面板

扫描特征操控板中显示下列上滑面板：

（1）【参照】

【轨迹收集器】：显示作为原始轨迹选取的轨迹，并允许指定轨迹类型。

【细节】：打开【链】对话框以便修改链属性。

【剖面控制】：确定截面定向的方法。

●【垂直于轨迹】：移动框架总是垂直于指定的轨迹。

●【垂直于投影】：移动框架的 Y 轴平行于指定方向，且 Z 轴沿指定方向与原始轨迹的投影相切。可利用方向参照收集器添加或删除参照。

●【恒定法向】：移动框架的 Z 轴平行于指定方向。可利用方向参照收集器添加或删除参照。

【水平/竖直控制】：确定框架绕草绘平面法向的旋转是如何沿可变截面扫描进行控制的。

【自动】：截面由 XY 方向自动定向。Pro/ENGINEER 可计算 X 向量的方向，最大限度地降低扫描几何的扭曲。对于没有参照任何曲面的原始轨迹，【自动】为缺省选项。方向参照收集器允许用户定义扫描起始处的初始剖面或框架的 X 轴方向。有时需要指定 X 轴方向，例如，对于直线轨迹或在起始处存在直线段的轨迹便是如此。

【垂直于曲面】：截面的 Y 轴垂直于【原始轨迹】所在的曲面。如果【原点轨迹】参照为曲面上的曲线、曲面的单侧边、曲面的双侧边或实体边、由曲面相交创建的曲线或两条投影曲线，则此为缺省选项。【下一个】允许您移动到下一个法向曲面。

【X 轨迹】：截面的 X 轴过指定的 X 轨迹和沿扫描的截面的交点。

（2）【选项】：选取可变或恒定扫描。

【可变截面】：将草绘图元约束到其他轨迹（中心平面或现有几何），或使用由【trajpar】参数设置的截面关系来使草绘可变。草绘所约束到的参照可改变截面形状。另外，以控制曲线或关系式（使用 trajpar）定义标注形式也能使草绘可变。草绘在轨迹点处再生，并相应更新其形状。

【恒定截面】：在沿轨迹扫描的过程中，草绘的形状不变。仅截面所在框架的方向发生变化。

【封闭端点】复选框：向扫描添加封闭端点。请注意：要使用此选项，必须选取具有封闭截面的曲面参照。

【合并端点】复选框：合并扫描端点。为执行合并，扫描端点处必须要有实体曲面。此外，扫描必须选中【恒定剖面】和单个平面轨迹。

【草绘放置点】：指定【原始轨迹】上想要草绘剖面的点。不影响扫描的起始点。如果【草绘放置点】为空，则将扫描的起始点用作草绘剖面的缺省位置。

（3）【相切】：用相切轨迹选取及控制曲面。

【无】：禁用相切轨迹。

【第 1 侧】：扫描截面包含与轨迹侧 1 上曲面相切的中心线。

【第 2 侧】：扫描截面包含与轨迹侧 2 上曲面相切的中心线。

【选取的】：手动为扫描截面中相切中心线指定曲面。

（4）【属性】：重命名扫描特征或在 Pro/ENGINEER 嵌入式浏览器中查看关于扫描特征的信息。

5.8.2 扫描特征的创建流程

1. 轨迹的创建

扫描轨迹的创建方式有两种，分别是草绘轨迹和选取轨迹。

详细说明如下：

（1）草绘轨迹。选择草绘平面，绘制轨迹外形。使用草绘轨迹，当扫描轨迹绘制完成后，系统会自动切换视角到该轨迹路径正交的平面上，以便进行 2D 剖面的绘制。

（2）选取轨迹。选择已经存在的曲线或实体上的边作为轨迹路径，该曲线可以是 3D 曲线。利用现存曲线作为扫描轨迹，系统会自动询问水平参考面的方向。

2. 开放型与闭合型轨迹

在 Pro/E 中，扫描轨迹可以是开放型也可以是闭合型的。如果轨迹平面是闭合型路径，则会有【增加内部因素】和【无内部因素】两个属性选项供我们选择。

（1）增加内部因素。由于增加内部面，会自动补充上、下表面以形成实体，故限用开放型剖面，且开口方向须朝封闭轨迹内部。

（2）无内部因素。无内部部分，并不会补充上、下表面，故限用闭合型曲面。剖面可与轨迹路径相接，也可以不相接，因轨迹可看作剖面移动扫描的参考路径。如果轨迹为开放型，并且该扫描特征的两开口端点附近有实体与之相接，则会有两项属性设置：合并端点与自由端点。

3. 创建可变截面扫描的流程

下面是使用【可变截面扫描】工具的基本流程：

（1）选取原始轨迹。

（2）打开【可变截面扫描】工具。

（3）根据需要添加轨迹。

（4）指定截面以及水平和垂直方向控制。

（5）草绘截面进行扫描。

（6）预览几何并完成特征。

4. 创建恒定截面扫描的流程

下面创建恒定截面扫描的基本流程：

（1）选取原始轨迹。

（2）打开【可变截面扫描】工具。原始轨迹在【轨迹收集器】的第一行，并且 N 复选框被选中。

（3）假定该轨迹具有相邻曲面，【垂直于轨迹】和【垂直于曲面】将被选中。如果该轨迹没有相邻曲面，【自动】将被选中。

（4）在【选项】上滑面板中设置【恒定截面】。

（5）草绘截面进行扫描。

（6）预览几何并完成特征。

5.8.3 创建扫描特征

扫描特征是一个截面沿着给定的轨迹扫描而生成的。因此它的两个特征要素是扫描轨迹和扫描截面。

【例 5-3】创建如图 5-46 所示的扫描特征。

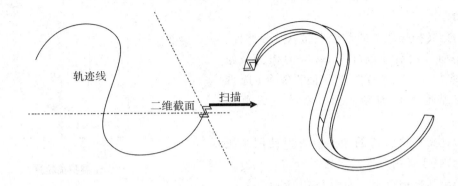

图 5-46　扫描特征

1）新建零件 sweep.prt。

2）打开扫描特征的创建面板。单击下拉菜单"插入"|"扫描"，出现如图 5-47 所示的选项。

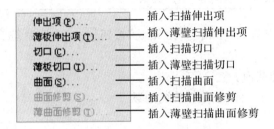

图 5-47　扫描特征

3）下面以伸出项的创建为例。单击"伸出项"命令，弹出如图 5-48 所示的创建信息对话框和相应的菜单管理器。

图 5-48　创建扫描特征信息框

4）创建扫描轨迹。

（1）选择"菜单管理器"|"扫描轨迹"|"草绘轨迹"命令。

（2）定义扫描轨迹的草绘平面以及参照面。选择"平面"，然后选取 TOP 基准面作为草绘面；选择"正向"|"右"|"平面"命令，选取RIGHT 基准面作为参照面。系统进入草绘环境。

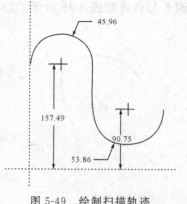

图 5-49　绘制扫描轨迹

（3）定义扫描轨迹的参照。可以使用系统的默认参照或者用户自己定义。

（4）绘制扫描轨迹。如图 5-49 所示。

特殊说明：

创建扫描轨迹时应注意下面的情况：

轨迹不能相交。

相对于扫描截面的大小，扫描轨迹中的弧或者样条半径不能太小，否则扫描特征在经过该弧时由于自身相交而出现特征生产失败。

（5）完成轨迹的绘制以后，单击"草绘完成"按钮☑。然后系统自动进入扫描截面的绘制环境。

5）创建扫描特征的截面。

（1）定义截面的参照。此时采用系统的默认参照。

（2）绘制扫描特征的截面，如图 5-50 所示。

（3）完成截面的绘制以后，单击"草绘完成"按钮☑。

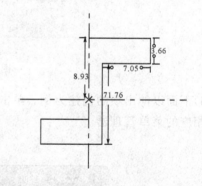

图 5-50　草绘截面

6）预览所创建的扫描特征。

单击特征信息对话框的"预览"按钮，如果出现提示"不能构建特征几何图形"，说明创建特征是失败的，需要查找原因并修改，从轨迹和截面两个原因来查找。一般来说，检查轨迹是否太小，检查是不是截面距轨迹起点太远或者截面是否太大。

7）完成特征的创建。

单击特征信息对话框中的"确定"按钮，完成扫描特征的创建。文件保存副本为 sweep.prt。

5.9　孔特征

利用孔特征可向模型中添加简单孔、定制孔和工业标准孔。通过定义放置参照、设置偏移参照及定义孔的具体特性来添加孔。操作时，Pro/ENGINEER 会显示孔的预览几何。

孔总是从放置参照位置开始延伸到指定的深度。可直接在图形窗口和操控板中操控并定义孔。

可创建以下孔类型：

"简单"孔由带矩形剖面的旋转切口组成。可创建以下直孔类型：

预定义矩形轮廓：使用 Pro/ENGINEER 预定义的轮廓。缺省情况下，Pro/ENGINEER 创建单侧"简单"孔。但是，可以使用【形状】上滑面板来创建双侧简单直孔。双侧"简单"孔通常用于组件中，允许同时格式化孔的两侧。

标准孔轮廓：使用标准孔轮廓作为钻孔轮廓，可以为创建的孔指定埋头孔、扩孔和刀尖角度。

草绘：使用"草绘器"中创建的草绘轮廓。

"标准"孔由基于工业标准紧固件表的拉伸切口组成。Pro/ENGINEER 提供选取的紧固件的工业标准孔图表以及螺纹或间隙直径。也可创建自己的孔图表。对于"标准"孔软件，会自动创建螺纹注释。可以从孔螺纹曲面中分离出孔轴，并将螺纹放置到指定的层。可以创建下列类型的"标准"孔：

- ⋃：螺纹孔
- ⋎：锥形孔
- ⊐⊏：间隙孔
- ⋃：钻孔

虽然孔特征与切口特征都是去除材料的，但是有着本质的不同。孔特征与切口特征的不同之处在于：

孔特征使用一个比切口标注形式更为理想的预定义放置形式。

与切口特征不同，简单"直"孔和"标准"孔不需要草绘。

5.9.1　创建简单孔

可按照以下步骤创建单侧或双侧"简单"孔。

（1）打开光盘中的"\ch05\Sample_1.prt"文件。在模型上选取孔的近似位置。这就是放置参照。Pro/ENGINEER 加亮该选取项。

（2）在【工程特征】工具栏上单击 ⋎ ，或者在主菜单栏中选择【插入】|【孔】。孔特征操控板将会出现，同时显示孔的预览几何，如图 5-51 所示。

（3）如果需要重新定位孔，将放置控制滑块拖到新的位置，或将其捕捉至参照。

（4）要更改孔放置类型，可在【放置】上滑面板的【放置类型】框中选取一个新类型，如图 5-52 所示。

（5）将偏移放置参照控制滑块拖至相应的参照位置处以约束孔。在各控制滑块移动的过程中，Pro/ENGINEER 会在指针移经各参照时预先加亮可用的参照。这使得用户能够确定正确的参照。Pro/ENGINEER 会自动使控制滑块捕捉到参照，并将这些参照添加到【放置】上滑面板的【偏移参照】收集器中。

（6）要将该孔与偏移参照对齐，可从【放置】上滑面板的【偏移参照】中选取该参照，然后将【偏移】改为【对齐】。

（7）要修改孔直径，请拖动直径控制滑块至所需的直径尺寸。也可双击图形窗口中的直

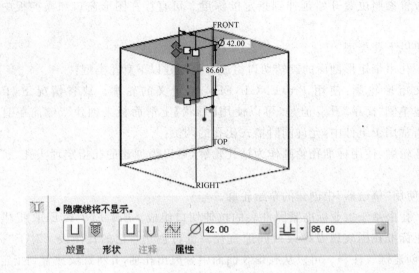

图 5-51　孔特征操控板及特征预览

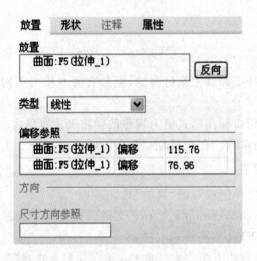

图 5-52　【放置类型】列表

径尺寸,并键入新值或选取最近使用的值。Pro/ENGINEER 更新预览几何。

　　(8)要定义孔深度,可从操控板上的【深度选项】列表中选取深度选项,或拖动深度控制滑块,如图 5-53 所示。

　　要拖动深度控制滑块、键入或选取新值,就必须选取【可变】或【对称】深度选项。可使用下列深度选项:

　　●　【可变】:在第一方向上从放置参照钻孔到指定深度。在对话栏及【形状】上滑面板中将显示【侧 1 深度参照】框。Pro/ENGINEER 会缺省选取此选项。

　　●　【对称】:在放置参照两侧的每一方向上,以指定深度值的一半进行钻孔。"深度" (Depth)框会显示在对话栏及【形状】上滑面板中。

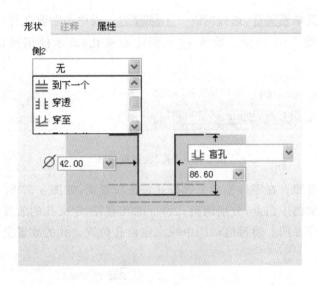

图 5-53 【深度选项】列表

● ⫤【到下一个】：在第一方向上上钻孔至下一曲面。此选项在"组件"中不可用。

● ⫤【穿透】：在第一方向钻孔至与所有曲面相交。

● ⫤【穿至】：在第一方向上钻孔至与选定曲面相交。对话栏及【形状】上滑面板中的【侧 1 深度参照】收集器会激活。此选项在"组件"中不可用。

● ⫤【到选定项】：在第一方向上钻孔至选定点、曲线、平面或曲面。对话栏及【形状】上滑面板中的【侧 1 深度参照】收集器会被激活。

（9）要定义孔的第二侧，请在【形状】上滑面板上，从【侧 2】中选取第二侧钻孔深度选项。这些选项与上一步中的列表类似，只是 ⊟【对称】深度选项在此是不可用的。可在上滑面板或图形窗口中修改第二侧钻孔深度。

（10）单击孔特征操控板上的 ✔ 以创建孔。

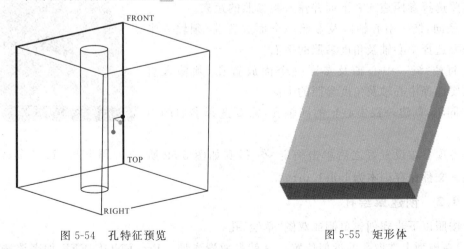

图 5-54 孔特征预览   图 5-55 矩形体

【例 5-4】在图 5-55 所示的实体上创建一个直径为 20 的简单孔。

1）建立如图 5-55 所示矩形体。

2)单击"插入"菜单 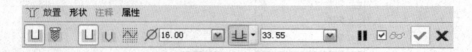，选择"孔…" 。或单击右侧孔特征工具按钮 。得到孔特征操控板如图 5-56 所示。默认 为创建简单孔，表示使用预定义矩形作为钻孔轮廓。

图 5-56 "孔"特征操控板

3)定义孔的主参照。在零件模型上选择孔特征放置面，如图 5-57 所示。

可通过鼠标拖动图中白点，分别调整孔特征的孔直径、定义孔的放置位置和孔深度。

4)定义孔的偏移参照。通过拖动图中绿点定位孔位置。孔的放置类型如图 5-58 所示。

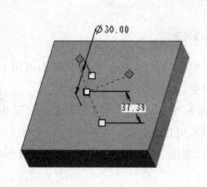

图 5-57 定义主参照

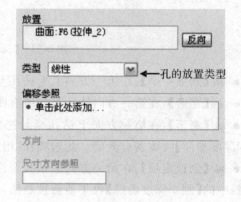

图 5-58 定义孔的放置类型

孔的放置类型包括线性、径向、直径和同轴。它们的定义如下：

● 线性：参照两边或两平面放置孔（须标注两线性尺寸），需要选择参照边或者平面并输入距参照的距离。

● 径向：绕一中心轴以及参照一个面放置孔（须输入半径），需要选择中心轴及角度参照的平面。

● 直径：绕一中心轴及参照一个面放置孔（须输入直径），需要选择中心轴及角度参照的平面。

● 同轴：创建一根中心轴的同轴孔，需要选择参照的中心轴。

5)各项参数设置好之后单击确定 ，得到如图 5-59 所示结果。文件保存副本为 hole1.prt。

图 5-59 完成孔创建

5.9.2 创建草绘孔

可按照以下步骤创建单侧或双侧"草绘"孔。

(1)在模型上选取孔的近似位置。这就是放置参照。Pro/ENGINEER 加亮该选取项。在 Pro/ENGINEER 中不能创建双侧"草绘"孔。

(2)在【工程特征】工具栏上单击 。或者在主菜单栏中选择【插入】|【孔】。孔特征操

控板随即出现,同时孔的预览几何将显示在图形窗口中。

(3)单击孔特征操控板上的 ▨。Pro/ENGI-NEER 显示【草绘孔】选项。

(4)要打开一个现有的草绘,单击孔操控板上的 ▣。【开放剖面】对话框打开。选取一个现有草绘(.sec)文件,然后单击【开放剖面】对话框中的【打开】。

(5)要草绘一个新剖面,请单击孔操控板上的 ▨。【草绘器】窗口打开。

(6)为孔创建一个新草绘剖面(草绘轮廓),然后单击【草绘器】窗口中的 ☑ 以关闭草绘器。

(7)要重新定位孔,请将放置控制滑块拖到新的位置,或将其捕捉至参照。

(8)要更改孔放置类型,可在【放置】上滑面板的【放置类型】框中选取一个新类型。

(9)将偏移放置参照控制滑块拖至相应的参照位置处以约束孔。在各控制滑块移动的过程中,Pro/ENGINEER 会在指针移经各参照时加亮显示可用的参照。这使得用户能够确定正确的参照。Pro/ENGINEER 会自动使控制滑块捕捉到参照,并将相应的参照添加到【放置】上滑面板的【偏移参照】收集器中。

(10)要将该孔与偏移参照对齐,可从【放置】上滑面板的【偏移参照】中选取该参照,然后将【偏移】改为【对齐】。

(11)要修改草绘截面,请单击孔操控板上的 ▨。草绘截面在草绘器中打开。孔直径和深度由草绘驱动。【形状】上滑面板仅显示草绘剖面。

(12)单击孔特征操控板上的 ☑。Pro/ENGINEER 将创建孔,并关闭孔特征操控板。

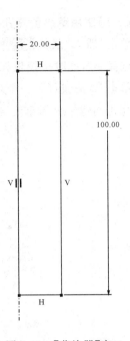

图 5-60 【草绘器】窗口

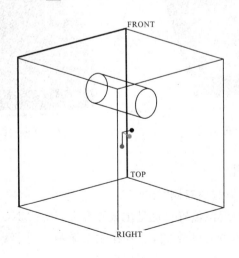

图 5-61 孔特征预览

【例 5-5】使用草绘创建孔。

1) 单击"插入"菜单 插入(I)，选择"孔…" 孔(H)…，或单击右侧孔特征工具按钮 。

2) 选择 ，此时操控板如图 5-62 所示。

3) 单击 按钮打开一个现有的草图，或单击 按钮草绘一个新剖面；

4) 为孔创建一个新草绘剖面，如图 5-63 所示，按 完成草绘。

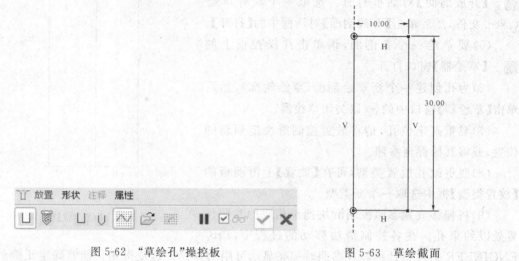

图 5-62 "草绘孔"操控板　　　　　　图 5-63 草绘截面

5) 选择孔放置曲面，确定偏移参考，如图 5-64 所示。

6) 单击 完成孔的创建，结果如图 5-65 所示。文件保存副本为 hole2.prt。

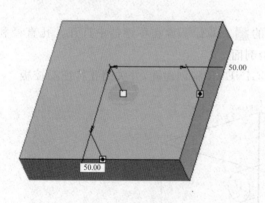

图 5-64 确定孔位置

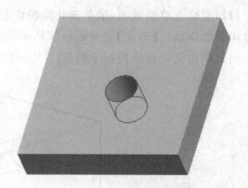

图 5-65 完成草绘孔创建

5.9.3 创建标准孔

可按照以下步骤创建单侧或双侧"标准"孔。

(1) 在模型上选取孔的近似位置。这是主放置参照，Pro/ENGINEER 加亮该选取项。

(2) 在【工程特征】工具栏上单击 ，或者在主菜单栏中选择【插入】|【孔】，孔特征操控板随即出现，同时孔的预览几何将显示在图形窗口中。

(3) 单击创建标准孔。Pro/ENGINEER 会在操控板上显示标准孔选项。

（4）要重新定位孔，请将主放置控制滑块拖到新的位置，或将其捕捉至参照。

（5）要更改孔放置类型，可在【放置】上滑面板的【放置类型】框中选取一个新类型。

（6）将偏移放置参照控制滑块拖至相应的参照位置处以约束孔。在各控制滑块移动的过程中，Pro/ENGINEER 会在指针移经各参照时加亮显示可用的参照。Pro/ENGINEER 会自动使控制滑块捕捉到参照，并将这些参照添加到【放置】上滑面板的【偏移参照】收集器中。

（7）要将该孔与偏移参照对齐，可从【放置】上滑面板的【偏移参照】中选取该参照，然后将【偏移】改为【对齐】。

（8）要创建螺纹孔，请单击孔操控板上的 ∪ 。

（9）要创建锥孔，请单击孔操控板上的 ⅄ 。

（10）要创建间隙孔，请单击 ✦ 并单击孔操控板上的 ⊐⊏ 。

（11）要创建钻孔，请确保已选取 ✦ 并单击孔操控板上的 ∪ 。

（12）在与孔特征操控板上的 ∪（螺纹类型）相邻的框中选取所需的孔图表。利用【螺纹类型】，可以选取行业标准孔图表（ISO、ISO_7/1、NPT、NPTF、UNC 或 UNF）。

（13）在与 ▨ 相邻的框中键入或选取螺钉尺寸。

（14）要定义孔深度，可从操控板的【深度选项】列表中选取一个深度选项，或在图形窗口中拖动深度控制滑块。

要通过拖动深度控制滑块或通过键入（选取）新值来定义新深度，必须选取【可变】深度选项。具体使用方法可参照简单孔的创建方法，这里不再详述。

（15）要向孔中添加埋头孔，可单击孔特征操控板 ⅄ 。

（16）要定义埋头孔的直径或角度，可单击【形状】上滑面板，然后在相应的框中键入或选取一个新的埋头孔直径或埋头孔角度。

（17）要向孔中添加沉孔，可单击孔特征操控板 ⊔ 。

（18）要定义沉孔的直径或深度，可单击【形状】上滑面板，然后在相应的框中键入或选取一个新的沉孔直径或沉孔深度。

（19）单击孔特征操控板上的 ✓ ，Pro/ENGINEER 将创建孔，并关闭孔特征操控板。

5.10　倒角特征和圆角特征

5.10.1　倒角特征

在 Pro/ENGINEER 中可创建和修改倒角。倒角是一类特征，该特征对边或拐角进行斜切削。曲面可以是实体模型曲面或常规的 Pro/ENGINEER 零厚度面组和曲面。可创建两种倒角类型：拐角倒角和边倒角。

拐角倒角：在主菜单栏中选择【插入】|【倒角】|【拐角倒角】命令，打开【倒角】对话框，定义拐角倒角的边参照和距离值，从而创建拐角倒角。

边倒角：要创建边倒角，需要定义一个或多个倒角集。倒角集是一种结构化单位，包含一个或多个倒角段（倒角几何）。在指定倒角放置参照后，Pro/ENGINEER 将使用缺省属性、距离值以及最适于被参照几何的缺省过渡来创建倒角。Pro/ENGINEER 在图形窗口中显示倒角的预览几何，允许用户在创建特征前创建和修改倒角段和过渡。

边倒角特征由以下内容组成：

集：倒角段，由唯一属性、几何参照、平面角及一个或多个倒角距离组成。

过渡：连接倒角段的填充几何。过渡位于倒角段或倒角集端点会合或终止处。在最初创建倒角时，Pro/ENGINEER 使用缺省过渡，并提供多种过渡类型，允许用户创建和修改过渡。

表 5-3　边角特征

集模式显示	过渡模式显示
为倒角集选取两个边参照。Pro/ENGINEER 显示两个倒角段的预览几何和距离值。	显示整个边倒角特征的所有过渡。Pro/ENGINEER 显示环境的两个倒角段。
30.00	
1 倒角段 2 边参照	1 过渡 2 倒角段

1. 创建边倒角

在图形窗口中，选取要由其创建倒角的参照。倒角沿着相切的邻边进行传播，直至在切线中遇到断点。但是，如果使用"依次"链，则倒角不沿着相切的邻边进行传播。创建边倒角的步骤如下：

(1)在特征工具栏中单击 ，或在主菜单栏中选择【插入】|【倒角】|【边倒角】命令。倒角工具打开，Pro/ENGINEER 显示预览几何。

(2)在【设置】上滑面板上，选取要使用的倒角创建方法。缺省的倒角创建方法是【偏移曲面】。

从对话栏上的【标注形式】框中选取 D×D 标注形式。缺省的倒角标注形式是 D×D。也可从快捷菜单中选取此方案。

(3)要定义距离，可拖动距离控制滑块至所需距离，或将其捕捉至一个参照。Pro/ENGINEER 在图形窗口中显示该距离值，并动态更新预览几何。

（4）至此，倒角已经完成。单击 ☑ 保存更改，Pro/ENGINEER 即创建倒角并关闭【倒角】工具。

【例 5-6】创建边倒角。

1）打开一个已有的零件模型。单击"文件"|"打开"或者工具栏上的打开按钮，打开零件文件 cube.prt，如图 5-66 所示。

2）添加倒角。

（1）单击下拉菜单"插入"|"倒角"|"边倒角"命令，或者单击 按钮，弹出如图 5-67 所示的倒角特征操控板。

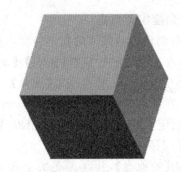

图 5-66　已有零件

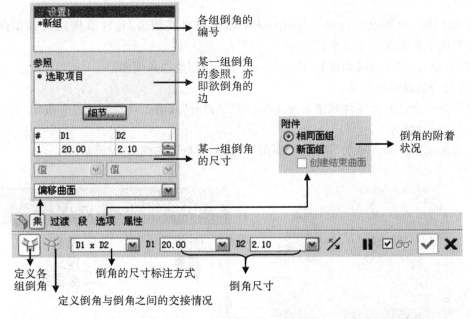

图 5-67　"边倒角"特征操控板

（2）选取模型中要倒角的边线，然后选择倒角的方案和倒角尺寸。此处选取 D×D 方案，倒角尺寸设为 10.0，如图 5-68 所示。

3）按 Enter 键完成。结果如图 5-69 所示。文件保存副本为 edge-chamfer.prt。

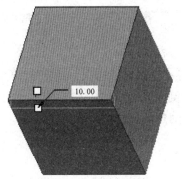

图 5-68　设置倒角尺寸

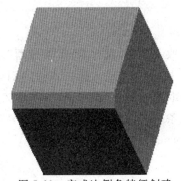

图 5-69　完成边倒角特征创建

2. 创建拐角倒角

拐角倒角可从零件的拐角处移除材料。

（1）在主菜单栏中选择【插入】|【倒角】|【拐角倒角】命令。【倒角（拐角）：拐角】对话框打开。Pro/ENGINEER 会选取【拐角】元素，并显示状态为"定义"。

（2）在图形窗口中，选取要进行倒角的拐角的边参照。Pro/ENGINEER 加亮选定边，并确认已定义拐角元素。出现【拾取/输入】菜单。

执行下列操作之一：

单击【拾取点】，并在加亮边上选取一个点，定义沿顶点的边的倒角长度。Pro/ENGINEER 会缺省选取此命令。

单击【输入】，在尺寸框中键入长度尺寸值，并单击 ✔。这就定义了沿顶点的加亮边的倒角长度。

定义了第一个顶点后，Pro/ENGINEER 逐个加亮其他边，这样就能定义其他两个顶点。重复以上步骤来定义每个顶点。

（3）单击对话框中的【确定】。Pro/ENGINEER 创建拐角倒角。

【例 5-7】创建拐角倒角。

1）打开一个已有的零件模型。单击"文件"|"打开"或者工具栏上的打开按钮，打开零件文件 cube.prt，如图 5-70 所示。

2）添加拐角倒角。单击"插入"|"倒角"|"拐角倒角"，如图 5-71 所示。

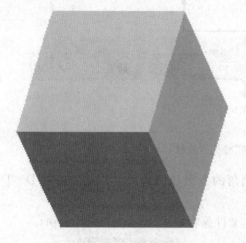

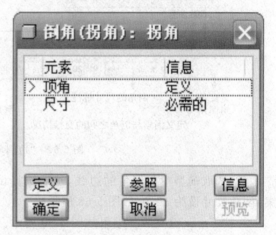

图 5-70　已有零件　　　　　　　　　　图 5-71　拐角倒角信息框

3）选取一条边，跳出"菜单管理器"对话框，如图 5-72 所示。

4）单击"输入"，输入第一条边的倒角尺寸，单击 ✔ 按钮完成输入。如图 5-73 所示。

5）选取第二条边，单击"输入"，输入第二条边的倒角尺寸；选取第三条边，单击"输入"，输入第三条边的倒角尺寸；按下鼠标滚轮，完成拐角倒角的创建，如图 5-74 所示。文件保存副本为 corner-chamfer.prt。

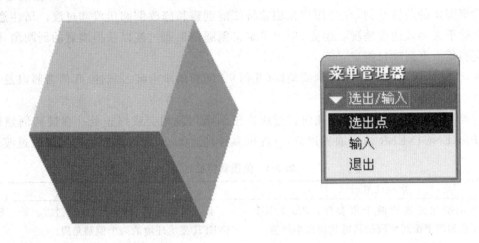

图 5-72　选取一条边

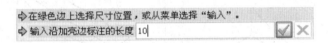

图 5-73　设置倒角尺寸

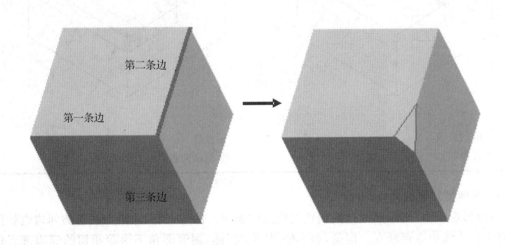

图 5-74　完成拐角倒角的创建

5.10.2　圆角特征

在 Pro/ENGINEER 中可创建和修改倒圆角。倒圆角是一种边处理特征，通过向一条或多条边、边链或在曲面之间添加半径形成。曲面可以是实体模型曲面或常规的 Pro/EN-GINEER 零厚度面组和曲面。

要创建倒圆角，必须定义一个或多个倒圆角集。倒圆角集是一种结构单位，包含一个或多个倒圆角段（倒圆角几何）。在指定倒圆角放置参照后，Pro/ENGINEER 将使用缺省属性、半径值以及最适于被参照几何的缺省过渡创建倒圆角。Pro/ENGINEER 在图形窗口中显示倒圆角的预览几何，允许用户在创建特征前创建和修改倒圆角段和过渡。请注意：缺省设置适于大多数建模情况。但是，用户可定义倒圆角集或过渡以获得满意的倒圆角几何。

倒圆角由下列项目组成：

集：创建的属于放置参照的倒圆角段（几何）。倒圆角段由唯一属性、几何参照以及一个或多个半径组成。

过渡：连接倒圆角段的填充几何。过渡位于倒圆角段相交或终止处。在最初创建倒圆角时，Pro/ENGINEER 使用缺省过渡，并提供多种过渡类型，允许用户创建和修改过渡。

表 5-4　倒圆角特征

集模式显示	过渡模式显示
为倒圆角集选取两个边参照。Pro/ENGI-NEER 显示两个倒圆角段的预览几何和半径值。 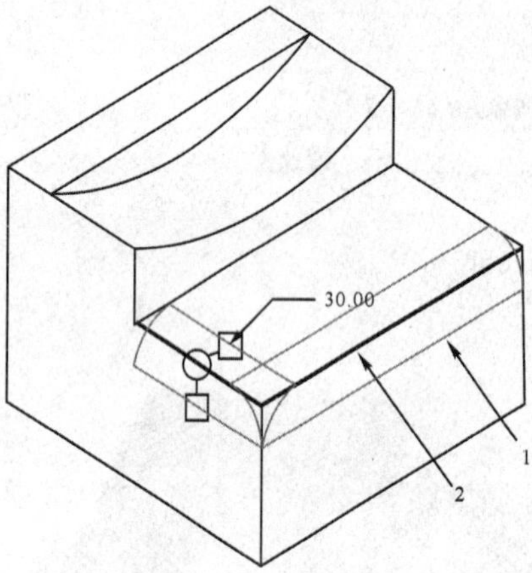	显示整个倒圆角特征的所有过渡。Pro/EN-GINEER 显示环境的两个倒圆角段。 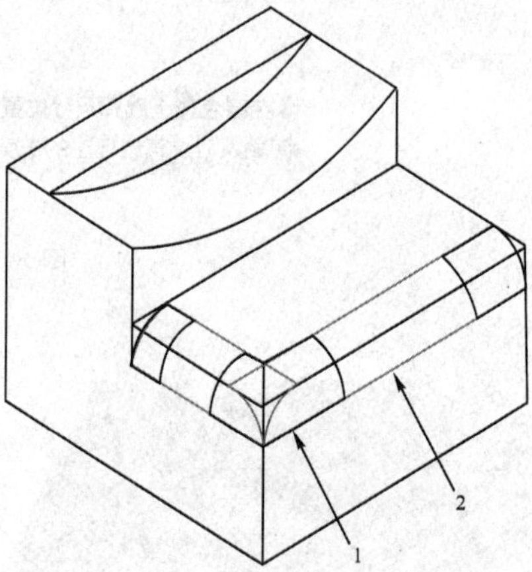

1 倒圆角段 2 边参照	1 过渡 2 倒圆角段

1. 创建恒定倒圆角

在图形窗口中，选取要通过其创建倒圆角的参照。注意，倒圆角沿着相切的邻边进行传播，直至在切线中遇到断点。但是，如果使用"依次"链，则倒圆角不沿着相切的邻边进行传播。创建恒定倒圆角的步骤如下：

（1）单击特征工具栏中的 📐，或在主菜单中选择【插入】|【倒圆角】命令。【倒圆角】工具打开，Pro/ENGINEER 显示预览几何。

（2）要定义半径，可拖动半径控制滑块至所需距离，或将其捕捉至一个参照。Pro/EN-GINEER 在图形窗口中显示该距离值，并动态更新预览几何。

（3）至此，倒圆角已经完成，单击 ✔ 保存更改。Pro/ENGINEER 创建倒圆角并关闭"倒圆角"工具。

【例 5-8】创建恒定倒圆角。

1）打开一个已有的零件模型。单击"文件"｜"打开"或者工具栏上的打开按钮 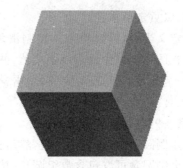，打开零件文件 cube.prt，如图 5-75 所示。

2）创建恒定倒圆角。单击"插入"｜"倒圆角"，得到如图 5-76 所示与倒角类似的操控板。

3）在模型上选取要进行倒圆角的边线，如图 5-77 所示。

4）按 Enter 键完成。结果如图 5-78 所示。文件保存副本为 round1.prt。

图 5-75 已有零件

图 5-76 "恒定倒圆角"特征操控板

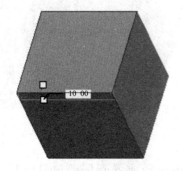

图 5-77 选取边线

图 5-78 完成创建

注意：

如果按 Ctrl 键选取两条边线，可创建完全倒圆角。

2. 创建可变倒圆角

在图形窗口中，选取要通过其创建倒圆角的参照。注意，倒圆角沿着相切的邻边进行传播，直至在切线中遇到断点。但是，如果使用"依次"链，则倒圆角不沿着相切的邻边进行传播。创建可变倒圆角的步骤如下：

（1）单击特征工具栏中的 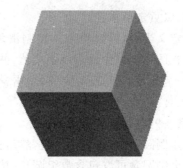，或在主菜单中选择【插入】｜【倒圆角】命令。【倒圆角】工具打开，Pro/ENGINEER 显示预览几何。

（2）将光标置于半径锚点上，单击右键，然后从快捷菜单中选取【添加半径】。Pro/ENGINEER 会复制此半径及其值，并将各半径放置到倒圆角段的每一端点。

（3）要添加其他半径，可将光标置于要复制的半径的控制滑块之上，右键单击鼠标，然后从快捷菜单中选取【添加半径】。这些添加的半径包含锚点。可拖动锚点或将其捕捉至基准点参照，以重定位半径。

要定义半径，可拖动半径控制滑块至所需距离，或将其捕捉至一个参照。Pro/ENGINEER 在图形窗口中显示该距离值，并动态更新预览几何。

（4）至此，倒圆角已经完成，单击 ✅ 保存更改。Pro/ENGINEER 创建倒圆角并关闭"倒圆角"工具。

【例 5-9】创建可变倒圆角。

创建倒圆角时，选取一个边，然后按 Ctrl 键选取数个边，创建的倒圆角称为同一组倒圆角。一个倒圆角可以包含数组圆角，按 Ctrl 键所选取的边为同一组倒圆角，不按 Ctrl 键选取的边为不同组的倒圆角。一组倒圆角上的边可以有相同的圆角半径值，也可以有不同的倒圆角半径值。创建方法如下：

1）打开一个已有的零件模型。单击"文件"|"打开"或者工具栏上的打开按钮 📂，打开零件文件 cube.prt，如图 5-79 所示。

2）单击"插入"|"倒圆角"，选取需要倒圆角的边。将光标置于半径锚点上，单击右键，然后从快捷菜单中选取"添加半径"。如图 5-80 所示。

图 5-79　已有零件

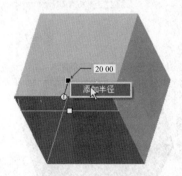

图 5-80　添加半径

3）Pro/ENGINEER 会复制此半径及其值，并将各半径放置到倒圆角段的每一端点。设置半径，如图 5-81 所示。

4）单击"完成"按钮，结果如图 5-82 所示。文件保存副本为 round2.prt。

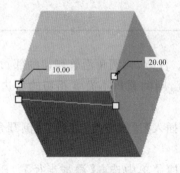

图 5-81　设置半径

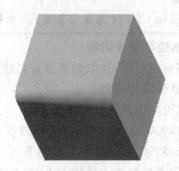

图 5-82　完成创建

5.11 其他工程特征

5.11.1 壳特征

壳特征可将实体内部掏空,只留一个特定壁厚的壳。

"壳特征"会移除所指定的一个或多个曲面。如果未选取要移除的曲面,则会创建一个"封闭"壳,将零件的整个内部都掏空,且空心部分没有入口。在这种情况下,可在以后添加必要的切口或孔来获得特定的几何。

定义壳时,也可选取要在其中指定不同厚度的曲面。可为每个此类曲面指定单独的厚度值。但是,无法为这些曲面输入负的厚度值或反向厚度侧。厚度侧由壳的缺省厚度确定。

也可通过在【排除曲面】收集器中指定曲面来排除一个或多个曲面,使其不被壳化。此过程称作部分壳化。要排除多个曲面,请在按住【Ctrl】键的同时选取这些曲面。不过,Pro/ENGINEER 不能壳化同在【排除曲面】收集器中指定的曲面相垂直的材料。还可以使用相邻的相切曲面来壳化曲面。

当 Pro/ENGINEER 创建壳时,在创建"壳"特征之前添加到实体的所有特征都将被掏空。因此,使用壳时特征创建的次序非常重要。

下面介绍创建拔模特征的方法。

(1)在工程特征工具栏中,单击 回 ,或在主菜单栏中选择【插入】|【壳】命令。Pro/ENGINEER 在所有曲面内部应用缺省厚度来创建"封闭"壳,然后显示预览几何。

(2)选取一个或多个要在壳特征创建过程中移除的曲面。Pro/ENGINEER 将移除选定曲面并更新预览几何。

(3)要修改壳厚度,请在操控板中的框中键入或选取新值。可拖动连接到控制滑块,或者双击厚度值,然后键入或选取新值。

(4)要反向壳侧,可在对话栏中单击 % ,也可使用快捷菜单上的【反向】命令。

(5)要指定具有不同厚度的曲面,可打开【参照】下滑面板,然后单击来激活【非缺省厚度】收集器。也可使用快捷菜单上的【非缺省厚度】命令,并选取曲面。

对于每个具有非缺省厚度的选定曲面,Pro/ENGINEER 将显示一个控制滑块以及一个厚度值。系统还将在【参照】下滑面板的【非缺省厚度】收集器中添加带有曲面名称和厚度值(初始值等于缺省壳厚度)的线。要修改非缺省厚度,也可拖动控制滑块,将其连接到曲面。也可在【非缺省厚度】收集器或图形窗口下键入或选取一个新值。

(6)要排除曲面,不对其进行壳化,请打开【选项】上滑面板,然后在操控板上通过单击【排除的曲面】收集器将其激活。或者,也可使用快捷菜单上的【排除曲面】命令,然后选取一个或多个要从壳中排除的曲面。

(7)单击操控板中的 ✔ 。Pro/ENGINEER 将创建壳并关闭壳工具。

【例 5-10】壳特征的创建。

1）单击"文件"|"打开"或者工具栏上的打开按钮 📂，打开零件文件 cube. prt，如图 5-83 所示。

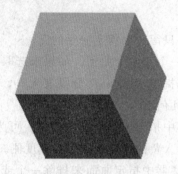

图 5-83　已有零件

2）单击 ⬚ 按钮创建壳特征。图标板的选项及内容如图 5-84 所示。

图 5-84　"壳"特征操控板

3）选择移除面，如图 5-85 所示。

4）单击"完成"按钮，如图 5-86 所示。文件保存副本为 shell. prt。

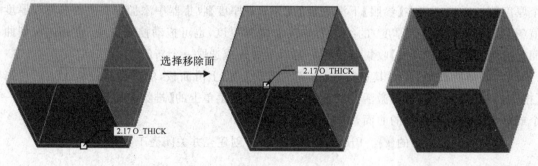

图 5-85　选择移除面　　　　　　　　图 5-86　完成创建

5.11.2 筋特征

筋特征是设计中连接到实体曲面的薄翼或腹板伸出项。筋通常用来加固设计中的零件,也常用来防止出现不需要的弯折。利用筋工具可快速开发简单的或复杂的筋特征。

创建筋特征要求执行以下操作:

(1)通过从模型树中选取有效的草绘特征(草绘基准曲线)来创建从属剖面,或草绘一个新的独立剖面。剖面勾勒出筋特征的轮廓。

(2)确定相对于草绘平面和所需筋几何的筋材料侧。

(3)设置相应的厚度尺寸 🖎。

单击特征工具栏中的,或选择主菜单中的【插入】|【筋】命令,可进入筋工具。可在下列条件下进入该工具并开始设计筋特征:

未选取草绘:进入筋工具,然后选取现有草绘或为筋特征创建一个新草绘。

已选取草绘:为筋特征选取一个现有草绘,然后进入【筋】工具。

在任一种情况下,指定筋的草绘后,即对草绘的有效性进行检查,如果有效,则将其放置在收集器中。参照收集器一次只接受一个有效的筋草绘。

指定筋特征的有效草绘后,图形窗口中会出现预览几何。可在图形窗口、操控板或在这两者的组合中直接操纵并定义模型。预览几何会自动更新,以反映所做的任何修改。

可使用两种类型的筋特征。但是,其类型会根据连接几何自动进行设置。

表 5-5　筋特征

直的	连接到直曲面。 向一侧拉伸或关于草绘平面对称拉伸。	
旋转	连接到旋转曲面。筋的角形曲面是锥状的,而不是平面的。 绕父项的轴旋转剖面,在草绘平面的一侧生成楔,或绕草绘平面对称地生成楔。然后用两个平行于草绘曲面的平面修剪该楔。两个平面间的距离与筋和连接几何的厚度相等。	

对于筋特征,可执行普通的特征操作,这些操作包括阵列、修改、编辑参照和重定义。

1. 通过创建内部剖面创建筋特征

对于设计直的筋类型和旋转筋类型,其工作流程是一样的。因为筋类型由连接几何自动确定。

在工程特征工具栏上单击  ,也可在主菜单栏中选择【插入】|【筋】命令。

在操控板中,单击【参照】选项卡。出现【参照】上滑面板后,单击【定义】。也可使用快捷菜单中的【定义内部草绘】。【草绘】对话框打开,使用户可以使用草绘器。

在草绘器中,草绘所需的侧剖面并单击 ✔ 。关闭草绘器并恢复筋工具。此时可发现预览几何在图形窗口中显示,并且方向箭头指向要填充的草绘侧。

如果想更改填充侧,可单击方向箭头,箭头指向填充侧。也可从【参照】上滑面板或从快捷菜单(将指针放在箭头上并单击鼠标右键)中使用【反向】。

通过将控制滑块拖动到所需距离的位置,定义筋的厚度。缺省情况下,厚度相对草绘平面对称。注意,如果只想加厚草绘平面的其中一侧,请将指针置于厚度控制滑块上,单击右键,然后从快捷菜单中选取【对称】。然后可拖动控制滑块来更改厚度定义。

仔细检查参照,并使用相应的上滑面板修改属性。单击鼠标中键完成筋特征创建。

2. 使用草绘特征创建筋特征

对于设计直的筋类型和旋转筋类型,其工作流程是一样的。因为筋类型由连接几何自动确定。

要将现有草绘特征(草绘基准曲线)用作筋剖面的基础,从模型树中选取现有草绘特征,然后在工程特征工具栏上单击  ,也可主菜单栏中选择【插入】|【筋】命令。打开筋工具,图形窗口中显示预览几何,并且方向箭头指向要填充的草绘侧。此时可发现剖面已创建并放置在【参照】上滑面板上的【草绘】收集器中。

如果想更改填充侧,可单击方向箭头,箭头指向填充侧。也可从【参照】上滑面板或从快捷菜单(将指针放在箭头上并单击鼠标右键)中使用【反向】。

通过将控制滑块拖动到所需距离的位置,定义筋的厚度。缺省情况下,厚度相对草绘平面对称。如果只想加厚草绘平面的其中一侧,请将指针置于厚度控制滑块上,单击右键,从快捷菜单中选取【对称】,然后可拖动控制滑块来更改厚度定义。

仔细检查参照,并使用相应的上滑面板修改属性。单击鼠标中键完成筋特征创建。

【例 5-11】筋特征的创建。

1)单击"文件"|"打开"或者工具栏上的打开按钮 🖼 ,打开零件文件 whirl.prt,如图 5-87 所示。

2)单击下拉菜单"插入"|"筋"命令,或者单击工具栏上的"筋"按钮  ,弹出如图 5-88 所示的筋特征操控板。

图 5-87 已有零件

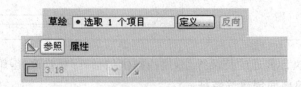

图 5-88 筋特征操控板

3）单击操控板上的"参照"按钮，然后在弹出的界面中单击"定义"按钮，系统弹出草绘对话框，选取 FRONT 基准面为草绘平面，采用模型默认的黄色箭头方向为草绘视图方向，选取 TOP 基准面为草绘平面的参照平面，如图 5-89 所示。箭头方向为右。进入草绘环境。

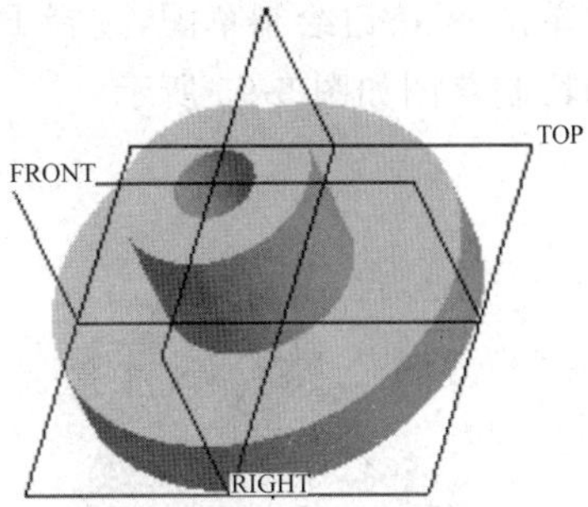

图 5-89　设置草绘

4）绘制直线，如图 5-90 所示。完成绘制，单击"完成"按钮 ✔。

5）定义加材料的方向。直接在模型中单击"方向"箭头即可，改变前的方向如图 5-91 所示，改变方向后如图 5-92 所示。

6）定义筋的厚度值为 1.0。

7）在操控板中，单击"完成"按钮，完成筋的创建。结果如图 5-93 所示。文件保存副本为 rib. prt。

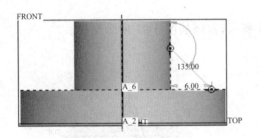

图 5-90　设置直线

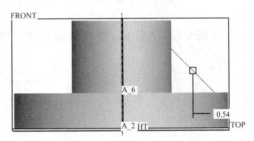

图 5-91　改变前的方向

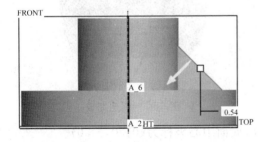

图 5-92　改变后的方向

图 5-93　完成创建

5.12　实　例

【例 5-12】 设计一个如图 5-94 所示的机械零件。

1）新建文件，文件名设为 object5. prt。

2）创建第一个圆柱体，直径为 18，高度为 30，中心坐标为 (0,0,0)。

3）单击 按钮绘制草图，选择 RIGHT 为草绘平面，方向为左。

4）绘制草图如图 5-95 所示。

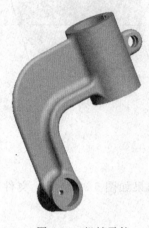

图 5-94　机械零件

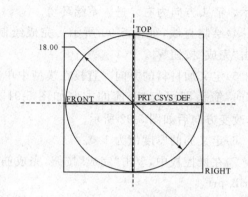

图 5-95　绘制草图

5）完成草绘，单击 ，设置拉伸如图 5-96 所示，得到如图 5-97 所示结果。

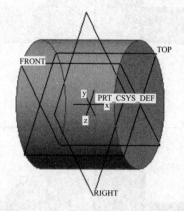

图 5-97　创建完成

图 5-96　"拉伸"特征操控板

6）创建第二个圆柱体，直径为 26，高度为 38，底面中心坐标为（0，30，－50）。

7）单击 ，创建参考面，如图 5-98 所示。

8）单击 按钮绘制草图，选择 DTM1 为草绘平面，方向为右。

9）绘制草图如图 5-99 所示。

图 5-98　偏移基准面

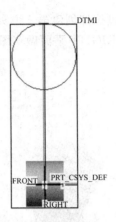

图 5-99　绘制草图

10)完成草绘,单击 ,设置拉伸如图 5-100 所示,得到如图 5-101 所示结果。

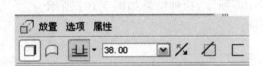

图 5-100　"拉伸"特征操控板

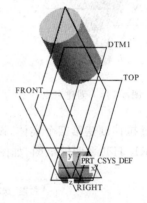

图 5-101　拉伸结果

11)在 RIGHT 平面作草图,如图 5-102 所示。

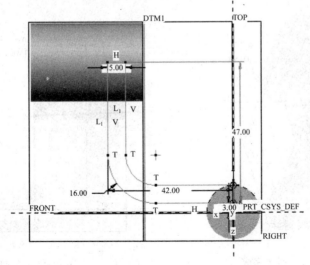

图 5-102　绘制草图

12）通过拉伸创建第三个实体，拉伸设置如图 5-103 所示，创建的实体如图 5-104 所示。

13）在 RIGHT 平面做草图，如图 5-105 所示。

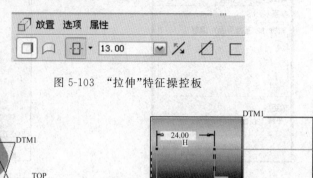

图 5-103　"拉伸"特征操控板

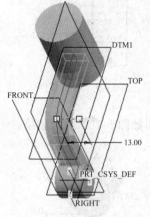

图 5-104　创建完成

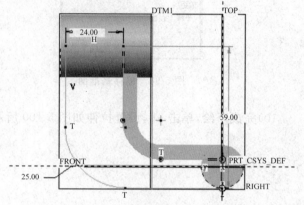

图 5-105　绘制草图

14）通过拉伸创建第四个实体，设置如图 5-106 所示，拉伸结果如图 5-107 所示。

15）在 RIGHT 平面做草图，如图 5-108 所示。

图 5-106　"拉伸"特征操控板

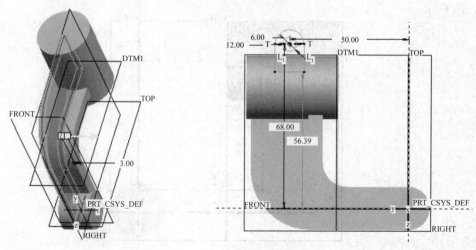

图 5-107　创建完成

图 5-108　绘制草图

16)通过拉伸创建第五个实体,拉伸设置如图 5-109 所示,拉伸结果如图 5-110 所示。

17)在 TOP 平面做草图,如图 5-111 所示。

图 5-109　"拉伸"特征操控板

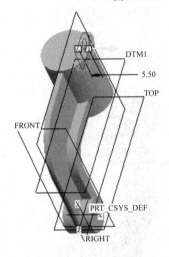

图 5-110　创建完成

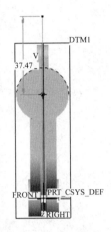

图 5-111　绘制草图

18)通过拉伸创建第六个实体,设置如图 5-112 所示,拉伸结果如图 5-113 所示。

图 5-112　"拉伸"特征操控板

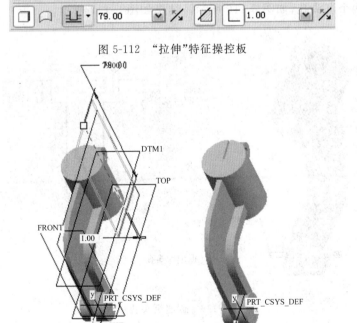

图 5-113　设置草绘和创建结果

19)创建简单孔，设置如图5-114所示，创建结果如图5-115所示。

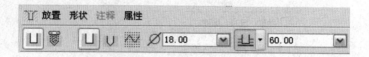

图5-114 "孔"特征操控板

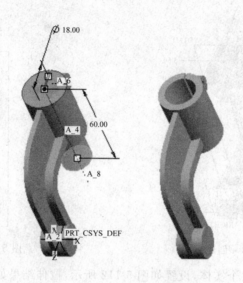

图5-115 绘制草图和创建结果

20)创建两个沉头孔，如图5-116所示。结果如图5-117所示。

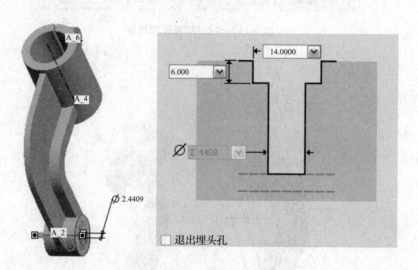

图5-116 创建沉头孔过程

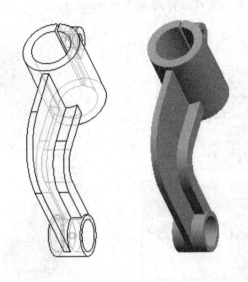

图 5-117　创建完成

21)创建倒圆角修饰特征,如图 5-118、图 5-119、图 5-120 所示。

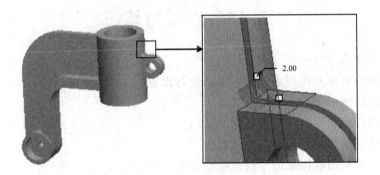

图 5-118　修饰第一个部位

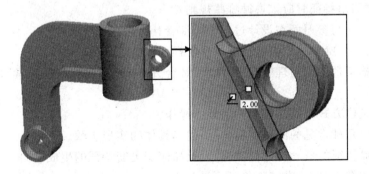

图 5-119　修饰第二个部位

22）最终模型如图 5-121 所示。文件保存副本为 wrench. prt。

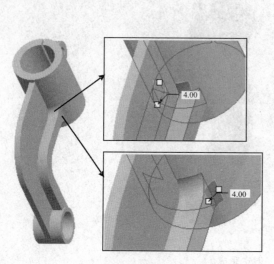

图 5-120　修饰第三个部位

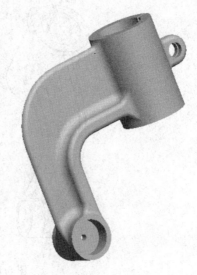

图 5-121　最终模型

5.13　思考与练习

1. 创建零件模型的一般过程是什么？

2. 模型树的概念和作用是什么？怎么进行设置？

3. 简述层的作用。

4. 伸出项特征和切削特征各有什么特点？

5. 孔特征分哪几种？分别如何创建？

6. 拉伸特征和扫描特征的草绘截面有什么不同？

7. 举例说明在什么情况下，旋转特征和拉伸特征能够实现同样的效果。

8. 孔与切口的不同之处有哪些？

9. 创建倒圆角特征时应该遵循哪些规则？

10. 草绘平面与参照面在设计过程中扮演着什么角色？

11. 试述拉伸、旋转和扫描特征的概念与操作步骤。

12. 在扫描特征中如何理解"自由端点"、"合并终点"、"增加内部因素"、"无内部因素"的含义？

13. 孔的定位方式有哪几种？如何具体操作？

14. 试说出几种常见的圆角类型，并简述其具体的实现步骤。

15. 简述筋特征的概念与操作步骤，以及如何变更筋特征的生成方向。

16. 创建如图 5-122 和图 5-123 所示的模型。

模型 1 提示：运用拉伸、筋、孔和倒角等特征。

模型 2 提示：运用拉伸、扫描、阵列等特征。

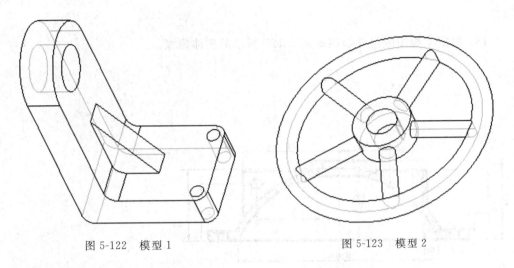

图 5-122　模型 1　　　　　　　　　　　　图 5-123　模型 2

17. 根据工程图中的尺寸绘制如图 5-124 所示的实体模型。

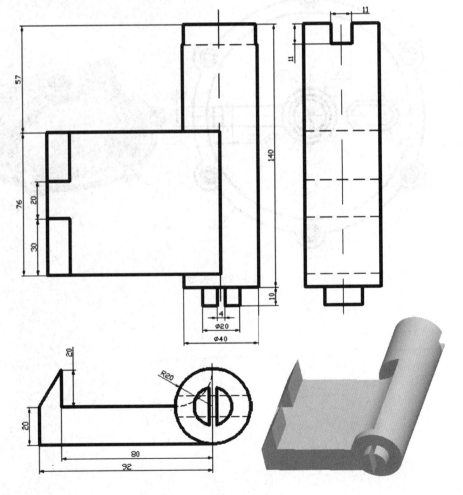

图 5-124　模型 3

18. 根据工程图的尺寸绘制如图 5-125 所示的实体模型。

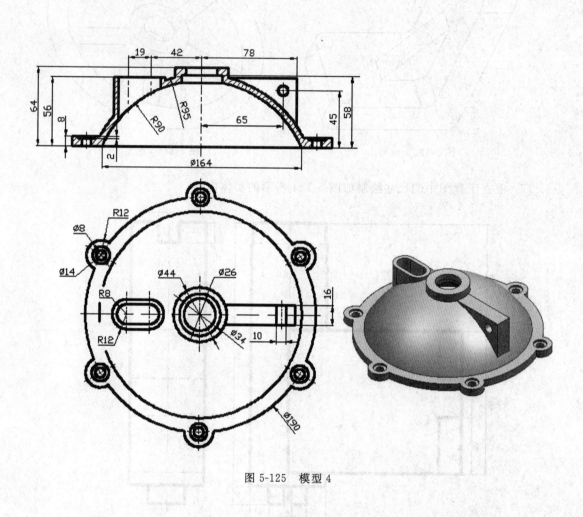

图 5-125　模型 4

19. 根据工程图的尺寸绘制如图 5-126 所示的实体模型。

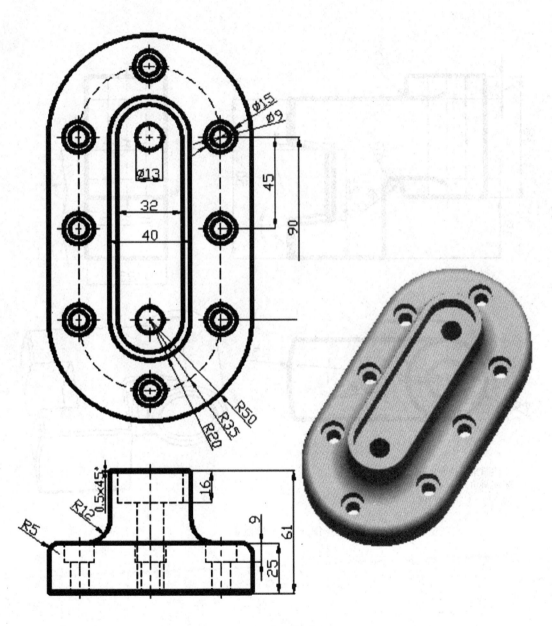

图 5-126　模型 5

20. 根据工程图的尺寸绘制如图 5-127 所示的实体模型。

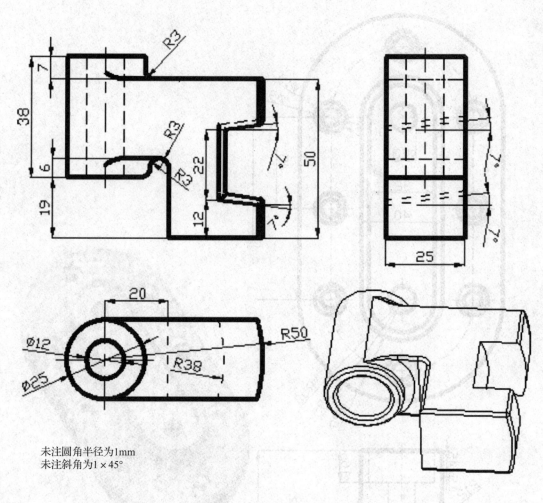

未注圆角半径为1mm
未注斜角为1×45°

图 5-127　模型 6

21. 根据工程图的尺寸绘制如图 5-128 所示的实体模型。

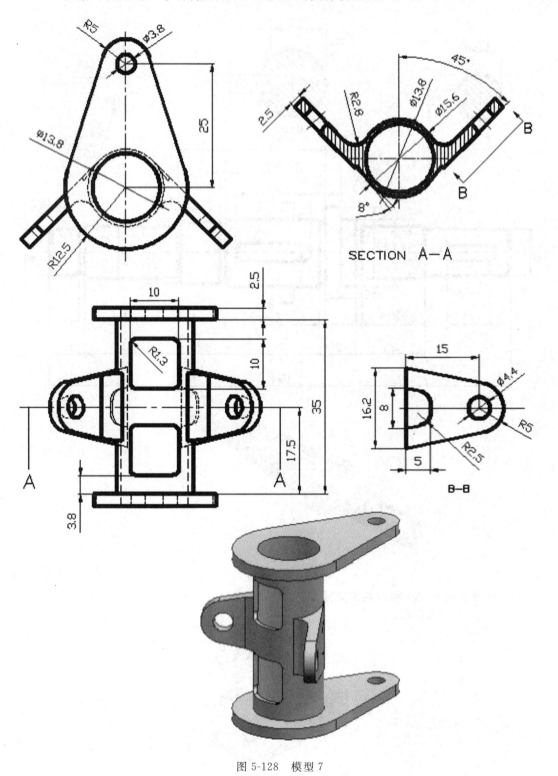

图 5-128 模型 7

22. 根据工程图的尺寸绘制如图 5-129 所示的实体模型。

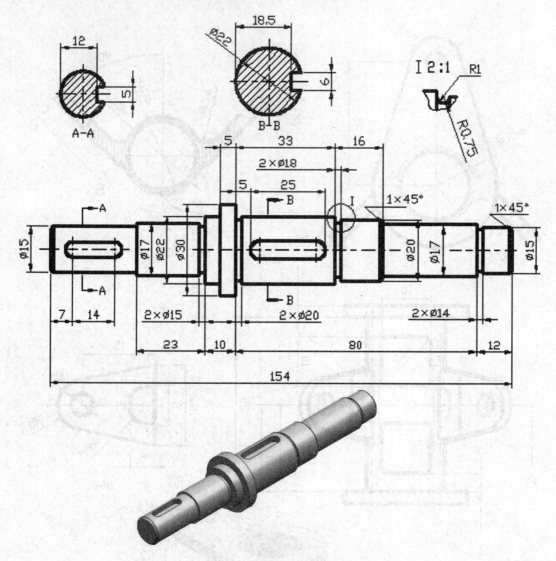

图 5-129　模型 8

23. 绘制如图 5-130 所示的实体模型。

图 5-130　模型 9

24. 根据工程图的尺寸绘制如图 5-131 所示的实体模型。

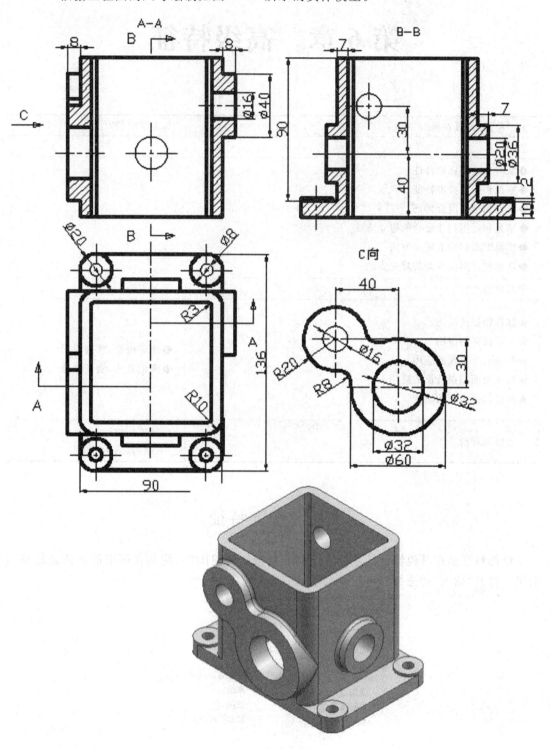

图 5-131　模型 10

第6章 高级特征

学习单元:高级特征	参考学时:7
学习目标	
◆掌握和运用修饰特征 ◆掌握和运用拔模特征 ◆掌握和运用混合特征 ◆掌握和运用扫描混合的建立方法 ◆掌握螺旋扫描的建立方法 ◆掌握和运用剖截面的建立方法	
学习内容	学习方法
★修饰特征的应用 ★拔模特征的应用 ★扫描混合特征的应用 ★可变截面扫描特征的应用 ★高级扫描特征的应用	◆理解概念,掌握应用 ◆熟记方法,勤于操作
考核与评价	教师评价 (提问、演示、练习)

6.1 修饰特征

修饰特征是在其他特征的基础上绘制的复杂的几何图形,使其在图形能更清楚地显示出来。打开"插入"|"修饰",可得到如图 6-1 所示选项。

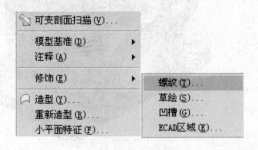

图 6-1 修饰特征

下面分别讨论螺纹和草绘两个修饰特征。

6.1.1　螺纹修饰特征

螺纹修饰特征是螺纹直径的修饰特征。用默认极限公差设置来创建,螺纹修饰特征不能修改修饰螺纹的线型,而且螺纹也不会受到"环境"菜单中隐藏线显示设置的影响。可以是内螺纹也可是外螺纹,可以是不通的或者贯通的。可通过制定螺纹的内径或者外径、起始曲面和螺纹长度或者终止边,来创建修饰螺纹。

【例 6-1】创建螺纹修饰特征。

1)设置工作目录,打开一个已有的零件文件 screw. prt,如图 6-2 所示。

2)单击"插入"|"修饰"|"螺纹",得到如图 6-3 所示的对话框。

图 6-2　打开已有零件　　　　　　　图 6-3　螺纹修饰对话框

3)选取要进行螺纹修饰的曲面和螺纹起始曲面,如图 6-4 所示。

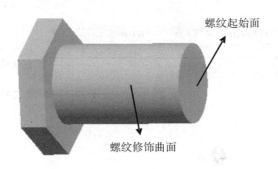

图 6-4　选取修饰曲面和起始曲面

4)定义螺纹的长度方向和长度以及螺纹小径。完成以后,模型上显示如图 6-5 所示的螺纹深度方向箭头和"方向"菜单。

5)在"方向"菜单中,选择"正向"命令,得到如图 6-6 所示对话框,选择"盲孔",单击"完成"命令,然后输入螺纹深度值为 20.0,单击 ☑ 。

6)完成上述操作以后,会弹出如图 6-7 所示的"特征参数"菜单,用户可以根据此菜单进行相应的操作,或者单击"完成/返回"命令进入下一步操作。

7)单击"修改参数",会弹出一个对话框,如图 6-8 所示。

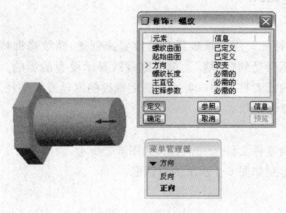

图 6-5 选择方向   图 6-6 指定到盲孔

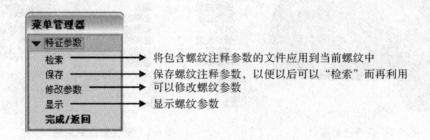

图 6-7 设置特征参数

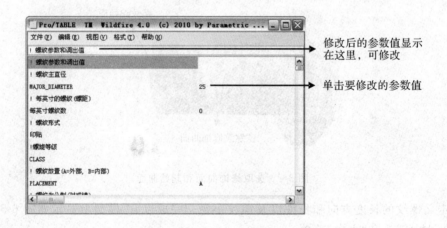

图 6-8 修改参数

　　编辑螺纹的参数时，系统会分两次提示有关直径的信息，因此用户可将公制螺纹放置到英制螺纹单位的零件上，反之亦然。螺纹的参数介绍如表 6-1 所示。

表 6-1　螺纹的参数

参数名称	参数类型	参数描述
MAJOR_DIAMETER	数字	螺纹的公称直径
THREADS_PER_INCH	数字	每英寸的螺纹数(1/螺距)
THREAD FORM	字符串	螺纹形式
CLASS	数字	螺纹等级
放置	字符	螺纹放置(A—轴螺纹,B—孔螺纹)
METRIC	TRUE/FALSE	螺纹为公制

8)单击"修饰:螺纹"对话框中的"预览"按钮,预览所创建的螺纹修饰特征,然后单击"确定"按钮,得到如图 6-9 所示结果。文件保存副本为 cosmetic-thread. prt。

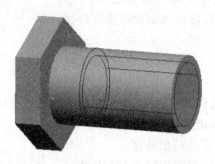

图 6-9　预览

6.1.2　草绘修饰特征

草绘修饰特征用来绘制在零件的曲面上。在进行"有限元"分析计算时,也可利用草绘修饰特征定义"有限元"局部负荷区域的边界。

注意:修饰特征不能用来做参照。

草绘修饰特征可以设置线体,特征的每个单独的几何段都可以设置不同的线体,操作方法为:单击下拉菜单"插入"|"修饰"|"草绘"命令进入草绘环境,然后单击下拉菜单"编辑"|"线体"命令,然后根据提示,选择修饰特征的图元,单击"确定"按钮,弹出如图 6-10 所示的"线体"对话框,选择要设置的线型和颜色,单击"应用"按钮。

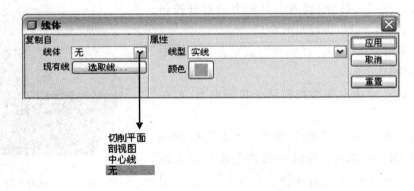

图 6-10　"线体"对话框

单击"插入"|"修饰"，得到如图 6-11 所示的菜单管理器。

可以看出，草绘修饰有两个选项：规则截面和投影截面。

● 规则截面：这是一个平整特征。不论"在空间"还是在零件的曲面上，规则截面修饰特征都位于草绘平面处。可以给它加剖面线，并显示在所有模式中，但只能在"工程图"模式下修改。在"零件"和"装配"模式下，剖面线以 45° 显示。

图 6-11　"修饰"菜单管理器

● 投影截面：被投影到单个零件曲面上，它们不能跨越零件曲面，不能对投影截面加剖面线或者阵列。

6.2　拔模特征

拔模特征一般用在注射件和铸件上，用于脱模。拔模就是用来创建模型的拔模斜面。有关拔模特征的关键术语介绍如下：

● 拔模曲面：要进行拔模的模型曲面。

● 枢轴平面：拔模曲面可绕着枢轴平面与拔模曲面的交线旋转而形成拔模斜面。

● 枢轴曲线：拔模曲面可绕着一条曲线旋转而形成拔模斜面。这条曲面就是枢纽曲线，它必须在要拔模的曲面上。

● 拔模参照：用于确定拔模方向的平面、轴和模型的边。

● 拔模方向：拔模方向可用于确定拔模的正负方向，它总是垂直于拔模参照平面或平行于拔模参照轴或参照边。

● 拔模角度：拔模方向与生成的拔模曲面之间的角度。如果拔模曲面被分割，则可分为拔模的每个部分定义两个独立的拔模角度。

● 旋转方向：拔模曲面绕枢轴平面或枢轴曲线旋转的方向。

● 分割区域：可对其应用不同拔模角的拔模曲面区域。

【例 6-2】创建拔模特征。

1）单击"文件"|"打开"或者工具栏上的打开按钮 ，打开零件文件 cube. prt，如图 6-12 所示。

2）单击下拉菜单"插入"|"斜度"，或单击工具条中 按钮，如图 6-13 所示。

3）按住 Ctrl 键选取需要拔模两个拔模曲面，如图 6-14 所示。

4）单击参照面板中拔模枢轴的，定义拔模枢轴 。单击编辑区中的黄色箭头定义拔模方向。在控制板 中输入角度值为 5。如图 6-15 所示。

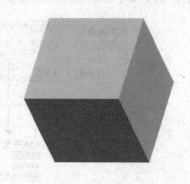

图 6-12　已有零件

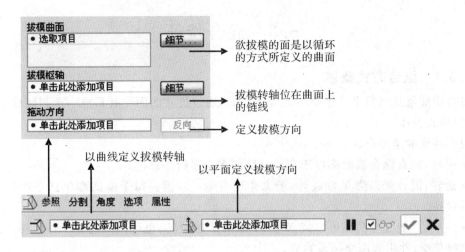

拔模曲面
- 选取项目 ········ 细节...········► 欲拔模的面是以循环的方式所定义的曲面

拔模枢轴
- 单击此处添加项目 ········ 细节...········► 拔模转轴位在曲面上的链线

拖动方向
- 单击此处添加项目 ········ 反向 ········► 定义拔模方向

以曲线定义拔模转轴

以平面定义拔模方向

参照 分割 角度 选项 属性

- 单击此处添加项目 ········ 单击此处添加项目

图 6-13 "拔模"特征操控板

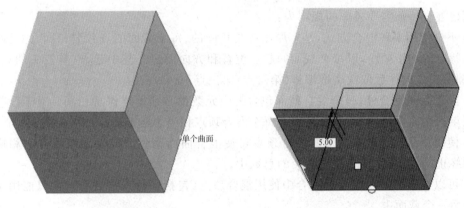

单个曲面

5.00

图 6-14 选择拔模曲面 ········ 图 6-15 设置拔模方向

5)单击"完成"按钮,结果如图 6-16 所示。文件保存副本为 draft.prt。

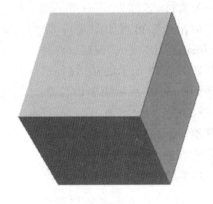

图 6-16 完成创建

6.3 混合特征

6.3.1 混合方式概述

混合特征就是将数个二维草图混合到一起，通过过渡曲面使其形成一个封闭曲面，再填入材料，形成实体。

混合特征的类型有以下三个：

● 平行：所有混合截面都位于草绘截面的多个平行平面上。

● 旋转：混合截面绕 Y 轴旋转，最大角度可达 120 度。每个截面都单独草绘并用截面坐标系对齐。

● 一般：一般混合截面可以绕 X 轴、Y 轴和 Z 轴旋转，也可以沿这三个轴平移。每个截面都单独草绘，并用截面坐标系对齐。

6.3.2 混合特征的创建

创建混合特征需要遵守的规则为：

● 不论使用哪种混合方式，基本原则都是相同的：每个截面的点数要相同，并且两个截面间有特定的连接顺序，以每个截面的起点位置和方向而定。其中起点（有箭头的点）为第一点，顺箭头方向往后依次递增编号（第二点、第三点……）。

● 除了封闭混合外，每个混合截面包含的图元数都必须始终保持相同。对于没有足够几何顶点的截面，可以添加混合顶点。每个混合顶点相当于给截面添加一个图元。

● 使用草绘或选取截面上的混合顶点可使混合曲面消失。混合顶点可充当相应混合曲面的终止端，但被计算在截面图元的总数中。

● 可以在直的混合或光滑混合中使用混合顶点（包括平行光滑混合），但只能用于第一个或最后一个截面中。

下面举例说明，鉴于三种混合创建方式类似，在这里以平行混合特征为例。

【例 6-3】创建混合特征。

1）设置工作目录，新建一个文件，名称为 object3.prt。

2）单击"插入"|"混合"|"伸出项"，可得如图 6-17 所示的菜单管理器。采取默认方式，单击"完成"按钮。

3）完成上述操作后，弹出如图 6-18 所示的对话框。

4）单击"完成"按钮，得到如图 6-19 所示用于设置草绘平面和设置平面的菜单管理器。

5）选择平面 TOP 作为草绘平面，再选择草绘的方向（默认为"正向"，若要改变草绘方向，可以在弹出的"方向"菜单管理器中选择"反向"），草绘曲线，得到如图 6-20 所示结果。

6）单击右侧工具栏按钮 ，以 TOP 平面为参照面，分别向两边偏移 20 创建两个基准面。如图 6-21 所示。

图 6-17 "混合"特征菜单管理器

图 6-18 "混合"特征对话框 | 图 6-19 设置草绘平面和平面

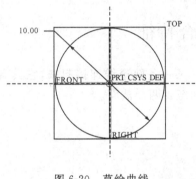

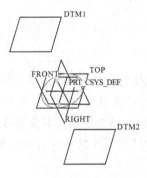

图 6-20 草绘曲线 | 图 6-21 偏移基准面

7）分别选择 DTM1 和 DTM2 平面为草绘平面，草绘如图 6-22、图 6-23 所示图形。

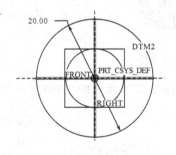

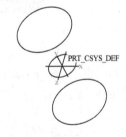

图 6-22 草绘第二个曲线 | 图 6-23 得到三个草绘截面

8）单击右侧工具栏 按钮，控制板如图 6-24 所示。

图 6-24 控制板

9）按住 Ctrl 键，选取草绘的三个圆，如图 6-25 所示。

10）单击 ，结果如图 6-26 所示。文件保存副本为 blend.prt。

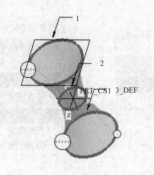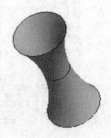

图 6-25 选取草绘的三个圆　　　　图 6-26 创建完成

6.4 扫描混合特征

扫描混合特征是将一组截面的边用过渡曲面沿某一条轨迹线连接起来，它具有扫描特征的特点，又具有混合特征的特点，需要一条轨迹和至少两个截面。

【例 6-4】创建扫描混合特征。

1）打开零件文件 6-1.prt，如图 6-27 所示。

图 6-27 已有零件

2）单击"插入"|"扫描混合"命令，系统弹出如图 6-28 所示的"扫描混合"操控板，在操控板中按下"实体"类型按钮 □ 。

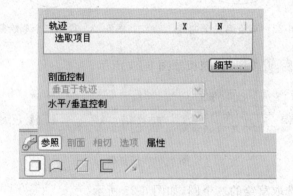

图 6-28 "扫描混合"特征操控板

3)定义扫描轨迹。选取如图 6-29 所示的曲线,箭头方向如图 6-30 所示。

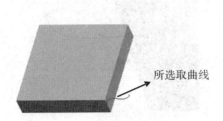

图 6-29　选取轨迹曲线

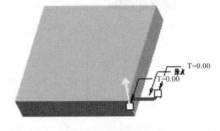

图 6-30　箭头方向

4)定义扫描中的截面控制。在操控板中单击"参照"按钮,在其界面的"剖面控制"列表框中选择"垂直于轨迹"选项。

5)创建扫描混合特征的第一个截面。

(1)定义第一个截面上 X 轴的方向。在操控板中单击"剖面"按钮,在如图 6-31 所示的界面中,单击"截面 X 轴方向"文本框中的"缺省"字符,然后选取如图 6-32 所示的边线,接受如图 6-32 所示的箭头方向。

(2)定义第一个截面在轨迹线上的位置点。在"剖面"界面中单击"截面位置"文本框中的"单击此处添加"字符,在系统"选取点或顶点定位截面"的提示下,选取如图 6-33 所示的轨迹的起始点作为该截面在轨迹线上的位置点。

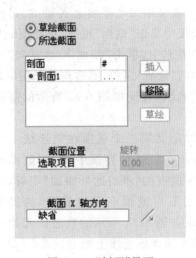

图 6-31　"剖面"界面

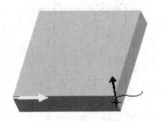

图 6-32　选取边线

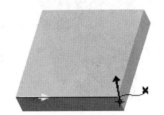

图 6-33　定义位置点

(3)在"剖面"界面中,将"剖面 1"的"旋转"角度值设为 0.0。

(4)在"剖面"界面中单击"草绘"按钮,此时系统进入草绘环境。

(5)进入草绘环境后,绘制如图 6-34 所示的草绘截面。

(6)然后单击"完成"按钮。得到如图 6-35 所示结果。

6)创建扫描混合特征的第二个截面。

(1)在"剖面"界面中单击"插入"按钮。

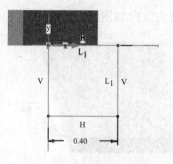

图 6-34　草绘截面

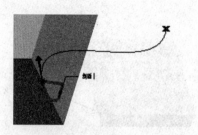

图 6-35　得到第一个截面

（2）定义第二个截面上 X 轴的方向。在操控板中单击"剖面"按钮，在如图6-36所示的界面中，单击"截面 X 轴方向"文本框中的"缺省"字符，然后选取如图6-37所示的边线，接受如图 6-37 所示的箭头方向。

（3）定义第二个截面在轨迹线上的位置点。在"剖面"界面中单击"截面位置"文本框中的"单击此处添加"字符，在系统"选取点或顶点定位截面"的提示下，选取如图 6-38 所示的轨迹的起始点作为该截面在轨迹线上的位置点。

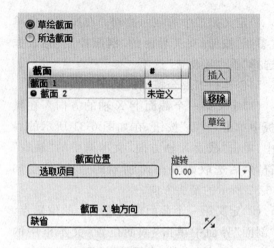

图 6-36　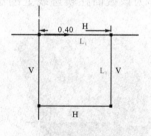"剖面界面"

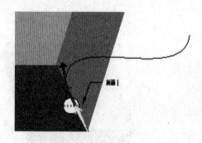

图 6-37　选取边线

图 6-38　草绘截面

（4）在"剖面"界面中，将"剖面 2"的"旋转"角度值设为 0.0。

（5）在"剖面"界面中单击"草绘"按钮，此时系统进入草绘环境。

（6）绘制如图 6-38 所示的草绘截面，然后单击"完成"按钮。

7）在操控板中单击"预览"按钮，预览所创建的扫描混合特征。

8）在操控板中单击 按钮，完成扫描混合特征的创建，如图 6-39 所示。文件保存副本为 swept-blend.prt。

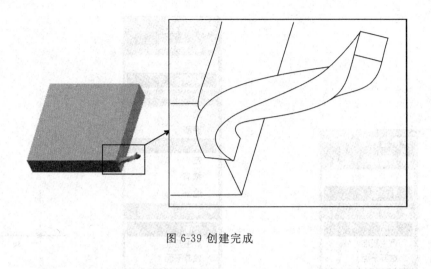

图 6-39 创建完成

6.5 螺旋扫描特征

将一个截面沿着螺旋轨迹线进行扫描,可形成螺旋扫描特征。下面举例说明创建螺旋扫描特征的步骤。

【例 6-5】螺旋扫描特征的创建。

1)设置工作目录,新建文件,名称为 object4.prt。

2)选择下拉菜单"插入"|"螺旋扫描"|"伸出项"。完成此步操作后,系统弹出如图 6-40 所示螺旋扫描特征信息对话框和如图 6-41 所示菜单管理器对话框。

图 6-40 "螺旋扫描"信息框

图 6-41 菜单管理器

3)依次在如图 6-41 所示菜单中,选择"常数"、"穿过轴"和"右手定则"。单击"完成"跳出如图 6-42 所示对话框。

4)在"设置草绘平面"菜单中,选择"平面",选取 FRONT 基准面作为草绘面,选择"右",跳出如图 6-43 所示对话框。选取 RIGHT 基准面作为参考面。系统进入草绘环境。

5)绘制如图 6-44 所示草图。

图 6-42 设置草绘平面和设置平面　　图 6-43 设置草绘视图方向　　图 6-44 草绘轨迹

6)定义螺旋节距。在系统提示下输入节距值 25。

7)创建螺旋扫描特征的截面,如图 6-45 所示。

8)单击 确定 按钮,所得结果如图 6-46 所示。文件保存副本为 helix.prt。

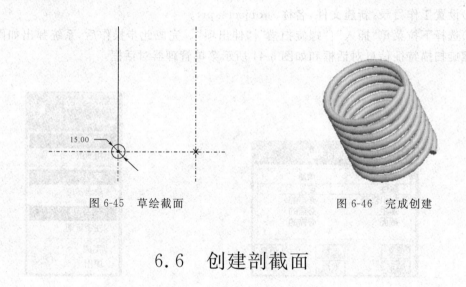

图 6-45 草绘截面　　　　　　　图 6-46 完成创建

6.6 创建剖截面

6.6.1 剖截面介绍

剖截面也称为 X 截面、横截面。它的主要作用是查看模型的内部形状。在零件模块或者装配模块中创建的剖截面,可用于在工程图模块中生成剖视图。它分为两种类型:平面剖截面和偏距剖截面。

- 平面剖截面:用平面对模型进行剖切。如图 6-47 所示。
- 偏距剖截面:用草绘的曲面对模型进行剖切。如图 6-48 所示。

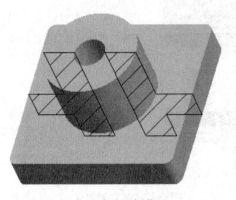

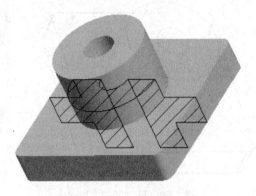

图 6-47　平面剖截面　　　　　　　　　　图 6-48　偏距剖截面

单击下拉菜单"视图"|"视图管理器"命令,在弹出的对话框中单击"X 截面"标签,可以进入剖截面操作界面,操作界面中的各命令如图 6-49 所示。

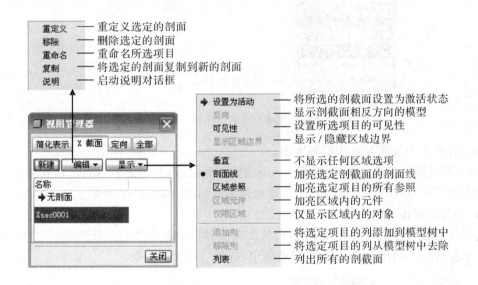

图 6-49　剖截面操作界面

6.6.2　创建一个平面剖截面

下面以零件模型为例,说明创建平面剖截面的一般操作过程。

【例 6-6】平面剖截面的创建。

1)打开文件 cylinder.prt,得到如图 6-50 所示的零件。

2)选择下拉菜单"视图"|"视图管理器"命令。

3)在弹出的对话框中单击"X 截面"标签,在弹出的如图 6-49 所示的剖面操作界面中,单击"新建"按钮,输入名称 sec_1,并按 Enter 键。

4)选择截面类型。在弹出的如图 6-51 所示的菜单管理器中,选择默认的"平面"|"单一"命令,选择"完成"命令。

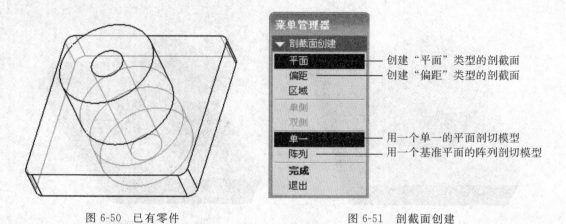

图 6-50　已有零件　　　　　　　　　　图 6-51　剖截面创建

5）定义剖切平面。

（1）在如图 6-52 所示的"设置平面"菜单中，选择"平面"命令。

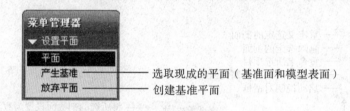

图 6-52　设置平面

（2）在模型中选取 FRONT 基准面。

（3）此时系统返回如图 6-49 所示的剖面操作界面，右击剖面名称 sec_1，在弹出的快捷菜单中选取"可见性"命令，此时模型上显示新建的剖面，如图 6-47 所示。

6）修改剖截面的剖面线间距。

（1）在剖面操作界面中，选取要修改的剖截面名称 sec_1，然后选择"编辑"|"重定义"命令，在如图 6-53 所示的"剖截面修改"菜单中，选择"剖面线"命令。

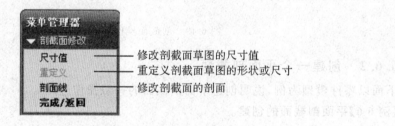

图 6-53　剖截面修改

（2）单击剖面线，在弹出的如图 6-54 所示的"剖截面修改"菜单中，选择"间距"命令。

（3）在如图 6-55 所示的"修改模式"菜单中，连续选择"一半"命令，观察零件模型中剖面线间距的变化，直到调到合适的间距，然后选择"完成"命令。

7）此时系统返回如图 6-49 所示的剖面操作界面，单击"关闭"按钮。

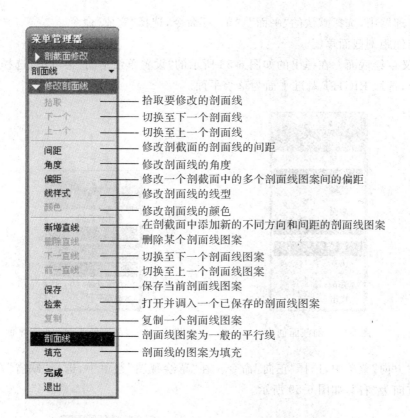

图 6-54 "剖面线设置"菜单

菜单管理器
▶ 剖截面修改
剖面线　　　▼
▼ 修改剖面线
拾取 ——— 拾取要修改的剖面线
下一个 ——— 切换至下一个剖面线
上一个 ——— 切换至上一个剖面线
间距 ——— 修改剖截面的剖面线的间距
角度 ——— 修改剖面线的角度
偏距 ——— 修改一个剖截面中的多个剖面线图案间的偏距
线样式 ——— 修改剖面线的线型
颜色 ——— 修改剖面线的颜色
新增直线 ——— 在剖截面中添加新的不同方向和间距的剖面线图案
删除直线 ——— 删除某个剖面线图案
下一直线 ——— 切换至下一个剖面线图案
前一直线 ——— 切换至上一个剖面线图案
保存 ——— 保存当前剖面线图案
检索 ——— 打开并调入一个已保存的剖面线图案
复制 ——— 复制一个剖面线图案
剖面线 ——— 剖面线图案为一般的平行线
填充 ——— 剖面线的图案为填充
完成
退出

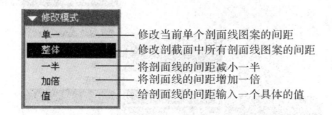

图 6-55 修改模式

修改模式
单一 ——— 修改当前单个剖面线图案的间距
整体 ——— 修改剖截面中所有剖面线图案的间距
一半 ——— 将剖面线的间距减小一半
加倍 ——— 将剖面线的间距增加一倍
值 ——— 给剖面线的间距输入一个具体的值

6.6.3　创建一个偏距剖截面

【例 6-7】创建平面剖截面。

1)打开文件 cylinder. prt,得到如图 6-56
所示的零件。

2)选择下拉菜单"视图"|"视图管理器"
命令。

3)在弹出的对话框中单击"X 截面"标签,
在弹出的如图 6-49 所示的剖面操作界面中,单
击"新建"按钮,输入名称 sec_1,并按 Enter 键。

4)选择截面类型。在弹出的如图 6-57 所

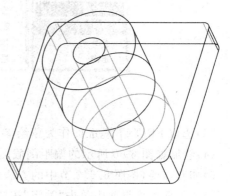

图 6-56 已有零件

示的菜单管理器中,选择默认的"平面"|"单一"命令,选择"完成"命令。

5)绘制偏距剖截面草图。

(1)定义草绘截面。在弹出的如图 6-58 所示的"设置草绘平面"菜单中,选择"新设置"|"平面"命令,选取 RIGHT 基准平面为草绘平面。

图 6-57　剖截面创建　　　　　图 6-58　设置草绘平面和设置平面

(2)在"方向"菜单中,选择"正向"命令。在"草绘视图"菜单中,选择"缺省"命令。选择草绘视图方向为"右",如图 6-59 所示。

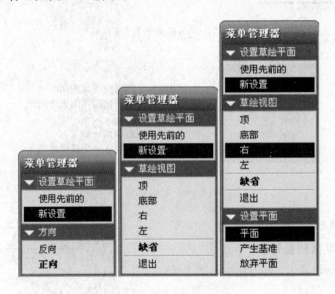

图 6-59　设置草绘视图特性

(3)选取 FRONT 基准面作为草绘参照。

(4)绘制如图 6-60 所示的偏距剖截面草图,完成后单击"完成"按钮。

6)如有需要,按照 6.6.2 节中的方法修改剖面线偏距。

7)在剖面操作界面中单击"关闭"按钮。结果如图 6-61 所示。文件保存副本为 section.prt。

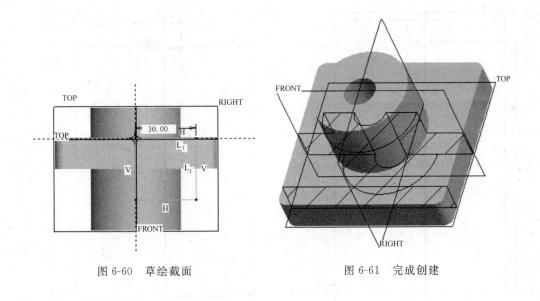

图 6-60　草绘截面　　　　　　　　　　图 6-61　完成创建

6.7　实　例

【例 6-8】运用高级特征工具，完成图 6-62 所示的瓶容器模型。

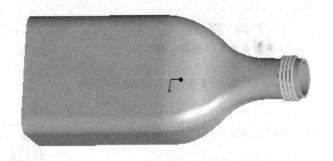

图 6-62　瓶容器实体模型

1. 建立可变截面扫描特征

在本例中可变截面的扫描特征的形状由两条自由曲线来控制，操作过程如下：

（1）新建零件文件，选择 FRONT 平面作为草绘平面，绘制草图，如图 6-63 所示，注意图中的分割点。完成截面绘制后，单击草绘工具栏上的【完成】按钮 ✔。

（2）类似地在 TOP 平面绘制如图 6-64 所示的草绘，注意图中的分割点。完成截面绘制后，单击草绘工具栏上的【完成】按钮 ✔。

（3）单击【可变截面扫描特征】按钮 ✍，或选择【插入】|【可变剖面扫描】命令，系统弹出操控板，在操控面板中选择【实体】类型按钮 ☐。

（4）选择轨迹曲线。首先必须选择原始轨迹，选择中心曲线，然后按住 Ctrl 键，选择草图 1 中的曲线和草图 2 中的曲线，此时模型如图 6-66 所示。

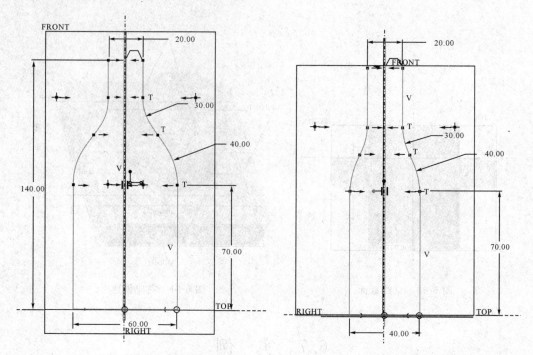

图 6-63　FRONT 平面草绘截面绘制　　　　图 6-64　TOP 平面草绘截面的绘制

图 6-65　【可变剖面扫描】操控面板

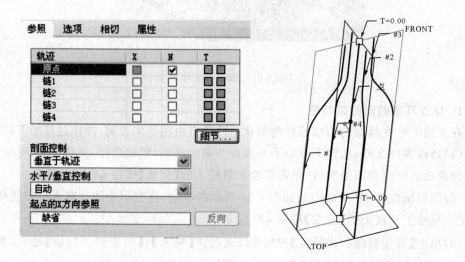

图 6-66　参照选项卡及模型

(5)绘制截面。在操控面板中单击【草绘】按钮 ，进入草绘环境，草绘平面自动以原始轨迹的起点作为中心点，创建如图 6-67 所示的图形作为可变截面扫描的截面，然后单击【完成】按钮，退出草绘环境。

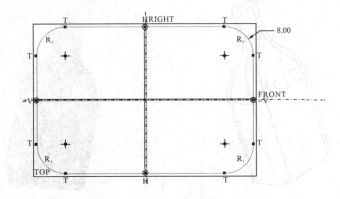

图 6-67　可变截面扫描的截面

(6)单击【完成】按钮 √，完成特征的创建，结果如图 6-68 所示。

2．建立壳特征

(1)单击特征工具栏中的【壳】特征按钮，打开壳特征操作面板。单击操作面板【参照】按钮，打开参照上滑面板。此时【移除的曲面】收集器处于激活状态。在绘图窗口中选择如图 6-70 所示的平面。在厚度值中输入 1.5。

图 6-68　瓶容器特征实体

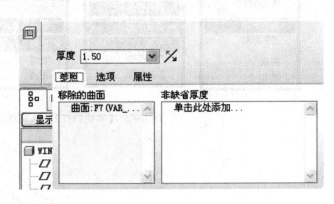

图 6-69　特征操作面板

(2)单击操作面板的【确定】按钮，建立壳特征，如图 6-71 所示。

3．建立螺旋扫描特征

(1)单击【插入】|【螺旋扫描】|【伸出项】，在菜单管理器中选择【常数】|【穿过轴】|【右手定则】命令，然后单击【完成】，选择 FRONT 面为绘图平面，选择【正向】|【缺省】命令，如图 6-72 所示。进入草绘模式。

(2)绘制如图 6-73 所示的螺旋扫描的轮廓，此图形标明螺纹的外形轮廓和高度，绘制时需要注意一定要有中心线。单击【完成】按钮 √，完成草图的绘制。

选择移除的面

1.00 D_THICK

图 6-70　特征实体　　　　　　　　　图 6-71　壳特征实体

图 6-72　【螺旋扫描】菜单管理器

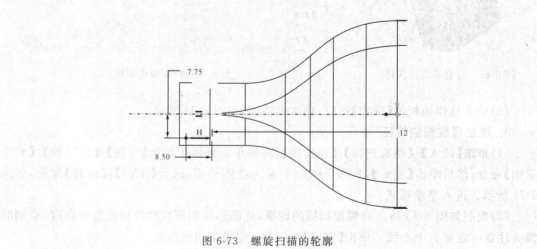

图 6-73　螺旋扫描的轮廓

（3）在系统的提示下，在信息栏输入螺旋节距值 2，按 Enter 键确认。如图 6-74 所示。

◆ 输入节距值 2.0000

图 6-74　螺旋节距输入框

（4）接着绘制螺纹的截面，如图 6-75 所示。单击【完成】按钮 ✓，完成草图的绘制。

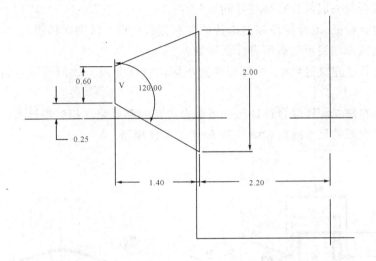

图 6-75　螺纹绘制截面

（5）单击【伸出项：螺旋扫描】对话框中的【预览】按钮，预览创建的螺纹，然后单击【确定】按钮，完成扫描混合特征的创建，效果如图 6-76 所示。

图 6-76　扫描混合特征实体

6.8　思考与练习

1. 拔模特征的枢轴有什么作用？

2. 绘制混合特征时要遵循哪些原则？

3. 创建旋转特征的规则有哪些？

4. 旋转混合与一般混合有哪些异同点？

5. 扫描混合特征、混合特征和扫描特征各有什么特点？区别在哪里？

6. 平面剖截面和偏距剖截面有什么区别？

7. 在混合特征建立过程中，如何切换到不同的特征截面？如何保证各特征截面的"边数"相同？

8. 为什么在建立旋转混合特征与一般混合特征时都要建立相对坐标系？

9. 根据工程图的尺寸绘制如图 6-77 所示的实体模型。

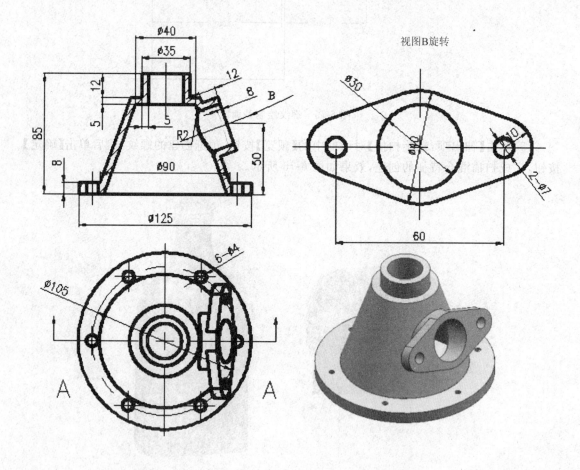

图 6-77　模型 1

10. 根据工程图的尺寸绘制如图 6-78 所示的实体模型。

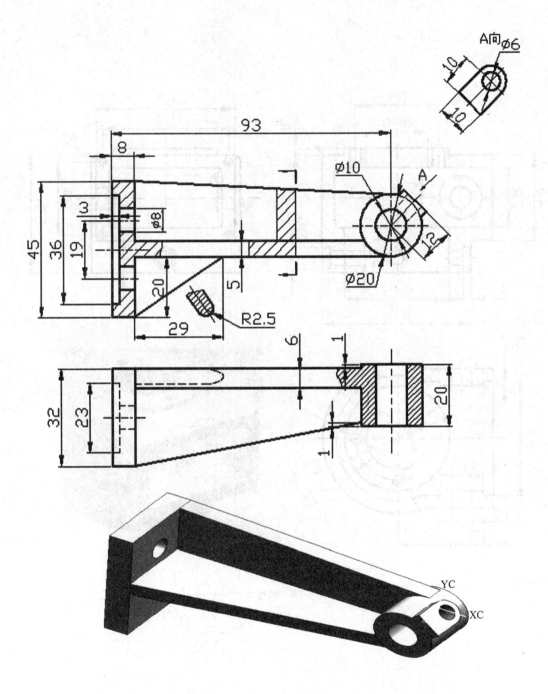

图 6-78　模型 2

11. 根据工程图的尺寸绘制如图 6-79 所示的实体模型。

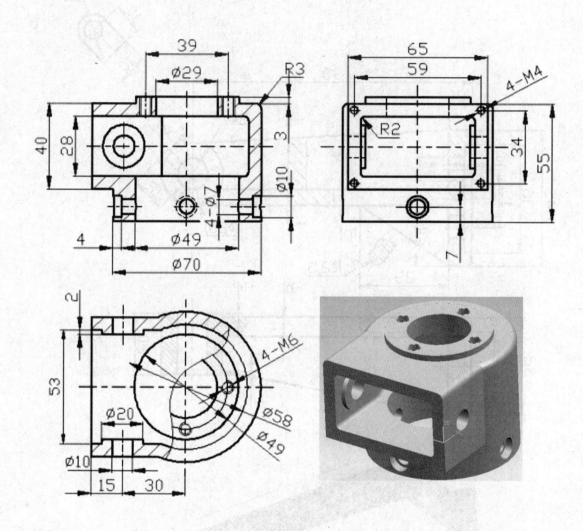

图 6-79　模型 3

第 7 章　编辑特征

学习单元:编辑特征	参考学时:7
学习目标	
◆理解父子关系 ◆掌握复制特征的操作方法 ◆理解特征隐含、删除及内插的观念和用法 ◆掌握阵列特征的操作方法 ◆掌握组的概念和操作方法	
学习内容	学习方法
★父子关系 ★编辑特征的定义 ★编辑特征的参照 ★复制特征 ★镜像特征 ★阵列特征 ★组的操作方法	◆理解概念,掌握方法 ◆熟记操作,勤于练习
考核与评价	教师评价 (提问、演示、练习)

7.1　特征父子关系

特征的创建是按顺序进行的,这就使特征之间有了父子关系。父子关系使变更变得复杂。因此在变更的时候必须考虑到特征之间的父子关系。

产生父子关系的来源共有以下几种:

● 草绘平面:创建一个特征时,需要绘制此特征的二维截面草图,在绘制草图的时候,需要选取一个平面,作为草图的绘图平面,那么这个草绘平面所属的特征即成为基本特征的父特征。

● 参照平面:创建基本特征时,须由现有零件选取一个参照平面,以确立草图绘制时的方向,则此参照平面所属的特征成为此基本特征的父特征。

● 尺寸标注参照:创建基本特征的时候,需要绘制此特征的草图,若草图的几何线条是利用某个已存在特征的点、线、面、坐标系等做位置尺寸的标注,或选取某个已存在特征的点、线、面、坐标系等来设置约束条件,则这些点、线、面或者坐标系成为已存在特征的子特征。

● 放置特征的平面或者参照面:当创建一个工程特征时,需要选取一个或者几个面来放置此特征，那么这些面就是这些特征的父特征。

● 放置特征的边或者参照边：当创建一个工程特征时，需要选取一个或者几个边来放置此特征，那么这些边就是这些特征的父特征。

● 放置特征的点或者参照点：当创建一个工程特征时，需要选取一个或者几个点来放置此特征，那么这些点就是这些特征的父特征。

● 设置基准特征约束条件的参照：基准平面、基准点、基准轴、曲线或者基准坐标系的设立须依赖若干已存在的参照来指定其约束条件，因此这些参照所属的特征即成为这些基准点、基准轴、基准平面、曲线或者基准坐标系的父特征。

打开下拉菜单"工具"|"模型播放器"，如图 7-1 所示，可以看到零件的创建过程。

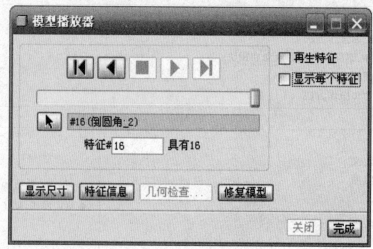

图 7-1　模型播放器

例如用"模型播放器"来查看一个实体特征的具体创建过程，如图 7-2 所示。

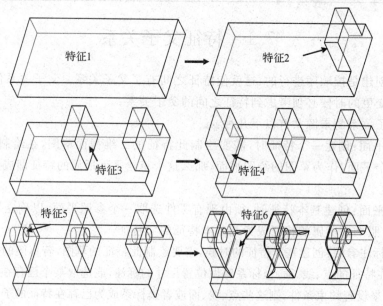

图 7-2　特征依次显示

可以单击"模型播放器"对话框中的"特征信息"来查看此特征的详细信息。如图 7-3 所示。

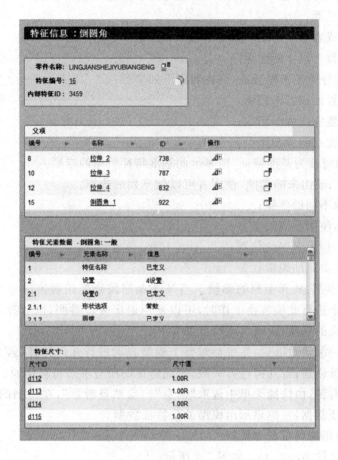

图 7-3　特征信息面板

7.2　编辑特征的参照

编辑特征参照的目的是选取新的草绘平面、新的参照平面、新的尺寸标注参照等来改变特征之间的父子关系,其操作步骤如下:

1)进入编辑特征参照的模式。

(1)在模型上点选特征,单击鼠标右键,然后选择"编辑参照";或单击菜单中的"编辑"|"参照"

(2)当删除一个特征时,若此特征有子特征,则子特征会以绿色显示在屏幕上,且出现"删除"对话框,在此对话框中按"选项"则出现"子项处理"对话框,在对话框里单击子特征,然后单击鼠标右键并选择"替换参照"。

2)信息窗口会出现如下"是否要反转此零件"的问题,询问用户是否要使零件回到做完所选的特征时的几何形状,若按"否"则零件的所有特征都会显现出来,若按"是"则所选特征的所有子特征将从屏幕上消失。一般点"否"即可。

3)所选特征的参照用"绿色"的线条凸显出来。

(1)若所选的特征为基本特征,则其所使用的参照将以下列顺序一一列出。

● 一个草绘平面;

● 一个铅直或者水平的定向参照平面;

● 一个或者数个尺寸标注参照。

(2)若所选的特征是工程特征,则将列出下列参照:

● 特征的放置面或者参照面;

● 特征的放置线或者参照线;

● 特征的放置点或者参照点。

(3)若所选的特征为基准特征,则显示此基准特征所用的参照。

4)对每一个凸显出来的参照,使用者可以做下列的选择。

● 替换:选取不同的参照;

● 相同参照:使用相同的参照;

● 参照信息:列出参照的信息;

● 完成:完成参照的编辑;

● 退出复位参照:放弃参照的编辑。当某个参照需要使用替换来进行替换,但却无法找到适当的参照来进行此项替换工作时,可以使用退出复位参照,以放弃编辑参照的动作,改为使用编辑定义的选项,重新定义特征的参照。

5)参照被一一编辑过以后,系统会对整个模型自动进行几何计算,若几何计算成功,则新的父子关系将被创建;若几何计算失败,则此特征的所有参照将被还原。

6)按住鼠标右键,由快捷菜单中选取"信息"|"参照查看器",在得到的对话框的右侧显示出模型的子特征数据,左侧显示出模型的父特征数据。

【例7-1】如何编辑特征的参照。

1)打开零件文件 solid0.prt,如图7-4所示。

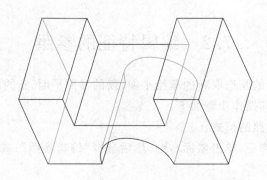

图7-4 已有零件

2)选取下拉菜单"工具"|"模型播放器",如图7-5所示。

3)点选第11个特征,单击鼠标右键,选取"编辑参照",如图7-6所示。

4)信息窗口提示"是否恢复模型",选择否,出现第三个窗口的参照,如图7-7所示。

图 7-5　模型播放器

图 7-6　右键菜单

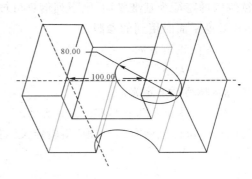

图 7-7　编辑参照

5）信息窗口提示"选取替代草绘"。在左侧导航选项区中选取"草绘 3"，此时第 11 个特征的参照面已经从实体的背面更换成实体的前面。如图 7-8 所示。文件保存副本为 solid00.prt

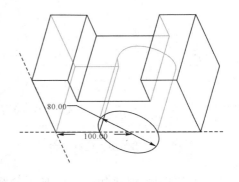

图 7-8　编辑参照后的结果

7.3　编辑特征的定义

　　编辑特征的定义是用来重新定义特征的创建方式,包括特征的几何信息、草绘平面、方向参照平面、二维截面等,其操作步骤如下：

　　1)在现有的模型上单击特征,单击鼠标右键,在快捷菜单中选取"编辑定义",或者单击下拉菜单"编辑"|"定义"。

　　2)编辑特征的定义方式随着特征种类的不同而有所差异。

　　(1)欲编辑的特征为基本特征,则下列资料可被重新编辑：

　● 特征的二维截面数据,包括草绘平面和方向参照平面的改变,二维截面的编辑等。

　● 特征的创建方向。

　● 加入材料或移除材料的方向。

　● 特征的深度。

　　(2)欲编辑的特征为工程特征,则特征的放置面、参考面、放置边、参考边、放置点、参考点可被重新编辑。例如圆孔的下列资料可被重新编辑：

　● 钻孔平面。

　● 圆孔的定位方式以及用到的参照。

　● 草绘孔的二维截面。

　　(3)欲编辑的特征为基准平面,则下列信息可被重新编辑。

　● 创建基准平面时用到的参照。

　● 基准平面的正负方向。

　● 基准平面的大小。

【例 7-2】编辑特征的定义。

　　1)打开零件文件 solid0.prt,如图 7-9 所示。

　　2)点选特征,单击鼠标右键,选取"编辑定义",如图 7-10 所示。

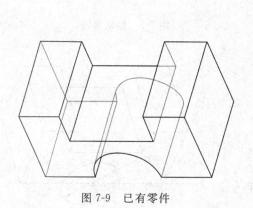

图 7-9　已有零件

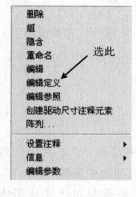

图 7-10　右键菜单

　　3)进入草绘环境,修改如图 7-11 所示的圆弧为如图 7-12 所示的矩形。

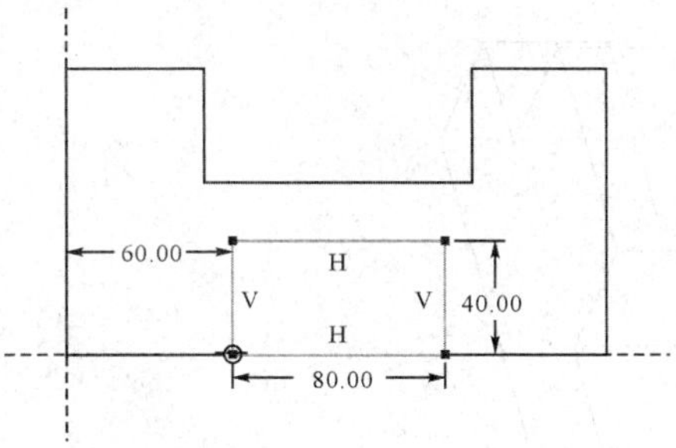

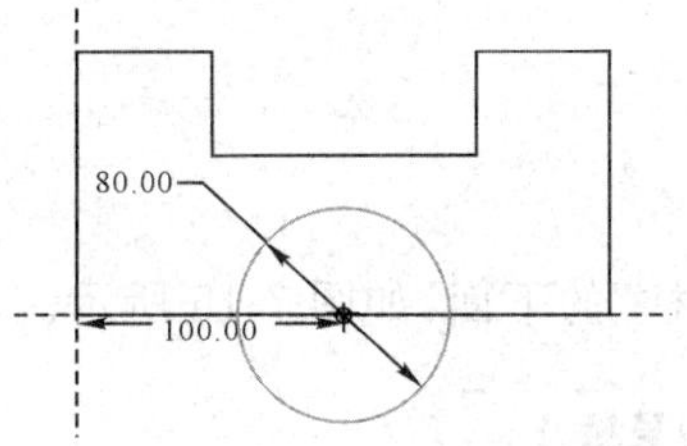

图 7-11 编辑前的草绘 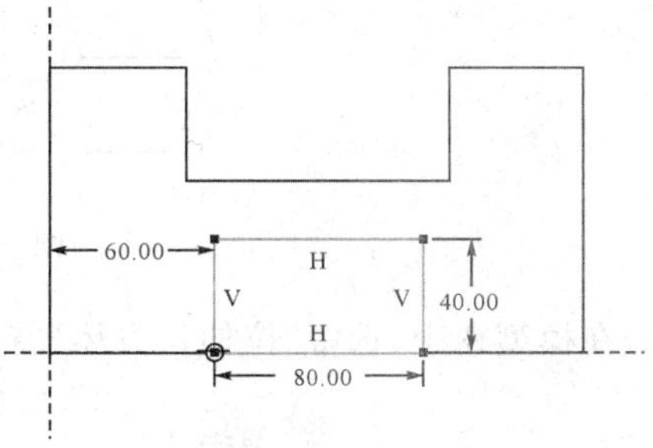   图 7-12 编辑后的草绘

4)退出草绘环境,得到如图 7-13 所示的零件。文件保存副本为 solid01.prt。

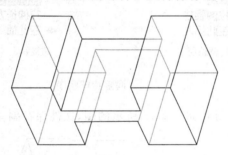

图 7-13 编辑定义后的结果

7.4 调整特征的顺序

可以通过调整特征的顺序来改变零件的形状,但是注意有父子关系的两个特征是不能调整顺序的,有下列两种方式:

● 方式一:直接在模型树中将某个特征拖到其他的位置,以改变特征的顺序。

● 方式二:按照下列流程来进行。

1)单击下拉菜单"编辑"|"特征操作"|"排序"。

2)选取欲调整顺序的特征,按"完成"完成特征的选取。

3)选"之前"、"之后"选项。

4)选特征号码。如果选"之前",则选取的特征调往此特征号码之前;如果选"之后",则选取的特征调往此特征号码之后。

【例 7-3】调整特征顺序。

1)打开零件文件 solid1.prt,如图 7-14 所示。

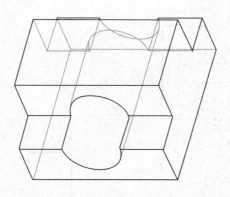

图 7-14　已有特征

2)在模型树中,选中"拉伸长方体"特征,拖到"拉伸圆柱"的下面,如图 7-15 所示。

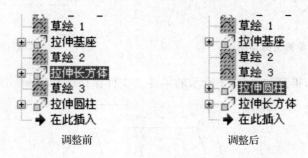

调整前　　　　　　　　　　　调整后

图 7-15　调整特征顺序

3)完成上述操作以后,得到如图 7-16 所示的图,文件保存副本为 solid10.prt。

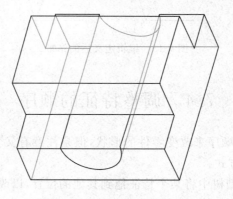

图 7-16　调整顺序后的效果

7.5　隐含特征

当一个特征与其后的特征与其他特征无关时,可以将此特征隐含,此特征将从屏幕上消失,且按 🔳 重新生成时,此特征将不会纳入几何运算。隐含的作用就是减少整个零件重新计算,产生新几何造型的时间。

在现有的模型上点选特征,按住鼠标右键,在快捷菜单中选取"隐含",如图 7-17 所示;或者单击下拉菜单"编辑"|"隐含"。如果要恢复被隐含的特征,单击"编辑"|"恢复"|"恢复上一个集",或者旋转"恢复全部"命令来恢复被隐含的特征。

也可以在模型树中选择被隐含的特征,单击鼠标右键,然后在快捷菜单中选择"恢复",如图 7-18 所示。

图 7-17　右键菜单

图 7-18　恢复特征

7.6　内插特征

在创建零件的过程,有时需要插入一个或者多个新的特征到零件的某一个位置,即内插特征。在模型树单击"在此插入",将其拖动到某个特征之后,此时其后的所有特征都被隐含,新加入的特征放在所选特征其后,加入完毕之后,在模型树单击"在此插入",将其拖动到模型树最末端即可。

【例 7-4】用内插特征实现如图 7-19 所示结果。

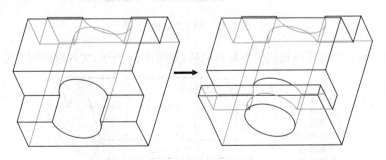

图 7-19　要实现的结果

1)打开零件文件 solid1.prt。如图 7-20 所示。

2)在"拉伸圆柱"特征前插入拉伸 1。

(1)将"在此插入"图标拖到"拉伸圆柱"特征前,此时"拉伸圆柱"特征被隐藏,如图 7-21 所示。

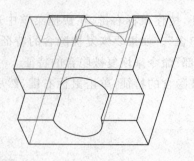

图 7-20　已有零件

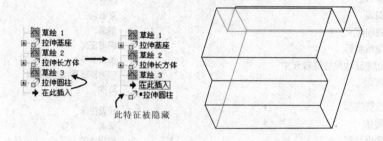

图 7-21　移动"在此插入"到某位置

（2）创建"拉伸 1"特征，如图 7-22 所示。

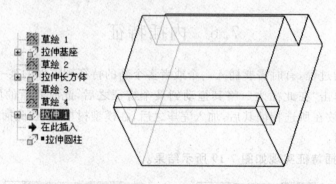

图 7-22　插入"拉伸 1"

3）将"在此插入"图标重新拖到模型树的最后，如图 7-23 所示，文件保存副本为 solid11.prt。

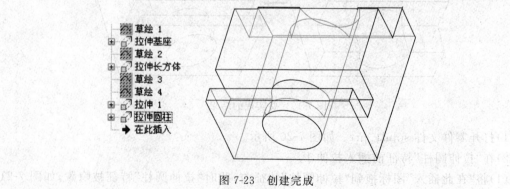

图 7-23　创建完成

7.7 复制特征

复制特征就是根据已有的特征创建一个或多个特征的副本。由复制产生的特征与原特征的外形、尺寸可以相同,也可以不同。复制特征除了可以从当前的模型中选择特征外,还可以从其他的模型中选择特征进行复制。

7.7.1 复制特征的基础与方法

复制特征包括镜像复制、平移复制和新参考复制等多种方式。

在 Pro/ENGINEER Wildfire 5.0 中,进行复制特征的一般步骤如下:

(1)在主菜单中选择【编辑】|【特征操作】命令,系统会弹出【特征】菜单管理器,如图 7-24 所示。

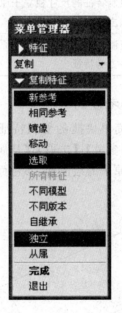

图 7-24 【特征】菜单管理器

(2)选择菜单管理器中的【复制】即打开【复制特征】菜单,然后可使用复制功能。

(3)按照提示操作即可完成复制特征操作。

【复制特征】菜单管理器分为三部分,分别是操作类型、特征来源和特征关系。

操作类型指出了操作的方法,共有四种方法可以选择,分别为新参考、相同参考、镜像和移动,如表格 7-1 所示。

表 7-1 操作类型

类　型	含　义
新参考	重新指定特征的绘图面、参考面、尺寸标注参照等相关项目
相同参考	不需要重新指定特征的绘图面、参考面、尺寸标注参照等相关项目
镜像	镜像特征,其镜像平面可分为基准面、实体平面等
移动	移动复制,包括平移和旋转两种

特征来源指出了复制特征的原型，如表 7-2 所示。

表 7-2　特征来源

来　源	含　　义
选取	从当前模型上选择一个或数个特征进行复制
所有特征	复制模型上的全部特征
不同模型	从其他模型上选择特征进行复制
不同版本	从同一模型但不同文件保存版本上选择特征进行复制

特征关系指出了复制特征和原特征的关系，如表 7-3 所示。

表 7-3　特征关系

关　系	含　　义
独立	复制特征的尺寸独立于原特征的尺寸，从不同模型或版本中复制的特征自动独立
从属	复制特征的尺寸从属于原特征的尺寸，当修改某一方的截面时，会同时更新另一方的特征

7.7.2　相同参考复制

相同参考是一种简单快捷的复制特征的方法。如图 7-25 右所示的模型，是在图 7-25 左的基础上采用【相同参考】|【选取】|【从属】命令的方法复制而成的，只改变 Dim 3（即只改变放置位置），而保持原来的绘图面、参考面、尺寸标注参照等。

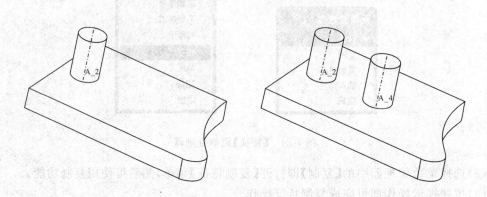

图 7-25　特征模型

【例 7-5】利用相同参考创建复制特征。

（1）如图 7-26 所示，在【复制特征】菜单中选择【相同参考】|【选取】|【独立】|【完成】命令，显示【选取特征】菜单；在绘图区选择所要复制的源特征；单击【完成】命令。

（2）系统提示选取组可变尺寸，选择 Dim 3，点击"完成"命令输入数值 3，如图 7-27 所示；单击【组元素】对话框中的【确定】按钮，即可完成平移复制的全部设置。

（3）选择【完成】命令，即可完成镜像复制操作。

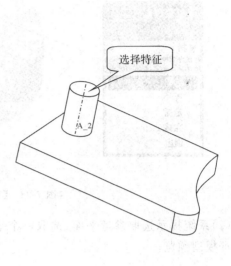

图 7-26 【选取特征】菜单

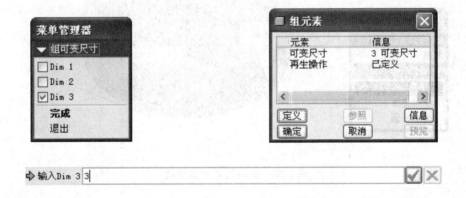

图 7-27 【组元素】对话框

7.7.3 镜像复制

镜像复制就是以一个平面（这个平面称为镜像中心平面）对称面创建源特征的一个
副本。

【例 7-6】镜像特征操作。

（1）首先打开文件\sample_1. prt，选择【编辑】|【特征操作】命令，打开【特征】菜单管理
器，选择【复制】选项，显示【复制特征】菜单，在该菜单中选择【镜像】|【选择】|【独立】|【完成】
命令。显示【选取特征】菜单，然后在绘图区选择所要复制的源特征，如图 7-28 所示，然后单
击【完成】命令。

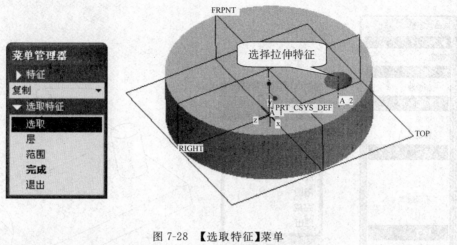

图 7-28　【选取特征】菜单

（2）系统提示选取参考平面，选取一个平面作为镜像平面，如图 7-29 所示，系统显示复制特征模型预览。

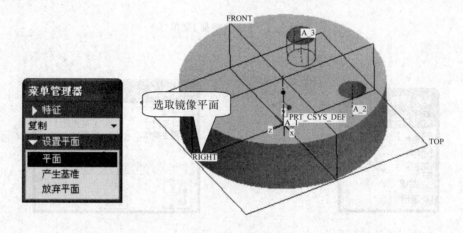

图 7-29　复制特征模型预览

（3）最后选择【完成】命令，即可完成镜像复制操作，结果如图 7-30 所示。

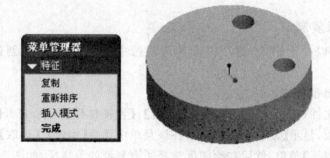

图 7-30　实体特征预览

7.7.4　移动复制

移动复制与镜像复制的操作方法相似,都是在【复制】菜单中选择相应的选项进行设置,移动复制又分为平移复制和旋转复制两种类型,其中旋转复制与平移复制的操作方法基本相同,这里只介绍平移复制工具的使用方法。

【例 7-7】移动特征操作。

(1)在【复制特征】菜单中选择【移动】|【选取】|【独立】|【完成】命令。显示【选取特征】菜单,然后在绘图区选择所要复制的源特征,如图 7-31 所示,然后单击【完成】命令。

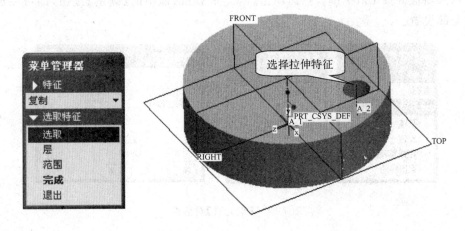

图 7-31　【选取特征】菜单

(2)系统提示选取参考平面,选取一个平面作为镜像平面,如图 7-32 所示,系统显示复制特征模型预览。

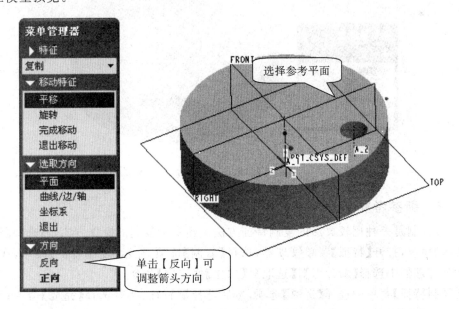

图 7-32　复制特征模型预览

(3)在系统提示下,输入偏移距离 100,如图 7-33 所示,然后按 Enter 键确认。

⇨ 输入偏距距离 100.0000|

图 7-33　偏移距离工具条

（4）如图 7-34 所示，在菜单管理器中依次选择【完成移动】|【完成】命令，系统会打开一个【组元素】对话框和【组可变尺寸】菜单。如果在移动复制的同时要改变特征的某个尺寸，可以在工作区中选择该尺寸或在【组可变尺寸】菜单的相应尺寸前选中标记，然后在下方信息区中输入新值并按 Enter 键。然后单击【组元素】对话框中的【确定】按钮，即可完成平移复制的全部设置。

图 7-34　【组元素】对话框

（5）选择【完成】命令，即可完成镜像复制操作，结果如图 7-35 所示。

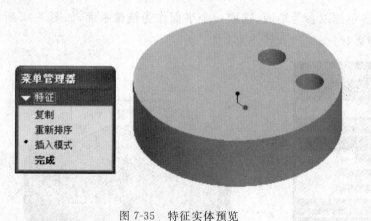

图 7-35　特征实体预览

7.7.5　新参考复制

新参考复制是一种比较灵活的复制特征方法。新参考复制的操作方法是：选择【编辑】|【特征操作】命令，打开【特征】菜单管理器；选择【复制】选项，显示【复制特征】菜单，在【复制特征】菜单管理器中选择【新参考】|【选取】|【独立】|【完成】命令。

在【复制特征】菜单中选择【选取】选项，然后选择源特征，接着选择【完成】命令；系统会打开【组元素】对话框和【组可变尺寸】菜单；设置完成后，打开【参考】菜单，如图 7-36 所示，然后进行相应的操作。

图 7-36 【组元素】对话框和【组可变尺寸】菜单

【参考】菜单中可选用以下命令:

* 替换:使用新的参照替换原来的参照。

* 相同:新特征的参照与原特征的参照相同。

* 跳过:跳过当前参照,以后可重定义参照。

* 参照信息:提供参照的信息。

7.8 镜像特征

镜像特征的功能类似于复制特征中的镜像,它也是以参照面或对称中心为参照,复制出原对象的一个副本。

镜像后的两部分实体之间具有关联关系:若改变镜像操作的源对象,镜像生成的对象也会发生相应的改变。但镜像后特征零件之间的关联性,仅针对对源特征进行编辑或编辑定义等操作而言,对于给零件添加新的特征,镜像后的副本并不进行相应的改变(例如对源特征进行倒圆角操作,镜像特征并不改变)。

除了实例特征,镜像工具允许复制镜像平面周围的曲面、曲线、阵列和基准特征。

要启动镜像特征操作面板,需先在模型树中或者绘图区内选取需要镜像的特征,然后在主菜单中选择【编辑】|【镜像】命令(或在右侧特征工具栏中单击【镜像工具】按钮），即可打开镜像特征操控面板。镜像特征操控面板如图 7-37 所示。

图 7-37 镜像特征操控面板

镜像特征的方法有两种:

(1)所有特征:此方法可复制特征并创建包含模型所有特征几何的合并特征,如图 7-38所示。要使用此方法,必须在模型树中选取所有特征和零件节点。

(2)选定的特征:此方法仅复制选定的特征,如图 7-39 所示。

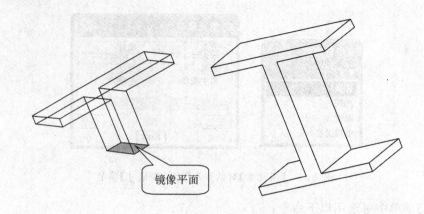

图 7-38　特征几何的合并特征

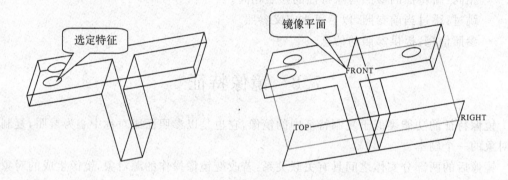

图 7-39　复制选定的特征

【例 7-8】镜像特征的操作。

下面以一个孔的镜像复制为例,介绍镜像特征的一般操作流程。本实例的任务是通过实体模型上一个已有的孔特征,镜像生成另外 3 个孔特征。

(1)打开零件,如图 7-40 所示。

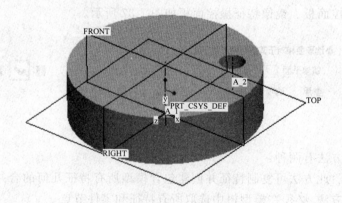

图 7-40　零件原始模型

(2)在绘图区选中孔,或者在模型树中选中相应的特征,单击工具栏上的【镜像】按钮,启动镜像特征操控面板,选择 FRONT 基准面作为镜像平面,如图 7-41 所示。

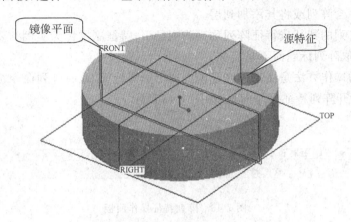

图 7-41   选择镜像平面

(3)单击鼠标中键或操作面板中的按钮,完成镜像特征的操作。结果如图 7-42 所示。

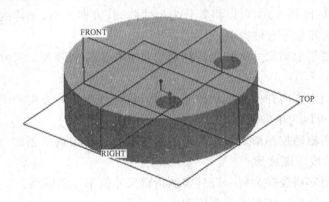

图 7-42   镜像特征模型

(4)【缩放模型】命令可以按照指定的比例对整个模型进行缩放操作。选择【编辑】|【缩放模型】命令,然后在信息区中输入缩放比例,单击 ✓ 按钮或按回车键出现一个【确认】对话框,单击【是】按钮即可完成模型的缩放。

7.9   阵列特征

阵列特征实际上是一种特殊形式的复制特征,它可以按照规定的分布形式创建多个特征副本。当按照一定规律重复造型且数量较多时,使用阵列特征是最佳的选择。

阵列有如下优点:

(1)创建阵列是重新生成特征的快捷方式;

(2)阵列是由参数控制的,因此改变阵列参数,比如实例数、实例之间的间距和原始特征尺寸,即可修改阵列;

(3)修改阵列比分别修改特征更为有效。如改变原始特征尺寸,Pro/ENGINEER 会自动更新整个阵列;

（4）对包含在一个阵列中的多个特征同时执行操作，比操作单独特征更为方便和高效。例如可方便地隐含阵列或将其添加到层。

选定用于阵列的特征或特征阵列称为阵列导引，特征副本称为实例。要复制、镜像和移动阵列，必须选取阵列标题而不是实例。

阵列特征的操作方法是在工作区或模型树上选择特征，此时阵列命令被激活，单击该命令按钮▦后，打开阵列特征操作面板，如图7-43所示。

图7-43　阵列特征操作面板

7.9.1　阵列特征的分类和方法

1. 阵列特征的分类

按照阵列特征的阵列方式，可以将其分为尺寸阵列、方向阵列、轴阵列、表阵列、参照阵列、填充阵列和曲线阵列等七种类型。

● 尺寸：通过使用驱动尺寸并指定阵列的增量变化来控制阵列。尺寸阵列可以为单向或双向。

● 方向：通过指定方向并使用拖动控制滑块设置阵列增长的方向和增量来创建自由形式阵列。方向阵列可以为单向或双向。

● 轴：通过使用拖动控制滑块设置阵列的角增量和径向增量来创建自由形式的径向阵列，也可将阵列拖动成为螺旋形。

● 表：通过使用阵列表并为每一阵列实例指定尺寸值来控制阵列。

● 参照：通过参照另一阵列来控制阵列。

● 填充：通过根据选定栅格用实例填充区域来控制阵列。

● 曲线：通过指定沿着曲线的阵列成员间的距离或阵列成员的数目来控制阵列。

其中，尺寸阵列支持矩形和圆周两种阵列方式，是最常用的一种阵列类型。

2. 阵列特征的生成方法

阵列特征有三种生成方法，分别是相同、可变和一般，如图7-44所示。

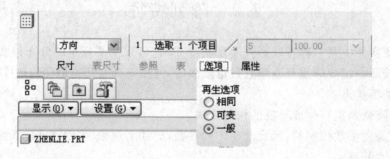

图7-44　阵列特征选项操作面板

（1）相同阵列

最简单的阵列就是相同阵列，且相同阵列再生最快。对于相同阵列，系统生成第一个特征，然后完全复制包括所有交截在内的特征，如图 7-45 所示。

相同阵列有如下限制条件：所有实例大小相同，所有实例放置在同一曲面上，没有与放置曲面边、任何其他实例边或放置曲面以外任何特征的边相交的实例。

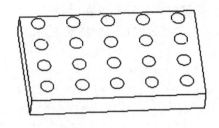

图 7-45　复制所有特征

（2）变化阵列

变化阵列比相同阵列要复杂得多。系统对变化阵列做如下假设：实例大小可变化，实例可放置在不同曲面上，没有实例与其他实例相交。

对于变化阵列，Pro/E 分别为每个特征生成几何，然后一次生成所有交截。

（3）一般阵列

一般阵列允许创建极复杂的阵列。

系统对一般特征的实例不做假设。因此 Pro/ENGINEER 会计算每个单独实例的几何，并分别对每个特征求交。

3. 删除阵列

删除阵列是指删除阵列特征产生的特征群，原特征（即阵列导引）会保留下来，而【删除】命令会删除原特征和阵列特征产生的所有特征。

选中模型树中的阵列特征，单击鼠标右键，即可在弹出的快捷菜单中选择【删除】或【删除阵列】命令，如图 7-46 所示。

7.9.2　尺寸阵列

尺寸阵列是通过选择特征的定位尺寸来决定阵列方向和阵列参数的一种阵列类型，是最为常用的一种阵列。

尺寸阵列可以是单向阵列，如孔的线性阵列，也可以是双向阵列，如孔的矩形阵列（即双向阵列将实体放置在行和列中）；根据所选的尺寸，尺寸阵列可以是线性的或角度的；尺寸阵列还支持矩形和圆周两种常用阵列方法。

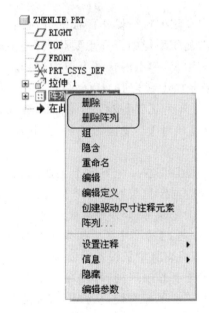

图 7-46　【删除】或【删除阵列】命令

创建尺寸阵列时，应该选取特征尺寸，并指定这些尺寸的增量变化以及阵列中的特征实体数。

1. 矩形阵列

矩形阵列通过选择特征的定义尺寸来决定尺寸阵列的方向和阵列参数，因此尺寸形式的阵列操作的对象必须有清晰的定位尺寸。矩形阵列实际是在一个或两个方向（即单向或双向）复制生成特征的过程，如图 7-47 所示，就是利用圆柱的定位尺寸作为阵列方向，生成与这两个尺寸方向相同的特征阵列。

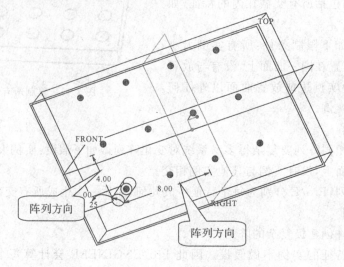

图 7-47　矩形阵列特征

启动阵列特征操作面板的方法：在工作区中或左侧模型树中选择想要阵列的特征，单击鼠标右键，从弹出的快捷菜单中选择【阵列】命令；或选中想要阵列的特征，单击右侧特征工具栏上的【阵列工具】按钮 ，然后，在操作面板上打开【尺寸】上滑面板选择尺寸类型，如图7-48所示。

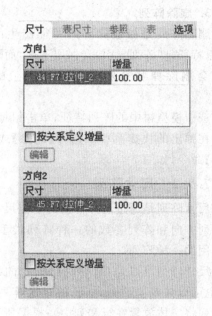

如果只需在一个方向上生成阵列，则只要选择相应的定位尺寸作为阵列方向，并在编辑区指定增量即可；如果要生成双向阵列，则还需激活【方向 2】的尺寸区。如果希望特征阵列方向相反，可以将增量输入为负值。

若需要修改阵列，可以在模型树上选择该特征并单击鼠标右键，从弹出的快捷菜单中选择【编辑】命令，就可以进入阵列编辑环境，修改相关阵列参数；在上侧工具栏中单击【再生模型】按钮 ，或在主菜单中选择【编辑】|【再生】命令，即看到修改后的阵列。

图 7-48　【尺寸】上滑面板

2．圆周阵列

圆周阵列也属于尺寸阵列，不过这种阵列方式需要阵列导引具有一个圆周方向的角度定位尺寸。

下面介绍圆周阵列特征工具的使用方法和创建过程。

（1）新建一个零件文件，建立如图 7-49 所示的拉伸特征。

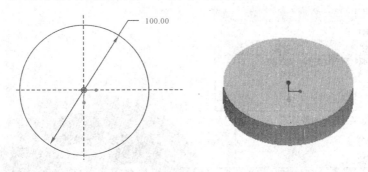

图 7-49　拉伸特征操控面板

（2）利用【孔】工具，以实体的上表面为参照，并设置【径向】形式，选取 FRONT 面和实体的轴线作为参照，设置相应参数，建立孔特征，如图 7-50 所示。

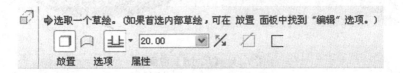

图 7-50　孔特征操控面板

（3）指定圆周阵列特征及定位尺寸：在模型树中选择孔特征，或者在绘图区单击需要阵列的孔；单击【阵列工具】按钮，打开【阵列】操控面板；选择【尺寸】下拉列表项，并在绘图区选取定位尺寸，如图 7-51 所示。

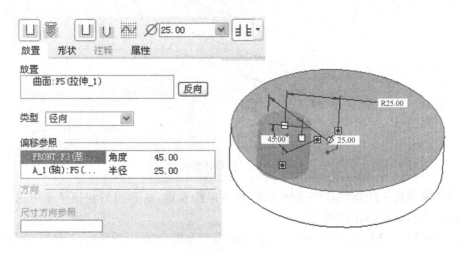

图 7-51　【阵列】操控面板

（4）设置圆周阵列参数：在绘图区选取阵列角度尺寸，并在【尺寸】上滑面板中将其修改为合适的阵列尺寸，接着在操控面板中输入阵列数目；最后单击 ✓ 按钮，即可完成圆周阵列特征的创建，如图 7-52 所示。

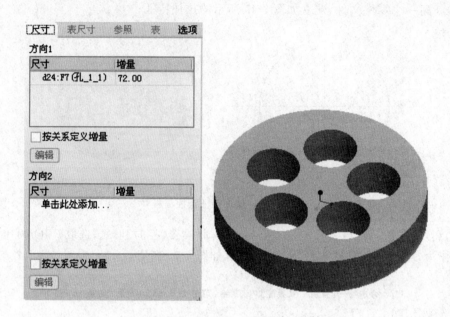

图 7-52　【尺寸】上滑面板

【例 7-9】尺寸变化阵列的操作。

"尺寸变化阵列"不仅可以阵列特征得到相同尺寸的特征，也可以得到不同尺寸的特征。

(1)新建零件文件，建立拉伸特征，如图 7-53 所示。

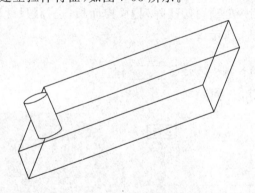

图 7-53　拉伸特征实体

　　(2)在模型树上选择圆柱的拉伸特征，单击鼠标右键，从弹出的快捷菜单中选择【阵列】命令，启动阵列特征操作面板。

　　(3)打开【尺寸】上滑面板，在工作区选取第一方向的第一个导引尺寸 7.00，输入增量 −6；然后按住 Ctrl 键，选取第一方向的第二个导引尺寸 3.75（即圆柱的高度），输入增量 3，如图 7-54 所示。

　　(4)激活【方向 2】尺寸收集器，用同样的方法，在工作区选取第二方向的第一个导引尺寸 7.00，输入增量 −6。然后按住 Ctrl 键，选取第二方向的第二个导引尺寸 2.50（即圆柱的直径），输入增量 1。

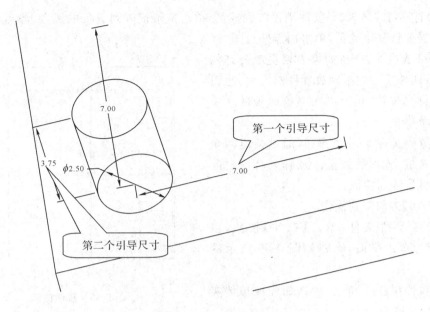

图 7-54 【尺寸】上滑面板

(5)在操作面板中给出第一方向和第二方向的实例个数,均为 3;设置完成后,单击操作面板中的按钮 ☑ 完成操作,如图 7-55 所示。

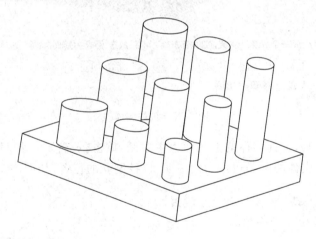

图 7-55 特征实体

7.9.3 方向阵列

方向阵列就是在一个或两个选定方向上添加阵列成员。在方向阵列中,可拖动每个方向的放置手柄来调整阵列成员之间的距离或反向阵列方向。

创建或定义方向阵列时,可更改的项目如下:

● 每个方向上的间距:拖动每个放置手柄以调整间距,或在【阵列】操控面板的文本框中输入增量。

● 各个方向中的阵列成员:在操控面板文本框中键入成员数,或通过在图形窗口中双击进行编辑。

● 取消阵列成员：如果要取消该阵列成员，单击指示该阵列成员的黑点，黑点将变成白色。如果需要恢复该成员，单击白点即可。

● 阵列成员的方向：如果需要更改阵列的方向，可以向相反方向拖动放置控制滑块，也可以单击【反向】按钮，还可以在操控面板的文本框中输入负增量。

方向阵列类似于尺寸阵列，通过指定两个方向的增量值、阵列的数量以及阵列特征之间的距离来设置阵列特征。

【例 7-10】方向阵列操作。

（1）新建零件文件，单击【拉伸】按钮，以TOP 面作为草绘平面，绘制如图 7-56 所示的拉伸截面。

输入拉伸深度后，单击 ✔ 按钮完成拉伸实体，如图 7-57 所示。

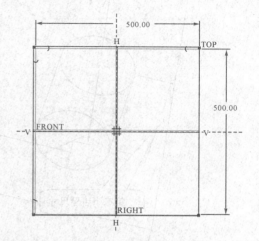

图 7-56　拉伸截面

图 7-57　拉伸实体

（2）单击【孔】工具；选择实体的上表面为主参照，单击【放置】下滑面板中的【偏移参照】区域，在绘图区选择实体的两条边作为次参照，以控制孔的位置，如图 7-58 所示。

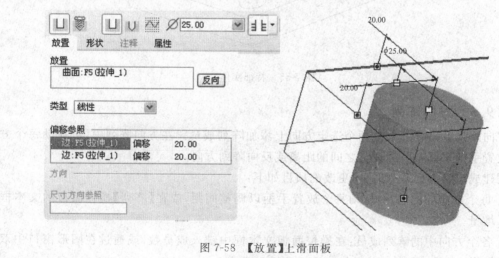

图 7-58　【放置】上滑面板

在操控面板中设置孔的直径,并将孔的形式设置成【穿透】的形式,然后单击☑按钮创建出孔特征,如图 7-59 所示。

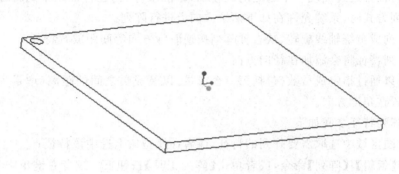

图 7-59　孔特征实体

(3)单击激活第一个方向参照,然后选择实体的一条边,设置在此参照面上的阵列数量和距离;接着激活第二个参照方向,然后另一条边,设置在此参照面上的阵列数量和距离,如图 7-60 所示。

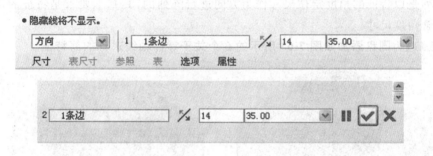

图 7-60　阵列特征操作面板

(4)最后单击☑按钮,完成阵列操作(如图 7-61 所示),即可创建出如图 7-62 所示散热板的效果。

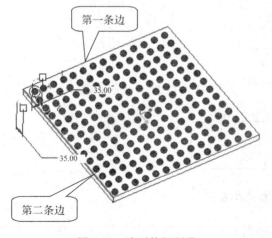

图 7-61　阵列特征预览

图 7-62　阵列特征实体

7.9.4 轴阵列

轴阵列特征是通过围绕一个选定的旋转轴(基准轴等)创建特征副本的特殊阵列方式，使用这种阵列方式时，系统允许在如下两个方向上进行阵列。

角度：阵列成员绕轴线旋转、缺省轴阵列按逆时针方向等间距放置特征。

径向：阵列特征将会添加在径向方向。

其中，可以通过指定成员数(包括第一个成员)以及成员之间的距离(增量)两种方法将阵列特征放置在角度方向。

创建轴阵列特征步骤如下：

(1)在绘图区域中选取需要阵列的特征，或者在模型树上选中该特征；

(2)选择【编辑】|【阵列】命令，或者单击【阵列工具】按钮▣，或者右键单击特征再从快捷菜单中选择【阵列】选项，打开【阵列特征】操控面板；

(3)在【阵列特征】操控面板的下拉列表中选择【轴】选项，并在绘图区中选择已存在的轴线作为参照；在操控面板上修改阵列特征之间的角度值与阵列数量；

(4)单击鼠标中键，或者单击 ✓ 按钮完成阵列操作。

轴阵列是以特征的角度定位尺寸作为方向进行阵列的，其基本要求是特征的定位尺寸中必须包含角度尺寸。

【例7-11】为圆盘添加如图7-63所示的**6个关于零件轴线对称的筋特征**。

图7-63　特征实体

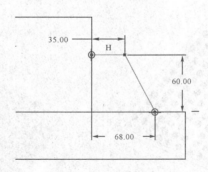

图7-64　草绘界面

(1)打开\sample_2.prt文件绘制轮廓筋，如图7-64所示，筋厚度为15，然后在工作区中选择轮面上的孔，单击右侧特征工具栏上的【阵列工具】按钮▣，打开阵列特征操作面板，将阵列类型设置为【轴】。

（2）在工作区选取模型的基准轴 A_2，在操作面板中将角度增量修改为 60，将阵列实例数设置为 6，如图 7-65 所示。

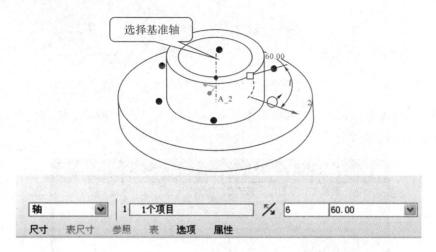

图 7-65　阵列特征操作面板

（3）设置完成后，单击鼠标中键或操作面板中的按钮 ☑，即可完成阵列特征的操作，如图 7-66 所示。

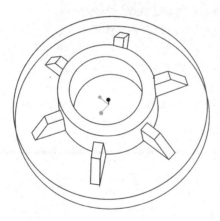

图 7-66　特征实体

7.9.5　表阵列

表阵列采用表格的形式来设定阵列特征的空间位置和本身尺寸，它通过一个可编辑表，为阵列的每个实例指定唯一的尺寸，可创建特征或组的复杂或不规则阵列。在创建阵列之后，可随时修改阵列表，隐含或删除表驱动阵列的同时也将隐含或删除该阵列导引。

【例 7-12】表阵列的操作。

下面介绍表阵列的一般操作方法。

（1）打开文件后，在模型树上选择圆柱的拉伸特征，单击鼠标右键，从弹出的快捷菜单中选择【阵列】命令，启动阵列特征操作面板。

（2）在阵列特征操作面板中，设置阵列类型为【表】，按住 Ctrl 键在工作区中选择两个定位尺寸以及高度尺寸，单击【编辑】按钮，打开【Pro/TABLE】窗口，如图 7-67 所示。

图 7-67　阵列特征操作面板

（3）在打开的【Pro/TABLE】窗口中输入实例参数（每一行代表一个实例），如图 7-68 所示（也可导入先前保存的阵列表）。

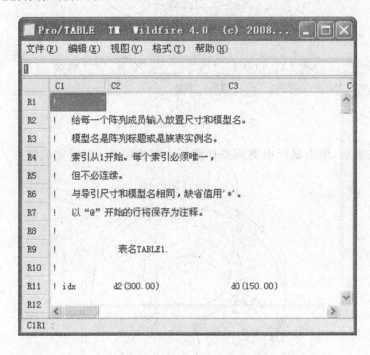

图 7-68　【Pro/TABLE】窗口

（4）编辑完成后，关闭【Pro/TABLE】窗口，在阵列特征操作面板中单击 ☑ 按钮完成操作，结果如图 7-69 所示。

7.9.6　参照阵列

参照特征是借助已有阵列实现新特征的方法，可以使一个特征阵列复制在其他阵列特征上面，其操作对象必须是已有阵列的阵列导引，且实例之间具有定位的尺寸关系。

定位新参照阵列特征的参照，只能是对初始阵列特征的参照。实例号总是与初始阵列相同，因此阵列参数不用于控制新参照阵列。若

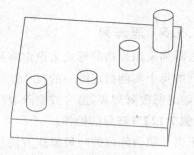

图 7-69　阵列特征实体

增加的特征不使用初始阵列的特征来获得其几何参照,则不能对新特征使用参照阵列。如图 7-70左所示的模型,该特征阵列的阵列导引上有倒角特征,选择此倒角特征后利用右键的快捷菜单执行【阵列】命令,会立即产生参照阵列的复制。

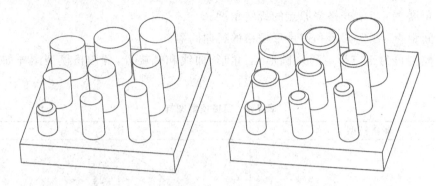

图 7-70　模型实体

使用参照阵列,会在两个特征之间形成父子关系,改变被参照的父项阵列会导致参照子项阵列的变化。在上例中,在工作区双击阵列导引的拉伸特征,进入该特征的编辑状态;然后将拉伸特征,高度更改为 6,半径更改为 3.5;完成后执行【编辑】|【再生】命令,可以看到拉伸特征和倒圆角特征同时发生变化,如图 7-71 所示。

当对与孔、圆台等关联的倒角、倒圆角等工程特征执行阵列操作时,如果孔或者圆台已经存在阵列,将直接生成参照阵列,而不会出现阵列特征操作面板。

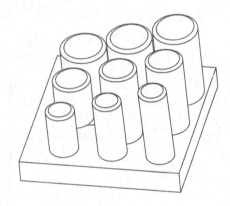

图 7-71　改变后的模型实体

7.9.7　填充阵列

填充阵列是在指定的物体表面或者部分表面区域生成均匀的阵列。使用这种阵列方式,可以以栅格定位的特征实例来填充整个区域。填充阵列有多种分布形式,可从几个栅格模板中选取一个模板(如正方形、菱形、圆形、三角形),并指定栅格参数(如阵列成员中心距、圆形和螺旋形栅格的径向间距、阵列成员中心与区域边界间的最小间距以及栅格围绕其原点的旋转等)。

操作的方法是以特征中心为一栅格,设置栅格并填满整个区域,最后将需要阵列的特征放置于规划好的栅格上即可。填充阵列的操作面板如图 7-72 所示。

图 7-72　填充阵列的操作面板

操作面板中栅格参数的设置主要有如下几方面：

间距 ⊞ :指定阵列成员间的间距值。

最小距离 ⊞ :指定阵列成员中心与草绘边界间的最小距离。

旋转角度 ⊿ :指定栅格绕原点的旋转角度。

径向间距 ↗ :指定圆形和螺旋形栅格的径向间隔。

栅格模型可为正方形、菱形、圆形、三角形、曲线和螺旋等，各栅格模型图样如表格 7-4 所示。

表 7-4　栅格模型图样

栅格模型	图　　样
正方形	
菱形	
圆形	

栅格模型	图　样
三角形	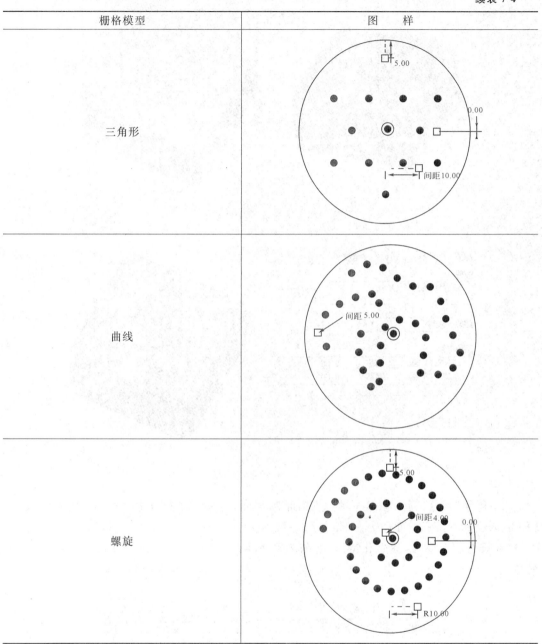
曲线	
螺旋	

填充阵列的操作：

填充阵列一般用于工程领域的修饰性图形，例如绘制暗纹、防滑纹和均匀分布的小孔等。

【例 7-13】填充阵列的操作。

(1)打开 Sample_3.prt 文件，如图 7-73 左所示。本例的任务是在该模型上创建一个孔的三角均布填充阵列。

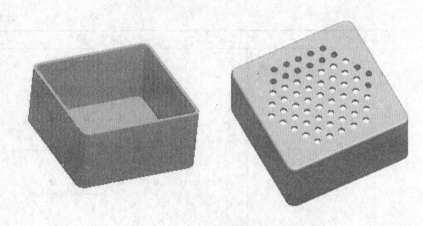

图 7-73　填充阵列实体模型

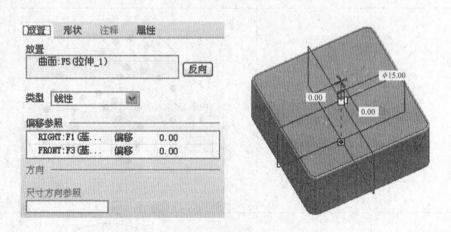

图 7-74　放置下滑面板

（2）利用【孔】工具，以实体的上表面为参照，并设置【径向】形式，选取实体表面、FRONT 面和 RIGHT 面作为参照，如图 7-74 所示。

（3）设置相应参数，建立孔特征，如图 7-75 所示。

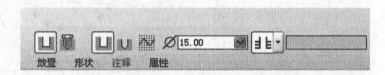

图 7-75　孔特征操控面板

（4）在阵列特征操作面板中将阵列类型设置为【填充】；单击【参照】按钮，在其上滑面板中单击【定义】按钮，打开【草绘】对话框；在工作区中选取圆盘的上表面作为草绘平面，进入草绘环境；在草绘环境中，使用【圆】工具，在中心位置绘制圆形草图（此截面即填充阵列特征的填充区域），如图 7-76 所示；单击 ✓ 按钮退出草绘环境。

由于已设定阵列的填充区域，系统会显示缺省的预览效果，如图 7-77 所示。

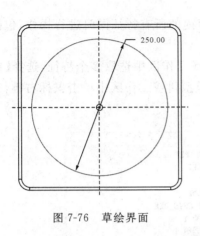

图 7-76　草绘界面

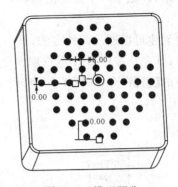

图 7-77　模型预览

(5)在操作面板中设置栅格模型为【三角形】,间距为 30,其他设置接受系统默认的设置,如图 7-78 所示。

图 7-78　阵列操作面板

(6)设置完成后,单击鼠标中键或在操作面板中单击 ☑ 按钮完成操作,结果如图 7-79 所示。

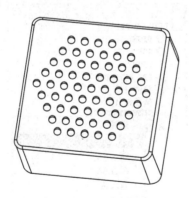

图 7-79　模型实体

7.10　组

　　Pro/ENGINEER 不能直接阵列多特征,但间接地提供了一种多特征的阵列方法,即先组合特征,然后再阵列。例如上例中就需要先把圆柱拉伸及其倒圆角创建一个组,然后才能执行阵列,不然就会出错。

　　使用组可以同时阵列多个特征,组功能中的局部组可以从模型中挑选出某几个特征集合成一个组，并赋予一个特定的名称，之后可对该组内的所有特征同时进行操作，包括复制和阵列。

组的创建可以通过两种方法，其一是在模型树或工作区中选取多个特征，选择【编辑】|【组】命令；其二是按住 Ctrl 键选取多个特征后，在模型树或工作区中单击鼠标右键，选择快捷菜单中的【组】命令，如图 7-80 所示。

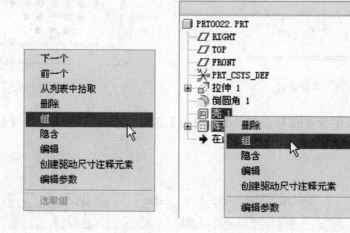

图 7-80　模型树

分解组的主要作用将已形成组的多个特征分开还原。操作方法是：在模型树上选中组选项并单击鼠标右键，从弹出的快捷菜单中选择【分解组】命令，如图 7-81 所示。

图 7-81　【分解组】命令

创建组时，系统会自动为组添加一个组名，如组 LOCAL_GROUP 等。在模型树上选中组选项并单击鼠标右键，从弹出的快捷菜单中选择【重命名】命令，或者直接双击组选项，可以修改组的名称。

使用组和阵列时要注意下列规则：

（1）如果组特征参照一个阵列，则可以创建参照该基础阵列的组阵列（即组参照阵列）。

（2）如果阵列化的组被取消阵列，则每个组成员的行为都像一组复制特征。对于尺寸阵列，不变尺寸又变为可变尺寸并可对其进行分别修改。其他的尺寸仍由组共享，除非取消归组并用【使独立】选项使它们可独立修改。可以删除单个组来创建一个不规则阵列形状的设置。

（3）不能对阵列化的组进行取消组操作。首先必须对组取消阵列，然后才可以对它们取消归组。取消阵列特征和取消归组特征的过程中，不会自动赋予它们各自的尺寸。为组和阵列所选的原始父尺寸仍控制着所有的特征，要使得它们可独立修改，须使用【使独立】选项。

（4）不能阵列化一个属于组阵列的特征。工作区是将组成员数目修改为 1，阵列化特征，然后再次阵列化该组。

（5）如果在组阵列中重定义特征，系统将重新创建阵列并为阵列实例分配新的标识。原始阵列成员的子项将会因失去参照而失败。

（6）当替换一个阵列化的组时，该阵列就变为非活动状态。

7.11　实　例

【例 7-14】创建阀体实体模型。

创建如图 7-82 所示的阀体的实体模型，阀体模型大体上由底板及其上的腔体组成，腔体上连有进出导管。

思路：先利用旋转特征创建阀体的基本外形特征，然后创建阀体的腔体，最后创建螺纹并添加倒角和倒圆角。在制作中主要使用【拉伸】特征、【旋转】特征、【孔】特征和【倒角】特征等工具完成模型的创建。

1．新建文件

在工具栏上单击【新建】按钮，新建一个"零件模式"文件，文件名为\Section_1.prt，取消选中【使用默认模板】复选框，将【模板】选择为mmns_part_solid。

图 7-82　阀体的实体模型

2．创建旋转实体

（1）单击工具栏上的【旋转】工具按钮 ，打开【旋转】特征操作面板；选取FRONT 基准平面为草绘平面，RIGHT基准平面为参照，方向为右；单击【草绘】按钮，进入草绘环境，并绘制如图 7-83 所示的旋转截面。

（2）单击草绘工具栏上的按钮 ，完成草绘截面的绘制。

（3）在"旋转"操作面板中，将旋转角度设置为 360°，默认其他设置，单击 按钮完成旋转特征的创建，如图 7-84 所示。

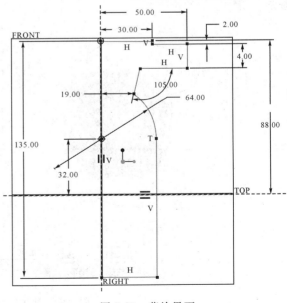

图 7-83　草绘界面

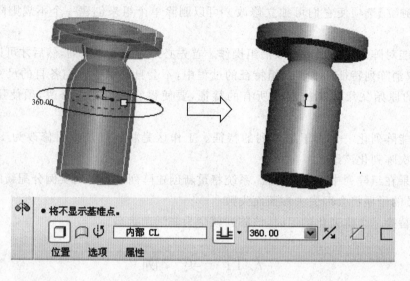

图 7-84　"旋转"操作面板

3. 创建拉伸实体

（1）单击工具栏上的【拉伸】工具按钮 ，打开【拉伸】特征操控面板；选取 FRONT 基准平面作为草绘平面，进入草绘环境并绘制拉伸截面，如图 7-85 所示。

（2）单击草绘工具栏上的按钮 ，完成拉伸截面的绘制。

（3）在【拉伸】操作面板中设置拉伸深度为 70，调整好拉伸方向，单击 按钮，完成拉伸特征的创建，如图 7-86 所示。

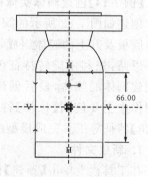

图 7-85　绘制拉伸截面

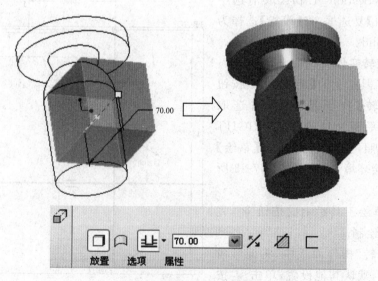

图 7-86　拉伸特征的创建

4. 创建另一个旋转实体

(1)单击【基准平面】按钮,然后以 FRONT 面作为偏移参照,创建出基准平面 DTM1,如图 7-87 所示。

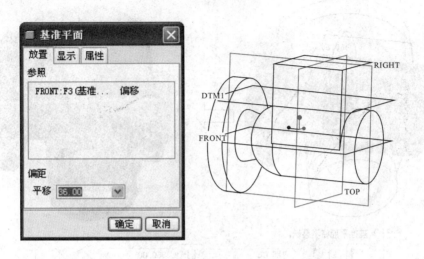

图 7-87 【基准平面】对话框

(2)单击工具栏上的【旋转】工具按钮 ,选取 DTM1 基准平面为草绘平面,绘制如图 7-88 所示的旋转截面。

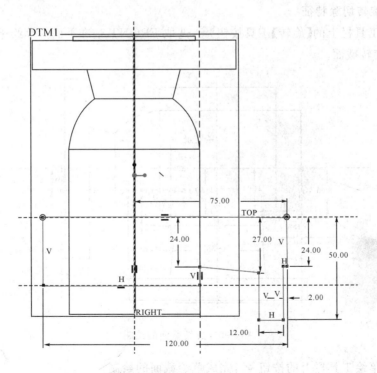

图 7-88 旋转界面

(3)单击草绘工具栏上的按钮 ,完成草绘截面的绘制。

(4)在"旋转"操作面板中,将旋转角度设置为360°,默认其他设置,单击 ☑ 按钮完成旋转特征的创建,如图7-89所示。

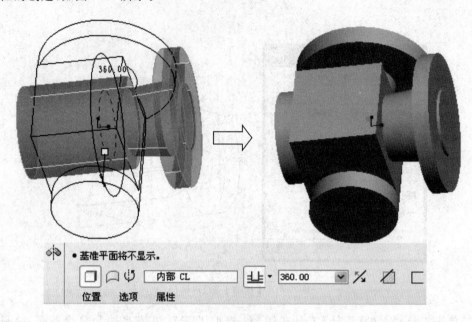

图7-89 旋转特征的创建

5. 创建旋转切除特征

(1)单击工具栏上的【旋转】工具按钮 ⊹,选取 FRONT 基准平面为草绘平面,绘制如图7-90所示的旋转截面。

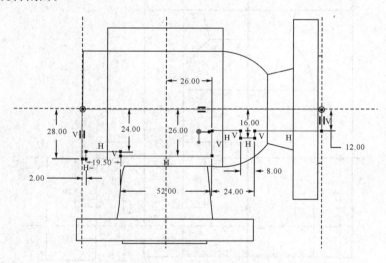

图7-90 旋转截面的绘制

(2)单击草绘工具栏上的按钮 ☑,完成草绘截面的绘制。

(3)在"旋转"操作面板中,将旋转角度设置为360°,选择去除材料,默认其他设置,单击 ☑ 按钮完成旋转特征的创建,如图7-91所示。

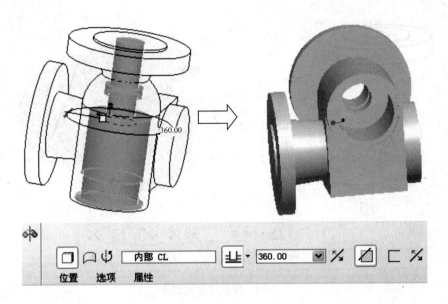

图 7-91　旋转特征的创建

6．创建拉伸切除特征

（1）单击工具栏上的【拉伸】工具按钮 ，打开【拉伸】特征操控面板。选取 FRONT 基准平面作为草绘平面，进入草绘环境并绘制拉伸截面，如图 7-92 所示。

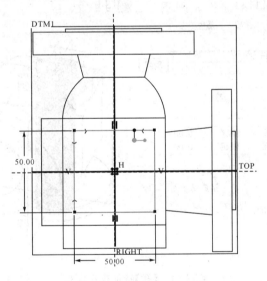

图 7-92　拉伸截面的绘制

（2）单击草绘工具栏上的按钮 ，完成拉伸截面的绘制。

（3）在"拉伸"操作面板中，设置拉伸深度为 65，选择"取出材料"，调整好拉伸方向，单击 按钮，完成拉伸特征的创建，如图 7-93 所示。

7．创建孔特征

在上一步骤中，通过旋转切除建立的阀腔，在这里，换一种方式，利用孔特征建立第二个阀腔。

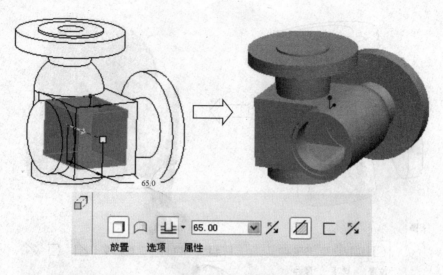

图 7-93　拉伸特征的创建

（1）单击【孔】工具按钮 ⊔ ，打开【孔】特征操作面板；在【放置】上滑面板中设置主参照和次参照，输入孔距参照的尺寸，直径设置为 36，如图 7-94 所示。

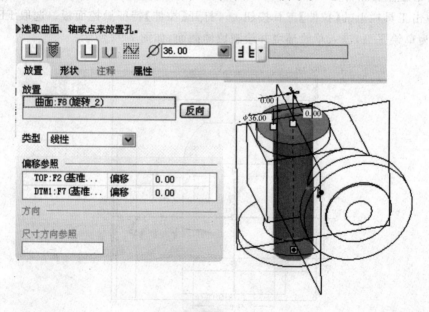

图 7-94　【孔】特征操作面板

（2）单击 ✔ 按钮，完成孔特征的创建，如图 7-95 所示。

（3）利用类似的方法，创建另一个孔特征，这个孔特征使用与上一个孔特征相同的偏移参照。结果如图 7-96 所示。

8. 创建阵列特征

（1）单击【孔】工具按钮 ⊔ ，然后以如图 7-97 所示的平面为放置参照，以 FRONT 基准平面和 RIGHT 基准平面作为偏移参照，创建连接孔。

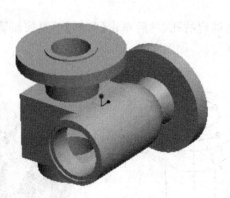

图 7-95　孔特征实体

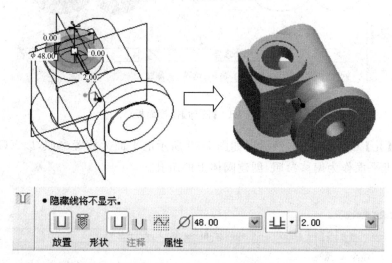

图 7-96　孔特征的创建

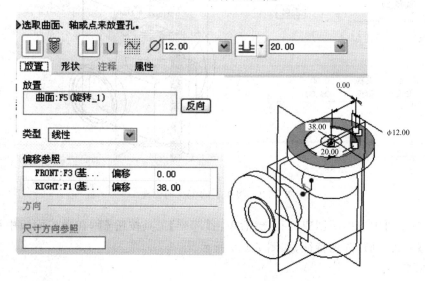

图 7-97　孔特征操作面板

(2)在模型树中选中所创建的孔,然后单击【阵列】工具按钮▦,在操控面板中设置阵列形式为【轴】形式,创建阵列特征,如图 7-98 所示。

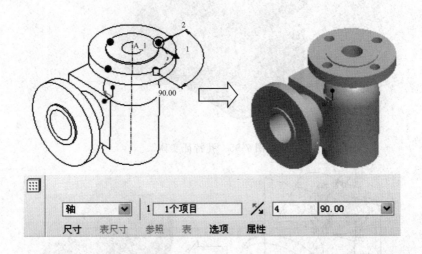

图 7-98　【阵列】操控面板

(3)单击【孔】工具按钮⊔,然后以如图 7-99 所示的平面为放置参照,以 TOP 基准平面和 DTM1 基准平面作为偏移参照,创建阀体上的沉孔。

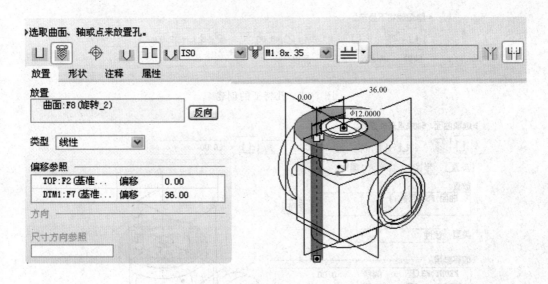

图 7-99　阀体上的沉孔的创建

(4)在模型树中选中所创建的孔,然后单击【阵列】工具按钮▦,在操控面板中设置阵列形式为【轴】形式,创建阵列特征,如图 7-100 所示。

9. 倒圆角

(1)单击【倒圆角】工具按钮 ⟍ ,打开【倒圆角】特征操作面板;按照如图 7-101 所示,选取方形实体的棱边,创建半径为 6 的倒圆角。

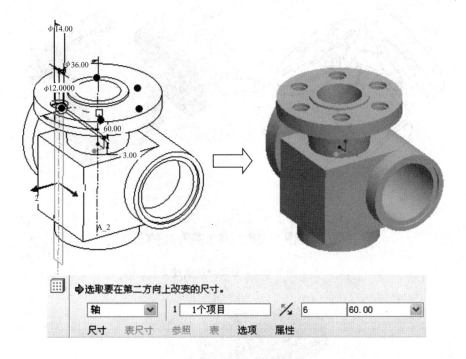

图 7-100　阵列操控面板

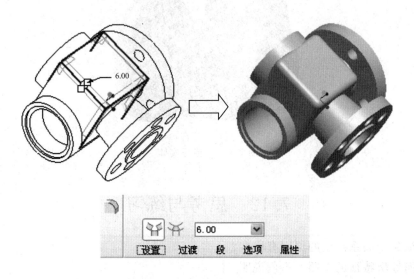

图 7-101　【倒圆角】特征操作面板

（2）再次单击【倒圆角】工具按钮 ，按照如图 7-102 所示，选取实体间的过渡棱边，创建半径为 3 的倒圆角。

（3）最后单击 按钮，完成倒圆角特征的创建，如图 7-103 所示。

10. 保存文件。

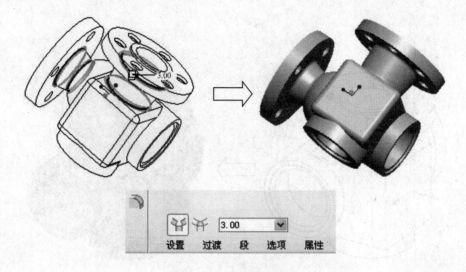

图 7-102　倒圆角的创建

图 7-103　特征实体

7.12　思考与练习

1. 特征父子关系产生的原因有哪些？

2. 如何编辑特征的参照？举例说明。

3. 编辑特征的定义与编辑特征的参照有什么区别？

4. 如何调整特征的顺序，与调整前的结果有什么不同？举例说明。

5. 内插特征时，其后的特征有什么变化？

6. 复制特征的创建方法有几种？各自的操作方法是怎样的？

7. 镜像特征和阵列特征有什么区别？

8. 镜像特征的两种方法。

9. 如何创建和分解组？

10. 在 Pro/E 中阵列特征有何特点？什么是单向阵列与双向阵列？什么是线性阵列与旋转阵列？

11. 简述尺寸阵列和轴阵列的操作步骤。

12. 表阵列有何特点？简述建立表阵列的操作步骤。

13. 实现参照阵列有何条件？简述建立参照阵列的操作步骤。

14. 填充阵列有何特点？简述建立填充阵列的操作步骤。

15. 运用本章学习的特征操作方法创建如图 7-104 所示的直齿轮。（提示：先通过拉伸特征创建基本外形，然后综合运用孔、拉伸切除和阵列等特征工具创建轮齿、孔和键槽等实体，齿轮参数自定。）

图 7-104　直齿轮模型

第8章 曲面和曲线特征

学习单元：曲面和曲线特征	参考学时：8
学习目标	

◆理解并掌握曲面特征的基本概念

◆掌握曲面特征的创建方法

◆掌握曲面编辑的方法

◆掌握曲线特征的创建方法

◆掌握曲线编辑的方法

学习内容	学习方法
★曲面特征 ★曲面特征的创建 ★曲面特征的编辑 ★曲线特征 ★曲线特征的创建 ★曲线特征的编辑	◆理解概念，熟悉方法 ◆熟记操作，勤于实践
考核与评价	教师评价 （提问、演示、练习）

一般而言，实体特征用来创建较规则的模型，曲面特征则用来创建复杂的几何造型。曲面特征可以将单一曲面合并成复杂曲面，最后再将复合曲面实体化，形成实体模型，还可以操作现有实体几何及在模具设计中创建分型曲面。

8.1 创建曲面特征

8.1.1 曲面的基本概念

曲面是相对于实体而言的，它没有质量和体积。但是曲面可以看作是厚度为0的实体，它可以用来做实体模型和分型面等复杂模型。

曲面的线条有两种颜色：淡紫色和深紫色。

● 淡紫色：代表了曲面的边界线，或者称为单侧边，此单侧边的一侧为一个曲面特征；另一边则不属于此特征。

● 深紫色：代表曲面的内部线条或者棱线，或者称为双侧边，此深紫色边的两侧为同一个曲面特征。

曲面的默认显示方式为：

● 曲面可以被着色：此默认值由 config. pro 中的"shade_surface_feat"控制，yes 表示曲面可以被着色。

● 曲面的隐藏线以实线显现：由 config. pro 中的"hlr_for_quilts"控制。yes 表示曲面的显现方式是依下面 4 个工具栏的图标来设定，如图 8-1 所示。

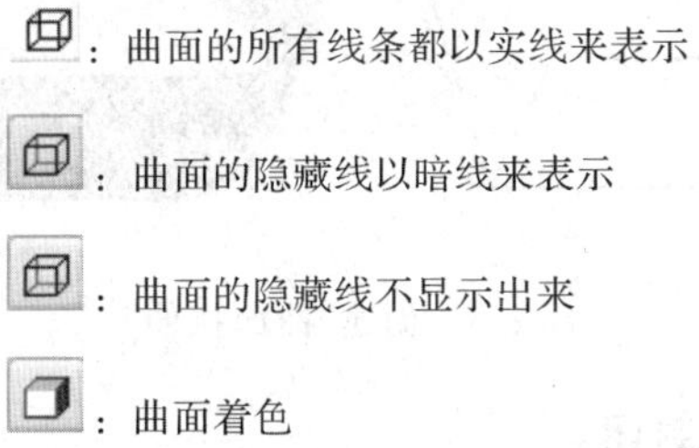

⊞：曲面的所有线条都以实线来表示

⊞：曲面的隐藏线以暗线来表示

⊞：曲面的隐藏线不显示出来

◻：曲面着色

图 8-1　曲面的显现方式

8.1.2　创建拉伸曲面

拉伸曲面是在创建完二维截面的草图绘制后，垂直此截面长出曲面。

【例 8-1】创建拉伸曲面。

1）新建零件文件 curve0. prt，单击 ▦ 创建草绘。选取 TOP 基准面为草绘平面，RIGHT 为参照，方向为右。绘制草图如图 8-2 所示。

2）单击 ✔ 完成草图绘制。单击下拉菜单"插入"|"拉伸"或单击工具栏按钮，如图 8-3 所示。

3）单击操控板上 ◻ 按钮，如图 8-4 所示。

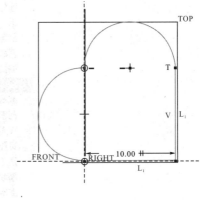

图 8-2　绘制草图

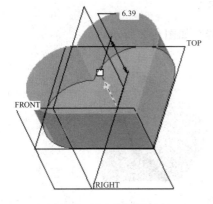

图 8-3　创建"拉伸"特征

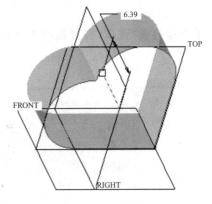

图 8-4　选择曲面

4）单击 ✔ 完成曲面拉伸。效果如图 8-5 所示。

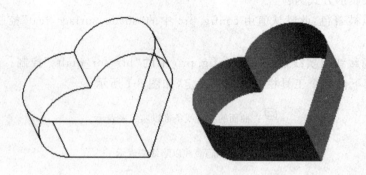

图 8-5　创建"曲面拉伸"

【例 8-2】将曲面的前后端封闭。

1)选取曲面,单击鼠标右键,选取"编辑定义",如图 8-6 所示。

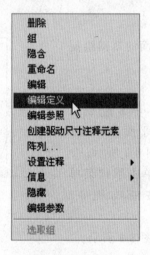

图 8-6　右键菜单

2)单击操控板"选项"打开选项卡,勾选"封闭端",如图 8-7 所示。

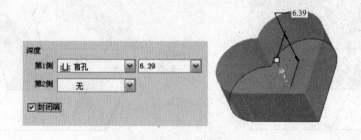

图 8-7　操控板"选项"界面

3)结果如图 8-8 所示。

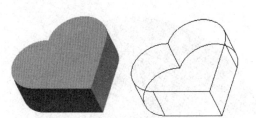

图 8-8　创建完成

【例 8-3】将封闭曲面转为实体。

1）选中曲面,单击下拉菜单"编辑"|"实体化",操控板如图 8-9 所示。

图 8-9　操控板

2）单击 ✓ 完成,结果如图 8-10 所示。

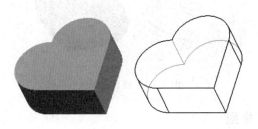

图 8-10　创建完成

8.1.3　创建旋转曲面

旋转曲面是二维截面绕着一条中心线旋转而成的曲面。

【例 8-4】旋转曲面的创建。

1）新建零件文件 curve1.prt。

2）单击 ⚄ 创建草绘,选取 FRONT 基准面为草绘平面,RIGHT 为参照,方向为右,并绘制如图 8-11 所示草图。

3）单击 ✓ 完成草图绘制。

4）选中草绘,单击下拉菜单"插入"|"旋转"或单击工具栏 ⚙ 按钮;选取 A_1 作为旋转轴;单击操控板上 ▱ 按钮。结果如图 8-12 所示。

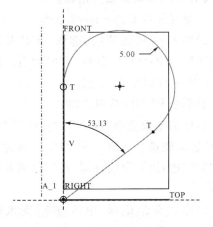

图 8-11　绘制草图

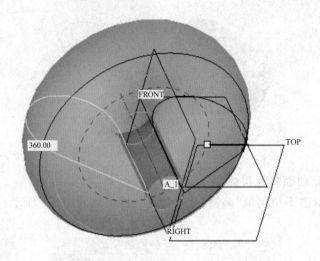

图 8-12　创建"旋转"曲面

5)单击 ✔ 完成曲面拉伸,效果如图 8-13 所示。

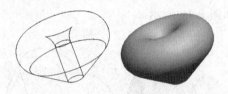

图 8-13　创建完成

8.1.4　创建扫描曲面

扫描曲面是二维截面沿着一条轨迹形成的曲面。

【例 8-5】扫描曲面的创建。

1)新建零件文件 curve2. prt。

2)单击 ⚞ 创建草绘,选取 TOP 基准面为草绘平面,RIGHT 为参照,方向为右。绘制如图8-14所示草图作为轨迹线。

3)单击 ✔ 完成草图绘制;

4)单击下拉菜单"插入"|"扫描"|"曲面",选择"选取轨迹",选取步骤 2)中所创建的草绘为扫描轨迹;进入草绘环境,绘制截面如图 8-15 所示。

5)完成草绘截面,单击 确定 完成曲面扫描。效果如图 8-16 所示。

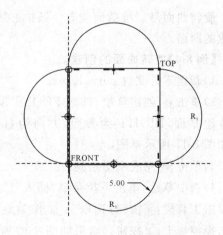

图 8-14 绘制轨迹线

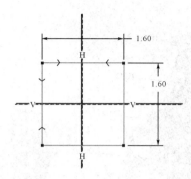

图 8-15　绘制截面

图 8-16 创建完成

8.1.5　创建混合曲面

混合曲面是由数个截面混合而成的曲面。

【**例 8-6**】**说明混合曲面的创建。**

1)新建零件文件 curve3. prt。

2)将 TOP 基准面分别偏移 20、40 和 60，创建基准平面 DTM1、DTM2 和 DTM3，如图 8-17 所示。

3)在基准面 TOP 上草绘直径为 30 的圆；在基准面 DTM1 上草绘直径为 40 的圆；在基准面 DTM2 上草绘直径为 30 的圆；在基准面 DTM2 上进行如图 8-18 所示草绘。四个草图绘制完成后,结果如图 8-19 所示。

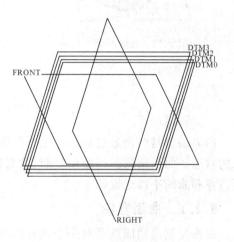

图 8-17　创建偏移基准面

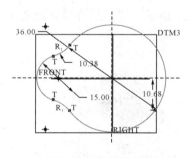

图 8-18　绘制草图

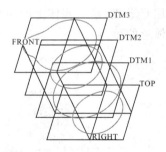

图 8-19　草绘完成

4)单击下拉菜单"插入"|"边界混合"或单击工具栏按钮 ；按住 Ctrl 键,依次选取四个草绘图形,结果如图 8-20 所示。

5)用鼠标将草绘四个轨迹上的白色小圆顺着轨迹移动,如图 8-21 所示。

6)单击 完成曲面混合。效果如图 8-22 所示。

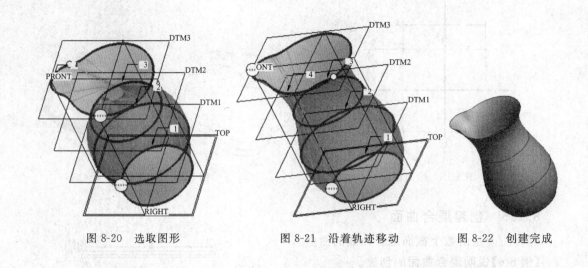

图 8-20 选取图形   图 8-21 沿着轨迹移动   图 8-22 创建完成

8.2 曲面编辑

曲面编辑是曲面通过编辑产生新的曲面特征,将该曲面特征删除后,则曲面会恢复为原来的状态。曲面编辑包括曲面复制、曲面偏移、曲面填充、曲面合并、曲面修剪、曲面延伸、曲面镜像和曲面平移或旋转。

8.2.1 曲面复制

曲面复制的功能就是对一个现有的曲面进行复制,以产生一个新的曲面。

【例 8-7】说明如何进行曲面的复制。

1)打开已有的 curve8-0.prt,如图 8-23 所示。

2)按住 Ctrl 键,选取实体上的四个曲面,如图 8-24 所示。(提示:亦可选取曲面上的面,本例为实体上的面。)

   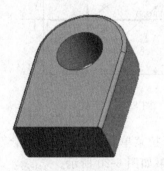

图 8-23 已有零件   图 8-24 选取曲面

3)单击下拉菜单"编辑"|"复制",或按工具栏 按钮。

4)单击下拉菜单"编辑"|"粘贴",或按工具栏按钮 。效果如图 8-25 所示。

5)单击 完成曲面复制。模型树以及复制曲面的效果如图 8-26 所示。

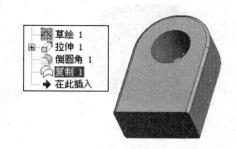

图 8-25　粘贴后的曲面　　　　　　　　图 8-26　复制完成

6)单击"编辑"|"复制"以后,在下方会出现"复制"操控板,具体介绍如图 8-27 所示。

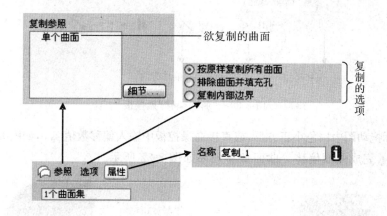

图 8-27　"曲面复制"操控板

复制的选项有以下几种:

● 按原样复制所有曲面:复制所选的所有曲面。此为默认选项。

● 排除曲面并填充孔:复制所选的所有曲面以后,用户可以排除某些曲面,并可将曲面内部的孔洞自动填补上曲面。

● 复制内部边界:如果仅需要选取部分曲面,则按此选项,点选所要的曲面的边线,形成封闭的环即可。

8.2.2　曲面偏移

曲面偏移的功能是将实体或曲面上现有的曲面偏移某个距离,产生曲面。

【例 8-8】说明如何进行曲面的偏移。

1)打开零件文件 curve8-1.prt,如图 8-28 所示。

2)选取曲面特征后(此时选中的是曲面特征,曲面并没有被选取),移动一下鼠标再点选曲面一下,就可以选中曲面,如图 8-29 所示。

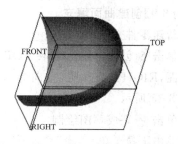

图 8-28　已有零件

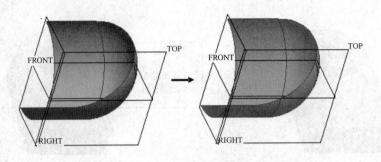

图 8-29　选中曲面

3）选择该曲面，然后单击下拉菜单"编辑"|"偏移"，控制板如图 8-30 所示。

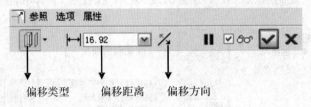

偏移类型　　　偏移距离　　偏移方向

图 8-30　"曲面偏移"操控板

4）用鼠标拖动图中白色小正方形，或直接在操控板中输入偏移数值 1.5，如图 8-31 所示。

5）单击 ✔ 完成曲面偏移。曲面偏移效果如图 8-32 所示。

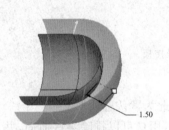

图 8-31　编辑偏移数值

图 8-32　偏移完成

8.2.3　曲面填充

【例 8-9】创建曲面填充。

1）新建零件文件 curve4.prt。

2）单击 🔲 创建草绘。选取 TOP 基准面为草绘平面，RIGHT 为参照，方向为右。绘制草图如图 8-33 所示。

3）单击 ✔ 完成草图绘制。

4）单击下拉菜单"编辑"|"填充"，选取上一步创建的草绘。如图 8-34 所示。

5）单击 ✔ 完成曲面填充，效果如图 8-35所示。

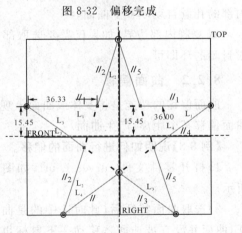

图 8-33　绘制草图

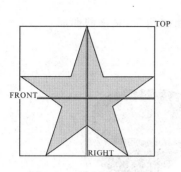

图 8-34　进行曲面填充

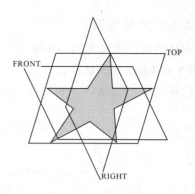

图 8-35　填充完成

8.2.4　曲面合并

曲面合并是将两个曲面合并。

【例 8-10】创建曲面合并。

1)打开零件文件 curve8-2.prt,如图 8-36 所示。

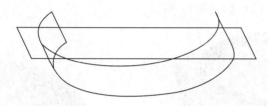

图 8-36　已有零件

2)按住 Ctrl 键,选取两个曲面,然后单击工具栏 按钮,如图 8-37 所示。

图 8-37　进行曲面合并

3)单击 完成曲面合并。模型树和曲面合并的效果如图 8-38 所示。

图 8-38　曲面合并的结果

8.2.5　曲面修剪

曲面修剪的功能是利用一个修剪工具（曲线、平面和曲面）来修剪曲面。

【例 8-11】创建曲面修剪。

1）打开文件 curve8-3.prt，如图 8-39 所示。

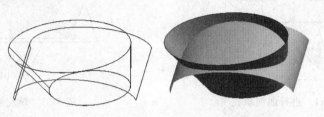

图 8-39　已有零件

2）选取需要被修剪曲面，然后单击下拉菜单"编辑"|"修剪"或单击工具栏 按钮。

3）选取曲线、平面或者曲面作为修剪工具。如图 8-40 所示。

4）单击图 8-40 中箭头确定欲留下的曲面，打开操控板"选项"选项卡，取消选择"保留修剪曲面"，单击 完成。结果如图 8-41 所示。

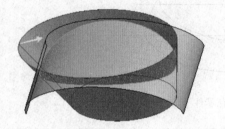

图 8-40　选取曲面

图 8-41　修剪完成

8.2.6　曲面延伸

曲面延伸的功能是使曲面沿着曲面的单侧边做曲面的延伸。

单击"编辑"|"延伸"，操控板如图 8-42 所示，包括延伸的方式、延伸距离为固定或可变、延伸的方向和延伸距离的度量方法。

1. 延伸的方式

延伸的方式包括相同、切线和逼近三种。

● 相同：延伸所得曲面与原来的曲面同类型，例如原来是一个圆弧面，延伸后仍然是一个圆弧面。

● 逼近：用边界混合的方式延伸出曲面。

● 切线：延伸所得曲面与原来的曲面相切。

2. 延伸距离为固定或者可变

曲面延伸的时候，系统默认为固定，但是也可在要延伸的边上的数个点处指定不同的延伸距离，其距离的衡量方式如下：

● 沿边：延伸距离由"沿着侧边"来衡量。

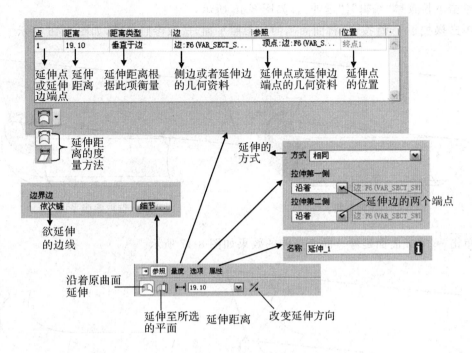

图 8-42　"曲面延伸"操控板

● 垂直于曲面：延伸距离由"垂直延伸边"来衡量。

3. 延伸方向

用于指定延伸边的两个端点的延伸方向，其类型如下：

● 沿着：沿着侧边做延伸。
● 垂直于：延伸的方向与延伸边垂直。

4. 延伸距离的度量方式

● 在曲面上 ▢：延伸距离的大小沿着延伸曲面来计算。
● 在平面上 ▢：延伸的曲面投影至所选的平面上，延伸距离的大小是以投影量来计算。

【例 8-12】创建曲面延伸。

1）打开零件文件 curve8-4.prt，如图 8-43 所示。

2）选取曲面，然后选取需要延伸的边或边链，如图 8-44 所示。

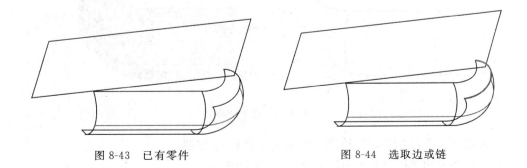

图 8-43　已有零件　　　　　　　图 8-44　选取边或链

3）单击下拉菜单"编辑"｜"延伸"。如图 8-45 所示。

4）单击操控板上 ⬚ 按钮，将曲面延伸到参照平面，选取参照平面，如图 8-46 所示。

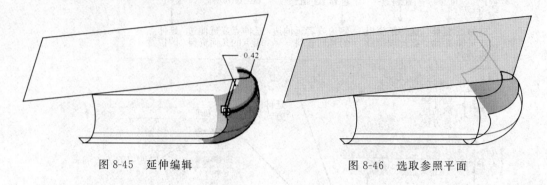

图 8-45　延伸编辑　　　　　　　　　　　图 8-46　选取参照平面

5）单击 ✔ 完成曲面延伸。曲面延伸的效果如图 8-47 所示。

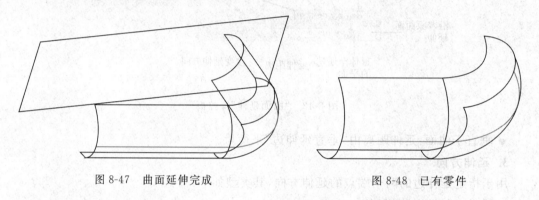

图 8-47　曲面延伸完成　　　　　　　　　图 8-48　已有零件

8.2.7　曲面镜像

曲面镜像的功能是将已有的曲面以一个平面作为镜像平面，镜像至平面的另一侧。

【例 8-13】创建曲面镜像。

1）打开零件文件 curve8-5.prt，如图 8-48 所示。

2）选取曲面特征后（此时选中的是曲面特征，曲面并没有被选取），移动一下鼠标再点选曲面一下，这样可以选中曲面，如图 8-49 所示。

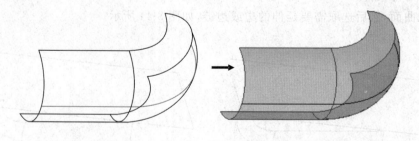

图 8-49　选中曲面

3）单击下拉菜单"编辑"｜"镜像"，或单击工具栏 ◫ 按钮。

4）选取基准面 RIGHT 为镜像平面，如图 8-50 所示。

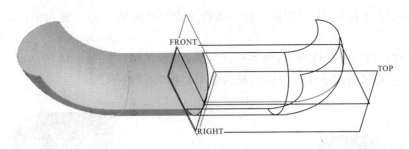

图 8-50　选取镜像平面

5)单击 ✔ 完成曲面镜像。曲面镜像的效果如图 8-51 所示。

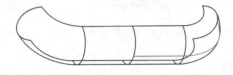

图 8-51　曲面镜像完成

8.2.8　曲面平移或者旋转

曲面平移或者旋转是将曲面平移某个距离或者将平面旋转某个角度,得到新的曲面。下面举例说明曲面是如何平移或者旋转的。

【例 8-14】创建曲面平移。

1)打开零件文件 curve8-6.prt,如图 8-52 所示。

2)选取曲面特征后(此时选中的是曲面特征,曲面并没有被选取),移动一下鼠标再点选曲面一下,这样可以选中曲面,如图 8-53 所示。

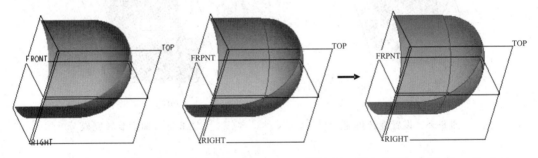

图 8-52　已有零件　　　　　　　　　　图 8-53　选中曲面

3)单击下拉菜单"编辑"|"复制",或单击工具栏 🔳 按钮。

4)单击下拉菜单"编辑"|"选择性粘贴",或按工具栏 🔳 按钮。操控板如图 8-54 所示。

图 8-54　"粘贴"操控板

5）默认选择 ⟷ 按钮，在工作区选取一条边线作为平移的方向。输入平移距离 2。如图 8-55 所示。

6）打开操控板"选项"选项卡，取消选择"隐藏原始几何"，如图 8-56 所示。

7）单击 ✓ 完成曲面平移。曲面平移的效果如图 8-57 所示。

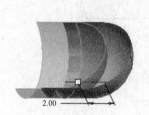

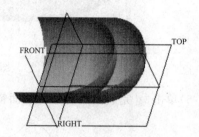

图 8-55　设置平移距离　　　图 8-56　取消"隐藏"　　　图 8-57　曲面平移完成

【例 8-15】创建曲面旋转。

1）打开零件文件 curve8-7. prt。

2）选取曲面特征后，稍微移动鼠标再点选曲面一下，选中曲面。

单击下拉菜单"编辑"|"复制"，或单击工具栏 🗐 按钮。

单击下拉菜单"编辑"|"选择性粘贴"，或单击工具栏 🖺 按钮。

选择 🔄 按钮，在工作区选取一条边线作为旋转轴。输入旋转角度值 45。如图 8-58 所示。

单击 ✓ 完成曲面旋转。曲面旋转的效果如图 8-59 所示。

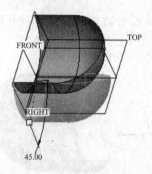

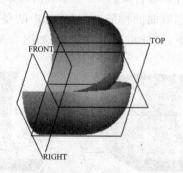

图 8-58　设置旋转角度　　　　　图 8-59　曲面旋转完成

8.2.9　曲面加厚

加厚特征使用预定的曲面特征或面组几何将薄材料部分添加到设计中，或从其中移除薄材料部分。

【例 8-16】创建曲面加厚。

1）打开零件文件 curve8-8. prt，如图 8-60 所示。

2）选取曲面特征后，移动一下鼠标再点选曲面一下，选中曲面。

3）单击下拉菜单"编辑"|"加厚"，在操控板中输入厚度

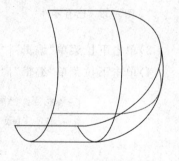

图 8-60　已有零件

值 1。如图 8-61 所示。

4）单击 ✓ 完成曲面加厚。曲面加厚的效果如图 8-62 所示。

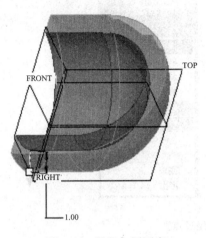

图 8-61　设置加厚厚度

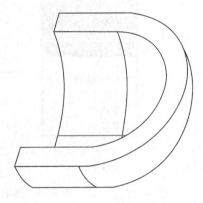

图 8-62　曲面加厚完成

8.3　创建曲线

曲线在图形区以深蓝色显示出来，创建曲线的方式有草绘曲面、通过点创建曲线、由文件创建曲线、使用剖面来创建曲线和以方程式创建曲线。

8.3.1　草绘曲线

草绘曲线是指在一个零件的平面上或基准平面上绘制出二维曲线，其操作步骤如下：

1）选取一个平面作为二维曲线的草绘平面。

2）按右侧工具栏的草绘工具图标 ■，然后设定视图方向和参照平面，也可以采取默认。

3）单击对话框的"草绘"按钮，进入草绘环境。

4）绘制曲线，然后单击图标 ✓ 完成曲线的创建。

8.3.2　通过点创建曲线

通过点来创建曲线是通过许多点来创建一条曲线。

【例 8-17】通过点创建曲线。

1）打开文件 curve8-9.prt，如图 8-63 所示。

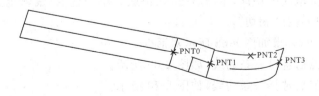

图 8-63　已有零件

2)单击主窗口右侧曲线工具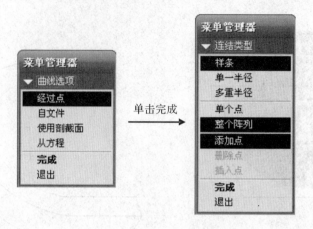,弹出菜单管理器,单击"经过点",并单击"完成";选择"整个阵列",如图8-64所示。

图8-64　选取曲线"经过点"

3)按住Ctrl键依次旋转PNT0、PNT1、PNT2和PNT3,如图8-65所示。

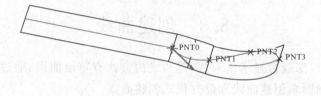

图8-65　旋转点

4)单击"完成",在弹出的对话框中单击 确定 ,得到如图8-66所示结果。

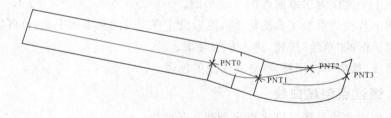

图8-66　曲线创建完成

5)便于观察,单击工具栏 ▢ 按钮,着色显示曲面。

6)在模型树中选取曲线特征,单击右键,在快捷菜单中选取"编辑定义";在弹出的如图8-67所示的对话框中选择"相切"。

7)单击 定义 按钮,弹出如图8-68所示对话框。

8)选择"起点"然后选择一条切线,如图8-69所示。

9)选择"终点"然后选择一条切线,如图8-70所示。

10)单击"完成",在如图8-67所示的"曲线:通过点"对话框中单击 确定 ,得到如图8-71所示结果。

图 8-67　选取相切

图 8-68　定义相切

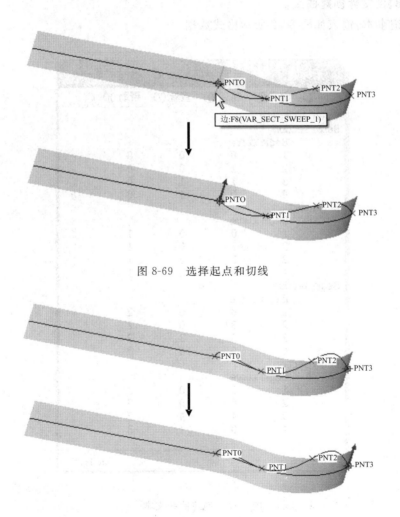

图 8-69　选择起点和切线

图 8-70　选择终点和切线

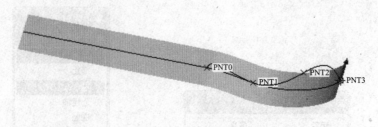

图 8-71　曲线创建完成

8.3.3　由文件创建曲线

　　由文件来创建曲线需要读入.igs 文件或者.ibl 文件，然后通过文件内的点文件，创建出一条或者数条曲线。也可以读者自己创建曲线文件，扩展名为.ibl。文件的第一行为"Open Arclength"，这是 Pro/E 的关键词，接下来是记录每一条曲线所含的点文件。

　　【例 8-18】由文件创建曲线。

　　1）打开记事本，输入如图 8-72 所示格式数据。

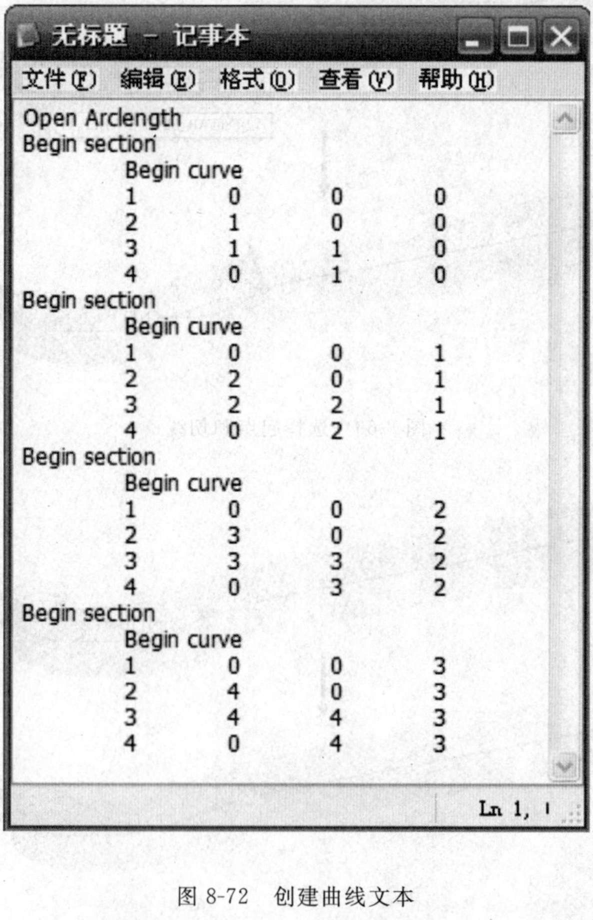

```
无标题 - 记事本
文件(F)  编辑(E)  格式(O)  查看(V)  帮助(H)

Open Arclength
Begin section
        Begin curve
        1       0       0       0
        2       1       0       0
        3       1       1       0
        4       0       1       0
Begin section
        Begin curve
        1       0       0       1
        2       2       0       1
        3       2       2       1
        4       0       2       1
Begin section
        Begin curve
        1       0       0       2
        2       3       0       2
        3       3       3       2
        4       0       3       2
Begin section
        Begin curve
        1       0       0       3
        2       4       0       3
        3       4       4       3
        4       0       4       3

                                    Ln 1, 1
```

图 8-72　创建曲线文本

2)另存为 curve.ibl 文件,如图 8-73 所示。

图 8-73　"另存为"对话框

3)新建零件文件 curve6.prt,然后单击主窗口右侧曲线工具 ~,弹出菜单管理器;单击"自文件",再单击"完成"。如图 8-74 所示。

4)选择坐标系,如图 8-75 所示。

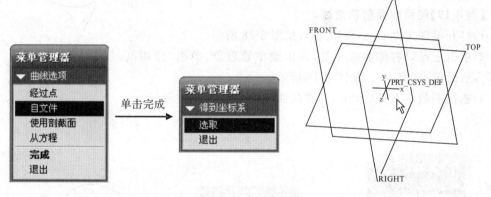

图 8-74　选取"自文件"　　　　　　　　　　图 8-75　选择坐标系

5)打开刚才创建的 curve.ibl 文件,如图 8-76 所示。

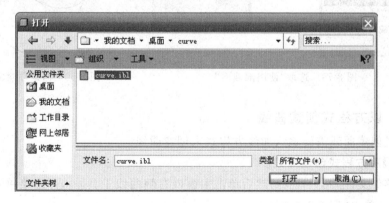

图 8-76　打开文件

6)完成的曲线结果如图 8-77 所示。

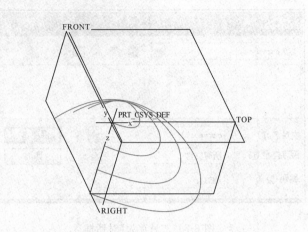

图 8-77　曲线创建完成

8.3.4　使用剖面来创建曲线

使用剖面来创建曲线就是选取模型的剖面边线作为曲线。

【例 8-19】使用剖面创建曲线。

1)打开零件文件 curve8-10.prt,如图 8-78 所示。

2)单击主窗口右侧曲线工具,弹出菜单管理器,单击"使用剖截面",然后单击"完成"。如图 8-79 所示。

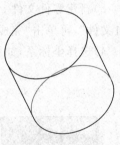

图 8-78　已有零件

3)选择剖截面 XSEC0001,完成的曲线结果如图 8-80 所示。

图 8-79　选取"使用剖截面"

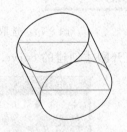

图 8-80　曲线创建完成

8.3.5　以方程式创建曲线

用方程式创建曲线需要输入曲线方程式来创建曲线。

【例 8-20】用方程式创建曲线。

1)新建零件文件 curve7.prt,然后单击主窗口右侧曲线工具 $\sim$,弹出菜单管理器;单击"从方程",然后单击"完成"。如图 8-81 所示。

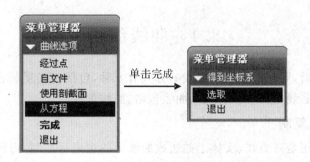

图 8-81　选择"从方程"

2）选择坐标系,点选"笛卡尔"坐标系,如图 8-82 所示。

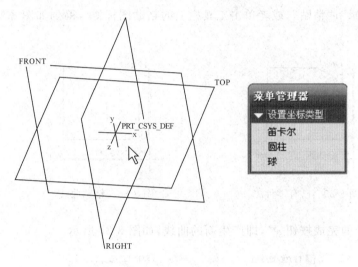

图 8-82　选择坐标系

3）在打开的 rel. ptd 文件中的输入方程,如图 8-83 所示。
4）完成的曲线结果如图 8-84 所示。

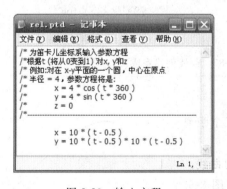

图 8-83　输入方程

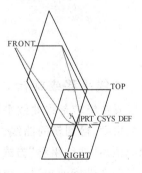

图 8-84　创建完成

8.4 曲线编辑

对曲线进行编辑,同时产生新的曲线的方式有 8 种,包括曲线复制、曲线平移或旋转、曲线镜像、曲线修剪、曲线相交、曲线投影、曲线包络、曲线偏移。

8.4.1 曲线复制

曲线复制的作用是对曲线、实体上的边或曲线上的边进行复制,得到新的曲线。

【例 8-21】创建曲线复制。

1)打开文件 curve8-11. prt,选取欲复制的曲线或边线,如图 8-85 所示结果。

2)单击"编辑"|"复制",或者单击工具栏上的复制图标 📋 。

3)单击"编辑"|"粘贴",或者单击工具栏上的粘贴图标 📋,得到如图 8-86 所示,此时不会有任何变化。

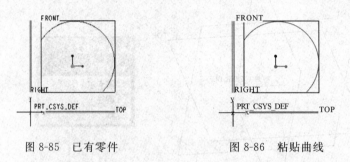

图 8-85　已有零件　　　　　　　　图 8-86　粘贴曲线

4)按操控板的完成按钮 ✔ ,即产生新的曲线,如图 8-87 所示。

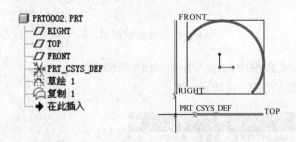

图 8-87　曲线创建完成

8.4.2 曲线平移或旋转

曲线平移或者旋转是将曲线平移某个距离或者旋转某个角度,得到新的曲线。

【例 8-22】使用"曲线平移"方式创建曲线。

1)打开零件文件 curve8-12. prt,如图 8-88所示。

2)点击鼠标,只是选取曲线特征,此时曲线并未选中(呈现红色细线),移动一下鼠标再点

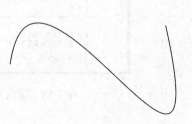

图 8-88　已有曲线

选曲线一下,这样可以选中曲线(呈现红色粗线)。

3)单击下拉菜单"编辑"|"复制",或单击工具栏 按钮。

4)单击下拉菜单"编辑"|"选择性粘贴",或按工具栏 按钮。操控板如图 8-89 所示。

图 8-89 "平移或者旋转"操控板

5)默认选择 按钮,在工作区选取坐标系的 Y 轴作为平移的方向;输入平移距离 2。如图 8-90 所示。

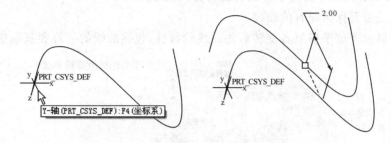

图 8-90 设置平移方向和参数

6)打开操控板"选项"选项卡,取消选择"隐藏原始几何",如图 8-91 所示。

7)单击 完成曲面平移。效果如图 8-92 所示。

图 8-91 取消"隐藏原始几何"　　　　图 8-92 曲线平移完成

【例 8-23】使用"曲线旋转"方式创建曲线。

1)打开已有的文件 curve8-13. prt,与曲线平移中使用的曲线相同。

2)选中曲线。

3)单击下拉菜单"编辑"|"复制",或单击工具栏 按钮。

4)单击下拉菜单"编辑"|"选择性粘贴",或单击工具栏 按钮。

5)选择 按钮,在工作区选取坐标系的 X 轴作为旋转轴。输入旋转角度值为 180。如图8-93所示。

6)打开操控板"选项"选项卡,取消选择"隐藏原始几何"。

7)单击 完成曲线旋转。效果如图 8-94 所示。

单击工具栏中 按钮来进行曲线的平移或旋转时,操控板如图 8-95 所示,包括如下选项:

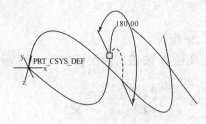

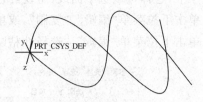

图 8-93　设置旋转参数　　　　　　图 8-94　　曲面旋转完成

● 参照：显示出欲平移或旋转的曲线几何。

● 变换：指定动作为平移或者旋转；显示出共有几个平移及旋转的动作；显示平移的距离或者旋转的角度；显示"决定平移或者旋转方向的参照"。

● 选项：是否要保留原有的曲线。

● 属性：显示完成平移或者旋转后的曲线的特性，包括曲线的名称和其他信息。

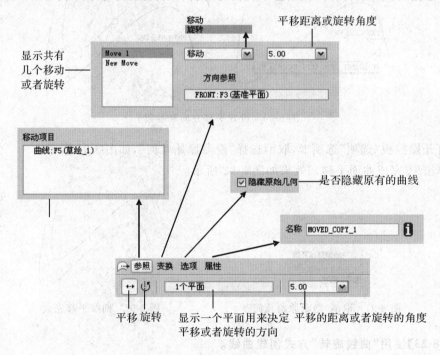

图 8-95　"平移或者旋转"操控板

8.4.3　曲线镜像

曲面镜像是将现有的曲线，利用一个平面做镜像平面，镜像至平面的另一侧。

【例 8-24】创建曲线镜像。

1）打开零件文件 curve8-14. prt，如图 8-96 所示。

2）用鼠标点击曲线，此时选中曲线特征，移动一下鼠标再点选曲线一下，这样可以选中曲线。

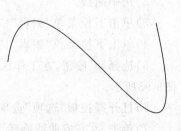

图 8-96　已有曲线

3）单击下拉菜单"编辑"|"镜像"，或单击工具栏 ⟦⟧⟨ 按钮。

4）选取基准面 RIGHT 为镜像平面，如图 8-97 所示。

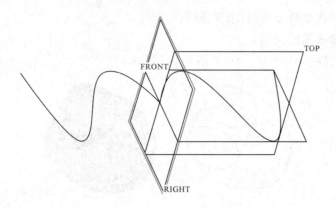

图 8-97　选取镜像平面

5）单击 ☑ 完成曲线镜像，效果如图 8-98 所示。

图 8-98　曲面镜像完成

8.4.4　曲线修剪

曲线修剪是将一条现有的曲线，利用一个修剪工具来修剪曲
线，产生新的曲线。

图 8-99　已有曲线

【例 8-25】创建曲线修剪。

1）打开零件文件 curve8-14. prt，如所图 8-99 所示。

2）选取曲线后，稍微移动鼠标再点选曲线一下，这样可以选中曲线。

3）单击下拉菜单"编辑"|"修剪"或单击工具栏 ◙ 见文件"P264 相交按钮"。选取曲线、
平面或者曲面作为修剪工具，如图 8-100 所示。

4）单击图中黄色箭头确定欲留下的曲线，打开操控板"选项"选项卡，取消选择"保留修
剪曲面"，单击 ☑ 完成。效果如图 8-101 所示。

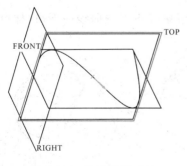

图 8-100　选取修剪工具

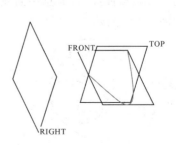

图 8-101　曲面修剪完成

8.4.5 曲线相交

曲线相交是指选取两个曲面，求其交线。

【例 8-26】创建曲面的交线。

1）打开零件文件 curve8-15.prt，如图 8-102 所示。

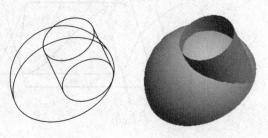

图 8-102 已有零件

2）按住 Ctrl 键选取圆柱曲面和半球曲面，单击下拉菜单"编辑"|"相交"或单击工具栏 按钮。模型树和曲线相交的结果如图 8-103 所示。

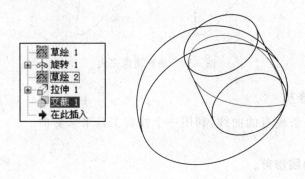

图 8-103 曲线相交完成

8.4.6 曲线投影

曲线投影是指将二维或者三维线条投影至一个曲面上，求得投影曲线。

【例 8-27】创建曲线投影。

1）打开零件文件 curve8-16.prt，如图 8-104 所示。

2）用鼠标点击曲线，此时选中曲线特征，移动一下鼠标再点选曲线一下，这样可以选中曲线。如图 8-105 所示。

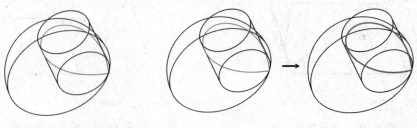

图 8-104 已有零件　　　　　图 8-105 选中曲线

3）单击下拉菜单"编辑"|"投影"。控制板如图 8-106 所示。

图 8-106　"曲线投影"操控板

4）选取一组曲面，以将曲线投影其上，此处选取基准面 RIGHT；选取一个平面、轴、坐标系轴或直图元来指定投影方向，此处选取基准面 RIGHT 右边为正方向。如图 8-107 所示。

5）单击 ✅ 完成。如所图 8-108 示。

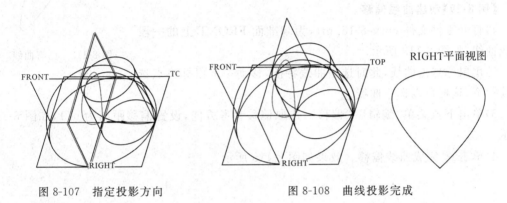

图 8-107　指定投影方向　　　　　　　　图 8-108　曲线投影完成

8.4.7　曲线包络

曲线包络是指将一条草绘曲线包络在实体或曲面上，产生曲线。

【例 8-28】创建曲线包络。

1）打开零件文件 curve8-17. prt，如图 8-109 所示。

2）单击主窗体右侧工具栏 📷 ，选取基准面 FRONT 为草绘平面，基准面 RIGHT 的右边为正方向，绘制草绘图如图 8-110 所示。

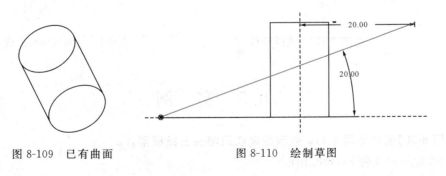

图 8-109　已有曲面　　　　　　图 8-110　绘制草图

3）选择该曲面，单击下拉菜单"编辑"|"包络"；选取上步创建的草绘，如图 8-111 所示。

4）输入距离后，单击 ✅ 完成曲线包络。效果如图 8-112 所示。

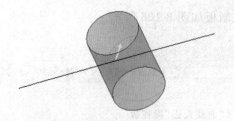

图 8-111　曲线包络

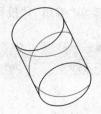

图 8-112　曲线包络完成

8.4.8　曲线偏移

曲线偏移是指对曲面的边界线或者现有零件上的曲线进行偏移，得到新的曲线。

【例 8-29】创建曲线偏移。

1）打开零件文件 curve8-18. prt，为基准面 FRONT 上的一段正弦曲线，如图 8-113 所示。

图 8-113　已有曲线

2）用鼠标点击曲线，此时选中曲线特征，移动一下鼠标再点选曲线一下，这样可以选中曲线。

3）单击下拉菜单"编辑"|"偏移"，选取偏移参考方向，设置偏移距离为 0.1，如图 8-114 所示。

4）单击 ✔ 完成曲线偏移。效果如图 8-115 所示。

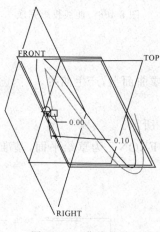

图 8-114　曲线偏移

图 8-115　曲线偏移完成

8.5　实　例

【例 8-30】创建如图 8-116 所示的电吹风喷头三维模型。

1）新建零件文件 curve8. prt。

2）单击 ▨ 创建草绘；选取 FRONT 基准面为草绘平面，RIGHT 为参照，方向为右。绘制草图如图 8-117 所示。

图 8-116 要创建的模型

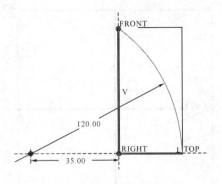

图 8-117 绘制草图

3）单击主窗口右侧工具栏 按钮，选取上一步所创建的草图，单击 按钮，选择草图的左边作为旋转轴，创建旋转曲面，如图 8-118 所示。

4）单击 创建草绘。选取基准面 TOP 为草绘平面，基准面 RIGHT 为参照，方向为右。绘制草图如图 8-119 所示。

5）选取基准面 TOP，单击右侧工具栏 按钮，在跳出对话框中输入平移距离为 5，创建基准面 DTM1，如图 8-120 所示。

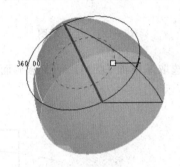

图 8-118 创建旋转曲面

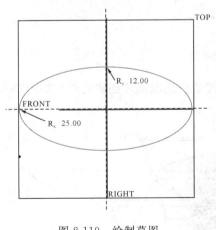

图 8-119 绘制草图

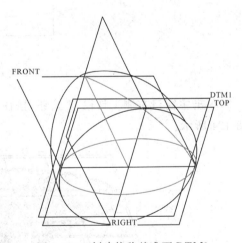

图 8-120 创建偏移基准面 DTM1

6）选取基准面 DTM1 为草绘平面，基准面 RIGHT 为参照，方向为右。绘制草图如图 8-121 所示。

7）选取基准面 TOP，单击右侧工具栏 按钮，在跳出对话框中输入平移距离为 55，创建基准面 DTM2，如图 8-122 所示。

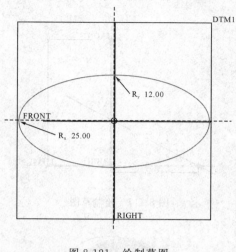

图 8-121　绘制草图

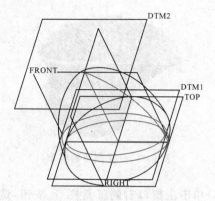

图 8-122　创建偏移基准面 DTM2

8)选取基准面 DTM1 为草绘平面,基准面 RIGHT 为参照,方向为右。绘制草图如图 8-123 所示。

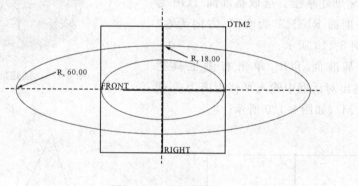

图 8-123　绘制草图

9)单击主窗口右侧工具栏 按钮,按住 Ctrl 键依次选取刚才创建的三个椭圆草图。如图 8-124 所示。

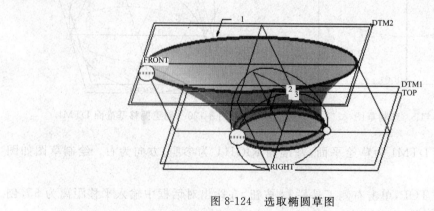

图 8-124　选取椭圆草图

10)选取上一步所创建的边界混合曲面特征(此时选中的是曲面特征,曲面并没有被选取),移动一下鼠标再点选曲面一下,这样可以选中曲面,如图 8-125 所示。

11)单击下拉菜单"编辑"|"修剪",或单击工具栏 按钮。选取原先创建的旋转曲面,单击 完成曲面修剪。注意黄色箭头所指方向为要保留曲面的方向。如图 8-126 所示。

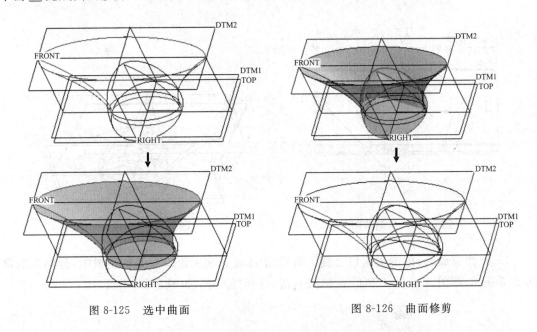

图 8-125　选中曲面　　　　　图 8-126　曲面修剪

12)选取旋转曲面。单击下拉菜单"编辑"|"修剪",或单击工具栏 按钮。再选取旋转边界混合曲面。单击 完成曲面修剪。如图 8-127 所示。

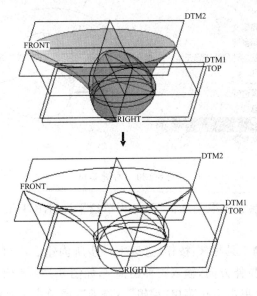

图 8-127　曲面修剪

13)单击 创建草绘。选取 FRONT 基准面为草绘平面,RIGHT 为参照,方向为右。绘制草图如图 8-128 所示。

14）单击主窗口右侧工具栏 ▱ 按钮，选取上一步所创建的草图，单击 ▱ 按钮拉伸曲面，然后单击 ◿ 按钮进行曲面切割，选择拉伸类型为 ▤ 两面拉伸，输入拉伸距离 40，如图 8-129 所示。

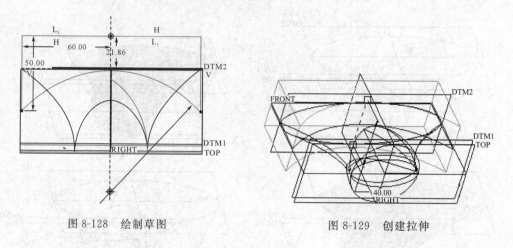

图 8-128　绘制草图　　　　　　　　　　图 8-129　创建拉伸

15）拉伸完成后，单击主窗口上侧工具栏 ◿ 按钮。在主窗口左侧模型树中，分别选取草图 1、草图 2、草图 3、草图 4 和草图 5，按右键，选择"隐藏"，如图 8-130 所示。

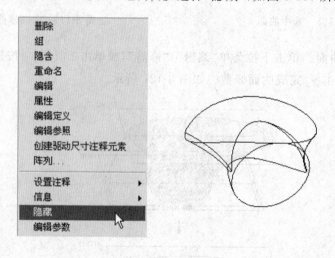

图 8-130　右键菜单

16）单击 ▨ 创建草绘。选取基准面 TOP 为草绘平面，RIGHT 为参照，方向为右。绘制草图如图 8-131 所示。

17）单击主窗口右侧工具栏 ▱ 按钮，选取上一步所创建的草图，单击 ▱ 按钮拉伸曲面，单击黄色箭头改变曲面拉伸方向，输入拉伸距离 4，如图 8-132 所示。

18）选取旋转曲面。单击下拉菜单"编辑"|"修剪"，或单击工具栏 ▱ 按钮。再选取上一步的拉伸曲面。单击 ✓ 完成曲面修剪。如图 8-133 所示。

19）按住 Ctrl 键依次选择混合曲面、旋转曲面和拉伸曲面；单击下拉菜单"编辑"|"合并"，或单击工具栏 ▱ 按钮。如图 8-134 所示。

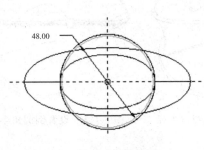

图 8-131　绘制草图

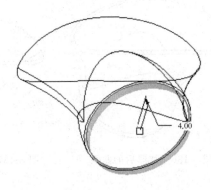

图 8-132　创建拉伸曲面

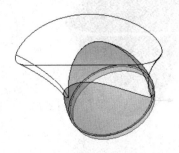

图 8-133　修剪曲面

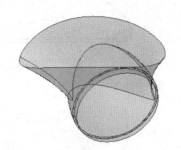

图 8-134　合并曲面

20）选取混合曲面，单击下拉菜单"编辑"|"加厚"，输入厚度 2，如图 8-135 所示。

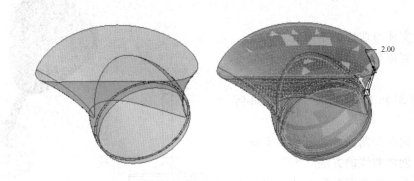

图 8-135　加厚曲面

21）单击 ✔ 完成加厚。如图 8-136 所示。

22）单击下拉菜单"插入"|"倒圆角"，或单击工具栏 ⌒ 按钮。选取要倒圆角的边，输入圆倒角半径为 2，如图 8-137 所示。选取要倒圆角的边，输入倒圆角半径为 1，如图 8-138所示。

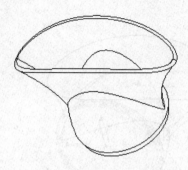

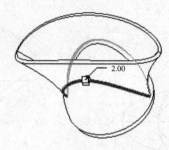

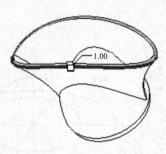

图 8-136　加厚后的曲面　　　图 8-137　设置倒圆角半径　　　图 8-138　设置倒圆角半径

23）最终结果如图 8-139 所示。

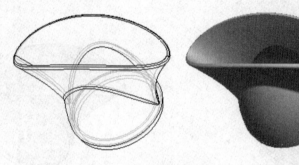

图 8-139　创建完成

8.6　思考与练习

1. 曲面的显现方式有几种，各有什么特点？

2. 简述实体与曲面的不同之处。

3. 拉伸实体与拉伸曲面有哪些相似点和不同点？

4. 曲面编辑分哪几种？分别如何创建？

5. 曲面偏移和曲面平移有什么不同？

6. 简述创建曲线的方法。

7. 曲线编辑和曲面编辑有什么相似点和不同点？

8. 如何对曲面进行网格显示？

9. 能否利用填充曲面建立球面？

10. 设计如图 8-140 所示的模型。

11. 绘制如图 8-141 所示的模型。

12. 绘制如图 8-142 所示的风扇模型。

13. 绘制如图 8-143 所示的灯罩模型。

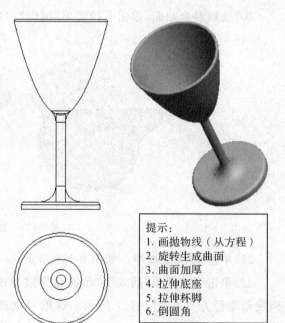

提示：
1. 画抛物线（从方程）
2. 旋转生成曲面
3. 曲面加厚
4. 拉伸底座
5. 拉伸杯脚
6. 倒圆角

图 8-140　高脚杯

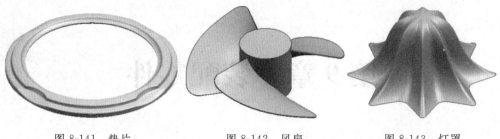

图 8-141 垫片   图 8-142 风扇   图 8-143 灯罩

14. 绘制如图 8-144 所示的车身模型。

15. 根据图纸文件 Mobile_Shell_Top. pdf，完成如图 8-145 所示的手机外壳上盖的建模。

图 8-144 车身   图 8-145 手机外壳

16. 根据图纸文件 Electrical Case. pdf，完成如图 8-146 所示的机电外壳的建模。

17. 根据图纸文件 Fuel Tank Cap. pdf，完成如图 8-147 所示的油箱盖的建模。

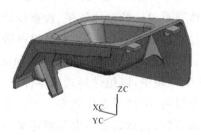

图 8-146 机电外壳   图 8-147 油箱盖

第9章 装配零件

学习单元：装配零件	参考学时：7
学习目标	
◆掌握装配的基本步骤 ◆理解并掌握各种装配约束的使用 ◆掌握简单组件的装配 ◆灵活运用各种装配视图、分解视图和 X 截面视图	
学习内容	学习方法
★简单组件的装配 ★装配约束 ★元件的移动操作 ★装配视图 ★分解视图 ★X 截面视图	◆理解概念，掌握方法 ◆熟记操作，勤于实践
考核与评价	教师评价 （提问、演示、练习）

在 Pro/ENGINEER 的装配模块中将多个零件按其空间约束关系进行组装，还可以利用装配体查看设计的整体效果、检查设计是否合理、创建装配工程图，提供了多种附加的功能。通过使用诸如简化表示、互换组件等功能强大的工具，组件支持大型和复杂组件的设计和管理。可自底向上装配，也可以自顶向下装配。由于 Pro/ENGINEER 的单一数据库特性，在装配模块中，以组件形式对零件进行修改，能直接在数据库中改变数据，以后调用的零件是修改过的，提高了工作效率。通过本章的学习，可以了解如何使用各种装配约束进行简单组件的装配，包括放置约束和预定义约束集，以及如何进行元件的移动操作。最后介绍了如何进行视图管理。

9.1 装配模块基础

9.1.1 常用术语

● 冻结元件：将其父元件删除或隐含时，其在组件中的放置仍固定不变的元件。

● 空元件：无几何形状的零件或子组件。

● 未放置元件：未装配也未封装的组件元件。

- 相交的元件:创建减料特征时,材料会被从中移除的组件元件。
- 元件:组件内的零件或子组件。元件是通过放置约束以相对于彼此的方式排列。
- 子组件:放置在较高层组件内的组件。
- 组件:一组通过约束集被放置在一起以构成模型的元件。
- 互换组件:含有零件或子组件的可交换组或表示的组件。
- 封装元件:未完全约束的组件元件。所有移动组件元件均会被封装。
- 参数化组件:参照元件移动或改变时,其中的元件位置也随之更新的组件。
- 起始元件:可用来作为创建新零件或组件的模板的标准元件。
- 挠性元件:已准备好适应新的、不同的或不断变化的变量的元件。
- 符号表示:一种简化表示,其中的元件几何以基准点表示。
- 几何表示:组件的精简表示,其中包含元件几何的完整信息。
- 简化表示:一种可将数量较少的元件调入进程中的组件表示。
- 图形表示:只包含显示信息的组件表示。无法修改或参照该组件。
- 数据共享特征:允许将数据从参照元件以相关方式传播到目标元件的特征。
- 合并特征:数据共享特征,可在两个元件放置到组件中后,将一个元件的材料添加到另一个元件中,或从另一个元件中减去此元件的材料。
- 继承特征:一种合并特征,可进行从一个零件到另一零件的单向几何和特征数据传播。
- 减料特征:为了移除材料而创建的特征,如孔。
- 发布几何特征:包含独立的局部几何参照的数据共享特征。可将此特征复制到其他模型。
- 快照:沿特定方向捕捉具有某种自由度的组件。
- 剖面:模型内部结构的视图(由一个平面将组件或零件切开)。
- 区域:模型内一块已定义的区域。
- 包络:为了表示组件中预先确定的元件集而创建的零件。包络使用简单的几何以减少系统内存的使用量,看起来与它所代表的元件类似。
- 布局:驱动零件和组件的非参数性 2D 草绘。
- 分解视图:显示彼此分隔的组件元件的可定制视图。分解视图可用于说明模型的装配方式及所需使用的元件。
- 复制几何:数据共享特征,可从参照模型传达几何信息和用户定义参数。
- 骨架模型:预先确定的元件的结构框架。
- 接近捕捉:放置处理过程中,可在拖动元件时标识可能放置位置的功能。释放鼠标键即可使元件捕捉至标识的位置。
- 元件放置:在组件中为零件或子组件定位。此定位是根据放置定义集而定,放置定义集决定元件与组件相关联的方式与位置。
- 实例研究:二维参数化布局,用于在设计零件之前测试机构中的运动限制和干涉。
- 收缩包络:表示模型外形的一组曲面和基准。
- 元件界面:用于自动化元件放置的已存储约束、连接和其他信息。每次将元件放置到组件中时,即可使用已保存界面。

- 约束集：放置组件元件的一组规格。
- 主表示：组件的完整、详细的表示。
- 仅限组件表示：排除子组件元件的简化表示，只包含组件级特征。
- 主体项目：不具备实体表示，必须显示在材料清单或"产品数据管理"程序中的组件对象。例如，黏结剂、涂漆、铆钉和螺丝。
- 自顶向下设计：先定出产品概念，再指定顶层设计标准的产品创建方式。这些标准接着会在创建和细节化零件和元件时，被传递到所有这些零件和元件。
- 重新构建：重新组织组件中的元件。
- 定向假设：放置元件时自动创建约束的基础。

9.1.2 装配约束

装配约束的作用是指定一个元件相对于装配体中的其他元件的放置方式和位置。约束类型包括匹配、对齐、插入、相切、坐标系、线上点、曲面上的点、曲面上的边、缺省和固定十种类型。装配前首先要创建基准特征或基本元件，然后才可创建或装配其他的组件到现有组件和基准特征中。当元件通过约束添加到装配体后，它的位置会随着其他元件的移动而发生变化，通过改变约束设置值，来改变与其他元件之间的关系，还可以与其他参数建立关系方程。装配也是一个参数化的过程。下面分别介绍各种约束。

注意：

建立装配约束前，应选取元件参照和组件参照。比如，将螺钉插入螺孔，螺钉的中心轴是元件参照，螺孔的中心轴是组件参照。

一次只能放一个约束。

一次装配成功往往需要数个约束。

附加约束（非需要约束）限制在 10 个以内，系统最多指定 50 个约束。

---

1. 匹配

匹配约束是指装配体中的两个平面（表面或基准面）重合并且朝向相反，如图 9-1 所示。也可以输入偏置值，使两平面相隔一段距离。

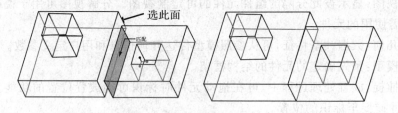

图 9-1　匹配约束

2. 对齐

对齐约束是指装配体中的两个平面（表面或基准面）重合并且朝向同方向，也可以输入偏置值，使两平面相隔一段距离，如图 9-2 所示。对齐约束可以使两条轴线同轴，可以使两个点重合，也可以使两条边或者两个旋转曲面对齐。

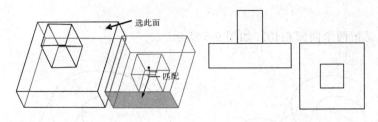

图 9-2　对齐约束

注意：

使用匹配和对齐约束时，两个参照必须为同一个类型，比如同为平面或同为旋转曲面。在放置约束中，只能使用下列曲面：平面、圆柱面、环面和球面。

在输入偏距时，对于反向偏距，要输入负偏距值。

3. 坐标系

坐标系约束是指两个元件的坐标系对齐，或者将元件的坐标系与装配件的坐标系对齐，即 X 轴、Y 轴、Z 轴分别对齐。如图 9-3 所示。

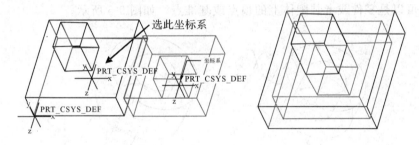

图 9-3　坐标系约束

4. 插入

插入约束是指两个装配元件中的两个旋转面的轴线重合，直径可以不等。如图 9-4 所示。

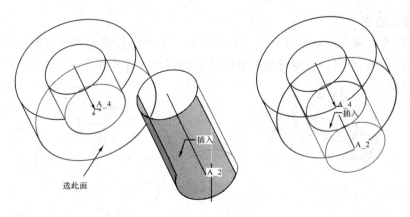

图 9-4　插入约束

5. 相切

相切约束是指两个曲面相切。如图 9-5 所示。

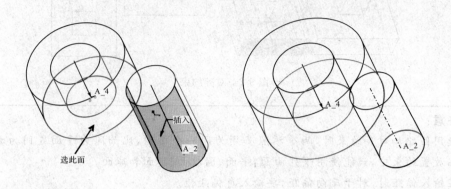

图 9-5　相切约束

6. 线上点

线上点约束是指一条线与一个点对齐。线可以是零件或者装配体上的边线、轴线或基准曲线，点可以是零件或者装配体上的顶点或基准点。如图 9-6 所示。

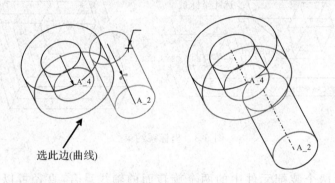

图 9-6　线上点约束

7. 曲面上的点

曲面上的点约束是指一个曲面和一个点对齐。面可以是零件或者装配体上的基准面、曲面或者零件表面，点可以是零件或者装配体上的顶点或者基准点。如图 9-7 所示。

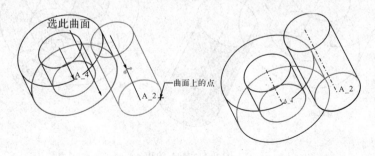

图 9-7　曲面上的点

8. 曲面上的边

曲面上的边约束是指一个曲面和一条边对齐。面可以是零件或者装配体上的基准面、曲面或者零件表面,点可以是零件或者装配体上的边线或基准线。如图 9-8 所示。

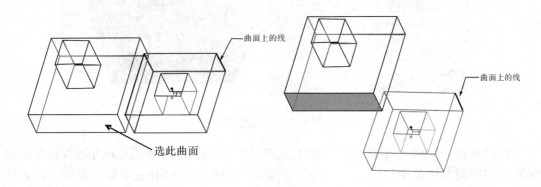

图 9-8　曲面上的边约束

9. 缺省

缺省约束是指默认约束,将元件上的默认坐标系与装配环境的默认坐标系对齐。向装配体引入第一个元件时,常常对该元件实施此约束。

10. 固定

固定约束是将元件固定在图形区的当前位置。向装配体引入第一个元件时,也可以对该元件实施此约束。

9.1.3　移动元件

对于简单的装配,直接放置约束即可;然而对于复杂的装配,还需要移动元件。单击元件放置操控板上的"移动"按钮,得到如图 9-9 所示界面。

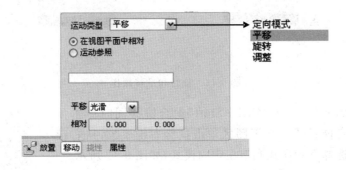

图 9-9　移动界面

可以看到,运动类型包括定向模式、平移、旋转和调整四种类型。

1. 定向模式

定向模式可以提供除标准的旋转、平移、缩放之外的更多查看功能,可相对于特定几何重定向视图,并可更改视图重定向样式,如动态、固定、延迟或速度,如图 9-10 所示。

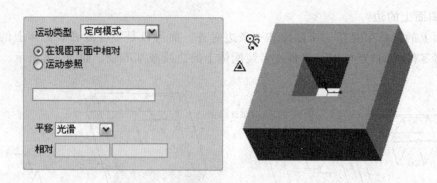

图 9-10　定向模式

单击"移动"界面中的下拉列表中的"定向模式"。在视图区中单击鼠标左键并按住中键拖动，可以控制元件在各个方向上的旋转。在旋转时，同时按 Shift 键可以在视图平面上平移元件，按 Ctrl 键可以在视图平面上旋转元件，如图 9-11 所示。

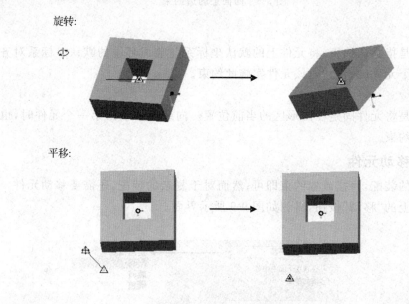

图 9-11　旋转和平移操作

对于新添加的元件，按下"Ctrl＋Shift"组合键并同时单击鼠标中键即可启用定向模式。在视图区单击鼠标右键不放，从右键的快捷菜单可以选择查看样式和退出定向模式，如图 9-12 所示。

样式有四种，分别是动态、固定、延迟和速度：

● 动态样式："方向中心"显示为 ◈，指针移动时方向更新，元件绕着"方向中心"自由旋转。

● 固定样式："方向中心"显示为 ⚠，指针移动时方向更新，元件的旋转由指针相对于其初始位置移动的方向和距离控制。"方向中心"每转 90 度改变一种颜色，当光标返回到按下鼠标的起始位置时，视图恢复到起始的地方。

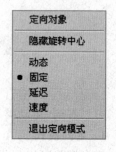

图 9-12　定向模式

● 延迟样式:"方向中心"显示为 ▣ ,指针移动时方向不更新,释放鼠标中键时,指针模型方向更新。

● 速度样式:"方向中心"显示为 ⚙ ,指针移动时方向更新,速率要受到光标从起始位置所移动距离的影响,速率是指操作的速度。

2. 平移

在"移动"界面的"运动类型"下拉列表中选择"平移",然后在视图区中单击鼠标左键平移元件,再次单击左键可以退出平移模式。平移的运动参照有两种:"在视图平面中相对"和"运动参照"。选择"在视图平面中相对"复选框后,可以在视图平面上移动元件;选择"运动参照"复选框后,可以在视图中选择平面、点或者线作为运动参照进行移动,同时其右侧将出现"垂直"和"平行"单选按钮作为参照选项,如图 9-13 所示。

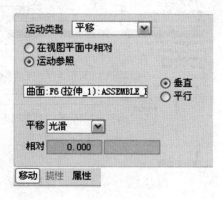

图 9-13　平移

图 9-14　旋转

3. 旋转

旋转可以使元件绕选定的参照旋转,操作方法与平移类似。选择旋转参照后,在元件上单击并移动可以旋转元件,再次单击可以退出旋转模式。在选择旋转参照时,可以在元件或者组件上选择两点作为旋转轴,也可以选择曲面作为旋转面。"旋转"界面如图 9-14 所示。

4. 调整

可以添加约束,并可以选择参照对元件进行移动。在"移动"界面的"运动类型"下拉列表中选择"调整",如图 9-15 所示。

图 9-15　调整

9.2 装配模块的一般过程

9.2.1 进入装配环境

1）单击"文件"|"设置工作目录"命令，将目录设置到用户指定位置。

2）单击"文件"|"新建"命令，或者直接单击工具栏上的按钮 $\Box$ ，得到如图 9-16 所示的对话框。

3）在弹出的如图 9-17 所示的对话框中，选择 `mmns_asm_design` 模板。

图 9-16 新建文件

图 9-17 选择模板

4）单击"确定"按钮。系统进入装配环境，此时看到三个正交的装配基准平面，如图 9-18 所示。

9.2.2 引入第一个零件

引入元件常用的有以下几种方法：

（1）在组件中直接创建零件。

（2）单击下拉菜单上的"插入"|"元件"|"封装"命令，来装配元件。将元件包括在组件中，然后用装配指令确定其位置。

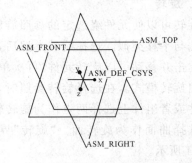

图 9-18 装配基准平面

（3）相对于组件中的基础元件或其他元件和（或）基准特征的位置，指定元件位置，可实现参数方式装配该元件。

但是，为了方便某些操作的实现，比如重定义装配的第一个元件的放置约束，阵列添加的第一个元件，将后面的元件重新排列，使之排在第一个元件之前等，最好的办法是首先引入基准平面。由于选取 `mmns_asm_design` 模板，系统就会自动生成三个正交的装配基准平面，所以无需再创建装配基准平面。下面开始引入第一个零件。

1)单击下拉菜单"插入"|"元件",得到如图 9-19 所示的界面。

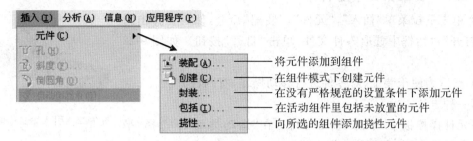

图 9-19　元件界面

2)单击"装配",弹出"打开文件"对话框,选择已有的模型文件,模型如图 9-20 所示,然后单击"打开"按钮。

3)完全约束放置第一个零件。完成上述操作以后,弹出如图 9-21 所示的元件放置操控板,在该操控板中单击 放置 按钮,在"放置"界面的"约束类型"下拉列表框中选择 缺省 选项,元件为默认放置,此时"状态"为"完全约束"。单击操控板的完成按钮 ✓ 。

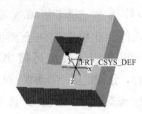

图 9-20　已有零件

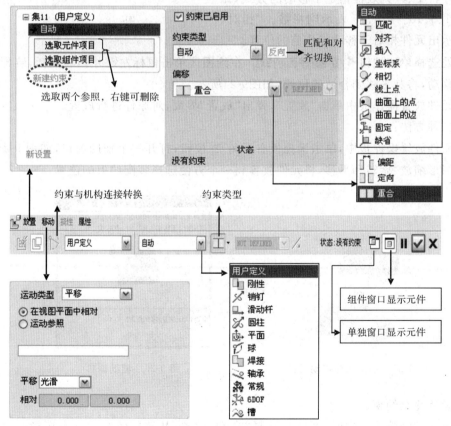

图 9-21　元件放置操控板

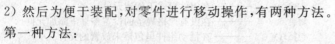

9.2.3 装配第二个零件

1) 单击下拉菜单"插入"|"元件"|"装配"命令,然后在弹出的文件"打开"对话框中选取零件文件,单击"打开"按钮。如图 9-22 所示。

2) 然后为便于装配,对零件进行移动操作,有两种方法。

第一种方法:

在元件操控板中,单击"移动"按钮,在"运动类型"下选择"平移",选取运动参照,有两种选择方式。

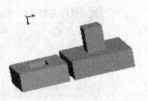

图 9-22 引入第二个零件

● ◉**在视图平面中相对** 单选按钮:相对于视图平面(即屏幕平面)移动元件。

● ◉**运动参照** 单选按钮:相对于参照移动元件。此单选按钮会激活"参照文本框",用来搜集参照。最多可搜集两个参照。选取参照后,会激活 ◉**垂直** 和 ◯**平行** 单选按钮。◉**垂直** 是指垂直于选定参照来移动元件;◯**平行** 是指平行于选定参照来移动元件。如图 9-23 所示。

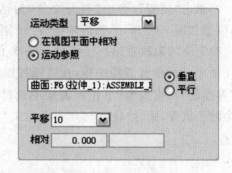

图 9-23 平移设置

另外,"平移"列表框指定了移动的方式,比如光滑 1、5、10。1、5、10 表示网格数。"相对"区域显示出元件相对于移动操作前的位置。

此处选择单选按钮 ◉**在视图平面中相对**,在绘图区单击鼠标左键并移动鼠标,装配元件随着鼠标移动,将其平移到合适的位置,如图9-24所示。

在元件放置操作板中单击"放置",弹出"放置"界面,对原件进行放置。

第二种方法:

在元件放置操控板中,单击操控板右下角 ▣ 按钮,打开一个辅助窗口,如图 9-25 所示。可以将图形缩放、旋转和平移,将元件放置到一个方便选择装配约束的位置。

图 9-24 单击鼠标移动元件

图 9-25 辅助窗口

3)设置完全约束。

当引元件到装配件中时,系统将选择"自动"放置,从装配体和元件中选择一对有效参照,系统将自动选择适合指定参照的约束类型,极大地提高了工作效率。但是在某些情况下,需要根据自己的意图重新选取。

(1)定义第一个装配约束。

①在"放置"界面的"约束类型"下拉列表框中选择"匹配"选项。

②选取其中一个元件要匹配的面,如图 9-26 所示,然后在"偏移"下拉列表框中选择"重合"。

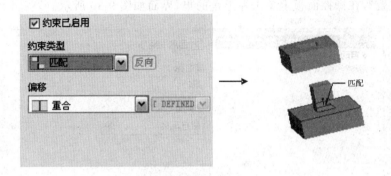

图 9-26　选择匹配和重合约束

③选取另一个元件要匹配的面,如图 9-27 所示。

(2)此时操控板上显示"部分约束"。需要定义第二个装配
约束。

①在"放置"界面的"约束类型"下拉列表框中选择"匹配"
选项。

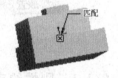

图 9-27　选取要匹配的面

②选取其中一个元件要匹配的面,如图 9-28 所示,然后在"偏移"下拉列表框中选择"重合"。

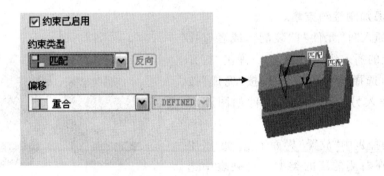

图 9-28　选择匹配和重合约束

③选取另一个元件要匹配的面,结果如图9-29
所示。

4)此时操控板上显示"完全约束"。单击操控板
上的"完成"按钮 ☑ 。

图 9-29　匹配约束的结果

9.3 预定义约束集

如果组件中包含可以运动的机构，为了保证机构的运动图形不被改变，同时也为了能对所设计的模型进行运动分析，需要在组件装配中使用预定义约束集。

单击"放置"，在操控面板上单击左上角的集，界面如图 9-30 所示。

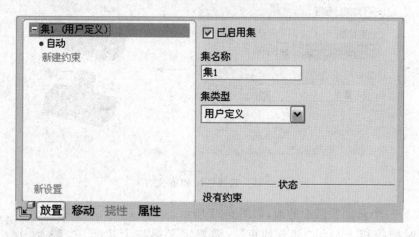

图 9-30　约束集操控板

9.3.1 刚性约束集

刚性约束集是指使用约束连接两个元件，使其无法相对移动。如此连接的元件将变为单个主体。刚性连接的自由度为 0，连接元件间不可以做任何相对运动，一般用于定义机架。

【例 9-1】添加刚性约束集。

1）单击"插入"|"元件"|"装配"，或者直接单击工具栏上的插入组件按钮 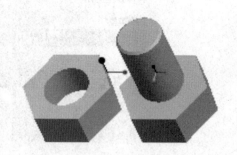。弹出"打开文件"对话框，选择已有的零件 1，按"完成"按钮 ✔，然后插入另一个元件。零件如图 9-31 所示。

2）单击操控板中"放置"界面上的"集 1（用户定义）"，并在右侧的集的类型下拉列表中选择"刚性"。然后单击"自动"，在右侧的"约束类型"下拉列表框输入"插入"，偏移类型为禁用状态如图 9-32 所示。

图 9-31　已有零件

3）在视图中选择螺钉的圆柱面和螺帽的圆柱面，选择的两个面将插入约束，如图 9-33 所示，这样就在刚性集上给元件和组件添加了插入约束。

4）操控板上显示为"部分约束"，因此添加第二个约束"匹配"，得到如图 9-34 所示结果。此时为"完全约束"，得到的元件与组件将以刚性连接，不能相对移动或旋转。

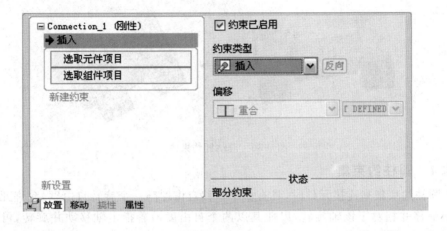

图 9-32　约束集操控板

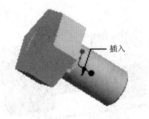

图 9-33　添加插入约束

图 9-34　刚性约束结果

9.3.2　销钉约束集

销钉约束集使连接具有一个旋转自由度,允许元件沿指定轴旋转。可以选取轴、边、曲线或曲面作为轴参照,选取基准点、顶点或曲面作为平移参照。设计需要定义一个"轴对齐"和"平移对齐"。操作步骤如 9.3.1 相同。运用销钉约束集所得的结果如图 9-35 所示。

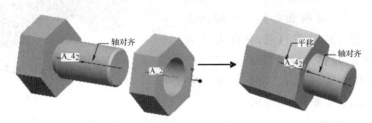

图 9-35　销钉约束集

9.3.3　滑动杆约束集

滑动杆约束集将元件连接至参照轴,滑动杆连接具有一个平移自由度,允许元件沿轴线方向平移,可以选取边或对齐轴作为对齐参照,选择曲面作为旋转参照。设计需要定义"轴对齐"和"平面匹配"约束以限制构件绕轴线旋转。操作步骤与 9.3.1 相同。运用滑动杆约束集所得的结果如图 9-36 所示。

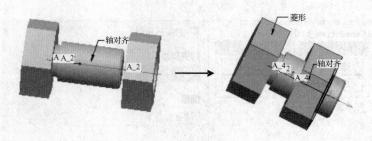

图 9-36　滑动杆约束集

9.3.4　圆柱约束集

使用圆柱约束集来连接元件时,具有一个平移自由度与一个旋转自由度,允许元件沿着指定的轴平移并相对于该轴旋转,以使其以两个自由度沿着指定轴移动并旋转,可以选取轴、边或曲线作为轴对齐参照。设计需要定义一个"轴对齐"。操作步骤与9.3.1相同。运用圆柱约束集所得的结果如图9-37所示。

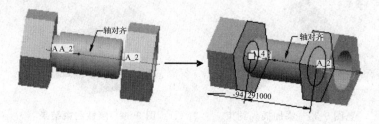

图 9-37　圆柱约束集

9.3.5　平面约束集

使用平面约束集来连接元件,以使其在一个平面内彼此相对移动。在该平面内有两个平移自由度,围绕与其正交的轴有一个旋转自由度,可以选取配对或对齐曲面参照。平面约束集具有单个平面配对或对齐约束,且配对或对齐约束可被反转或偏移。设计需要定义一个"平面对齐"。操作步骤与9.3.1相同。运用平面约束集所得的结果如图9-38所示。

图 9-38　平面约束集

9.3.6　球约束集

使用球约束集连接元件,使其以三个旋转自由度在任意方向上旋转(360°旋转),但是没有平移自由度,可以选取点、顶点或曲线端点作为对齐参照。球约束集具有一个点对点对齐约束。装配后两元件具有一个公共旋转中心,可以绕该中心点做任意方向的旋转运动。操作步骤与9.3.1相同。运用球约束集所得的结果如图9-39所示。

图 9-39　球约束集

9.3.7 焊接约束集

焊接约束将一个元件连接到另一个元件，使它们无法相对移动。焊接连接的自由度为0，将两个元件永久地连接在一起。通过将元件的坐标系与组件中的坐标系对齐而将元件放置在组件中，可在组件中用开放的自由度调整元件。设计需要定义"坐标系对齐"。操作步骤与9.3.1 相同。运用焊接约束集所得的结果如图9-40 所示。

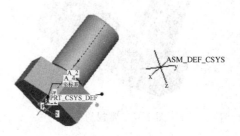

图 9-40 焊接约束集

9.3.8 轴承约束集

轴承约束是球约束和滑动杆约束连接的组合，具有四个自由度，包括三个旋转自由度（360°旋转）和一个沿参照轴平移的自由度。对于第一个参照，在元件或组件上选择一点；对于第二个参照，在组件或元件上选择边、轴或曲线。轴承连接允许接头在连接点任意方向旋转，沿指定的轴平移。操作步骤与9.3.1 相同。运用轴承约束集所得的结果如图9-41 所示。

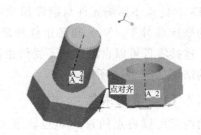

图 9-41 轴承约束集

9.3.9 常规约束集

常规约束可以在元件和组件之间添加一个或两个自定义约束，这些约束和用户自定义集中的约束相同，该约束还提供了平移和旋转控制。比如利用旋转和曲面上的点约束来装配，操控板和装配结果分别如图9-42 所示和图9-43 所示。

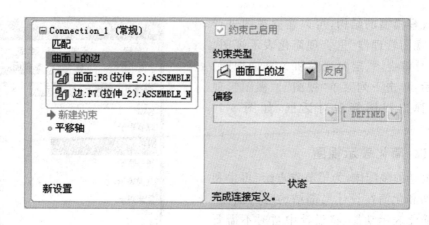

图 9-42 约束集操控板

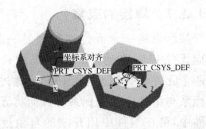

图 9-43　常规约束集　　　　　　　　　　图 9-44　6DOF 约束集

9.3.10　6DOF 约束集

6DOF 约束不影响元件与组件相关的运动，因为未应用任何约束。元件的坐标系与组件中的坐标系对齐。X、Y 和 Z 组件轴是允许旋转和平移的运动轴。6DOF 连接具有 6 个自由度。连接零件可以自由移动不受约束限制。操作步骤如 9.3.1 相同，运用 6DOF 约束集所得的结果如图 9-44 所示。

9.3.11　槽约束集

槽约束可以将点约束到非直轨迹上的点。此连接有四个自由度，点在三个方向上遵循轨迹。对于第一个参照，在元件或组件上选择一点，所参照的点遵循非直参照轨迹，轨迹具有在配置连接时所设置的端点。槽约束具有单个"点与多条边或曲线对齐"约束。操作步骤与9.3.1 相同。运用槽约束集所得的结果如图 9-45 所示。

图 9-45　槽约束集

9.4　视图管理

为了观察模型的结构，可以建立视图进行管理。在"视图管理器"里管理简化表示视图、样式视图、分解视图、定向视图和 X 截面视图。打开组件后，单击下列菜单"视图"|"视图管理器"，系统弹出视图管理对话框，如图 9-46 所示。

9.4.1　简化表示视图

对于复杂的装配体，为了节省重绘、再生和检索的时间和化简在设计局部结构时的图面，可以利用简化表示功能，将设计中暂时不需要的零部件从装配体的工作区中移除，将需要的工作区显示出来。

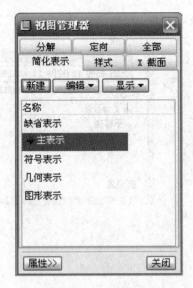

图 9-46　视图管理器

【例 9-2】创建简化表示视图。

1）在"视图管理器"对话框里，单击"简化表示"，然后在其界面单击"新建"按钮新建一个简化视图的名称，并显示在"名称"列表框中，按 Enter 键弹出如图 9-47 所示的"编辑"对话框。从中可以对简化显示的样式进行操作和重新定义。

● "排除"选项卡：从装配体中排除所选的元件，接受排除的元件将从工作区中移除，但是在模型树上还保留它们。

● "替代"选项卡：将所选取的元件用其他简单的零件或包络替代。包络是一种通常由简单的几何创建的特殊零件，包络零件不出现在材料清单中。

2）单击"视图管理器"面板上的"编辑"按钮，从下列菜单中可以对选择的简化表示进行保存、重定义和移除等操作，如图 9-48 所示。

图 9-47 "编辑"对话框

图 9-48 右键菜单

3）单击"视图管理器"面板左下角的"属性"按钮 属性>> 可以切换到图标操作界面，单击 按钮可以将视图区的元件隐藏起来，同时该元件会显示在"项目"列表框中，单击 按钮可以恢复元件在视图区的显示。单击"移除"按钮可以将"项目"列表框中的项目删除，元件将恢复初始设置。如图 9-49 所示。

● （主表示）单选按钮："主表示"元件和正常的元件一样，可以对其进行正常的操作。

● （几何表示）单选按钮："几何表示"的元件不能被修改，但是它的几何元素可以保留，在操作元件时可以参照它们，与"主表示"相比，"几何表示"的元件检索时间较短、占用内存较少。

图 9-49 视图管理器

● （图形表示）单选按钮："几何表示"的元件不能被修改，但是它不含有几何元素，因此在操作元件时不可以参照它们，常用于大型装配体的快速浏览。它与"几何表示"相比，元件检索时间更短、占用更少的内存。

● [图]（仅组件表示）单选按钮：允许表示子装配件而不带有该子装配件中的任何元件，但是可以包括其中的所有装配特征。

● [图]（符号表示）单选按钮：用简单的符号来表示所选取的元件。可保留参数、关系、质量属性、组表信息，并出现在材料清单中。

9.4.2 样式视图

样式视图可将指定的图元遮蔽起来或以线框、隐藏线等样式显示。有四种显示样式模式：着色、线框、隐藏线和无隐藏线。

【例 9-3】创建样式视图。

1）单击"视图管理器"的"样式"选项卡可以进入相应的面板，可以与简化表示视图一样先新建一个视图。然后按"Enter"键弹出如图 9-50 所示的"编辑"对话框。

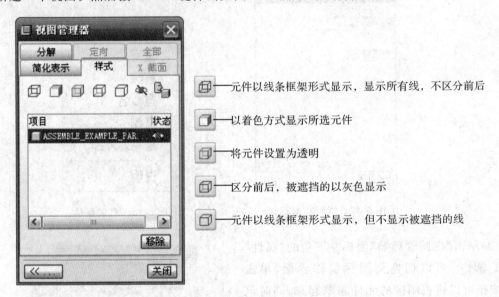

图 9-50　视图管理器

2）在图形区中选取要遮蔽的元件或者在模型树选择，在如图 9-50 所示的对话框中点击 [图] 按钮，部分遮蔽后的元件如图 9-51 所示。

3）在"编辑"对话框中单击"显示"选项卡，在"方法"选项组中选中 [图] 单选按钮，然后选取元件，结果如图 9-52 所示。

图 9-51　遮蔽后的效果

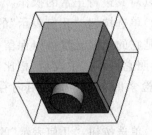

图 9-52　线框显示

4)在"方法"选项组中选中 ▣ 单选按钮,然后选取元件,结果如图 9-53 所示。

5)在"方法"选项组中选中 ▣ 单选按钮,然后选取元件,结果如图 9-54 所示。

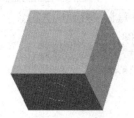

图 9-53　着色显示

图 9-54　透明显示

6)在"方法"选项组中选中 ▣ 单选按钮,然后选取元件,结果如图 9-55 所示。

7)在"方法"选项组中选中 ▣ 单选按钮,然后选取元件,结果如图 9-56 所示。

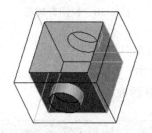

图 9-55　隐藏线显示

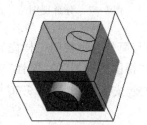

图 9-56　无隐藏线显示

8)完成上述步骤后,单击"编辑"对话框中的完成按钮,完成视图的编辑,再单击"视图管理器"对话框中的"关闭"按钮。

注意:

用户可以同时创建多个样式视图,打开"视图管理器"对话框中的"样式"选项卡,选取相应的视图名称,双击,或者选中"显示"|"设置为活动",此时当前视图名称前有一个红色箭头,表示此视图为当前活动视图。

9.4.3　分解视图

装配体的分解视图也称爆炸视图,就是将装配体中的各元件沿着直线或坐标轴移动或旋转,使各个零件从装配体中分解出来,如图 9-57 所示。分解视图对于表达各元件的相对位置非常有帮助,因而常常用于表达装配体的装配过程、装配体的构成。

【例 9-4】创建样式视图。

1)单击"视图管理器"的"分解"标签可以进入相应的面板,如图 9-58 所示。

2)单击面板中的 ▣ 按钮在原装配图与分解视图之间进行切换,单击 ▦ 按钮使元件在原状态和分解状态之间进行切换。被设置的组件和元件出现在"项目"列表框中,并显示其状态,单击右下角的"移除"按钮可以删除指定的项目,项目恢复到原始状态。

图 9-57 分解视图

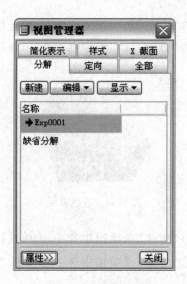

图 9-58 视图管理器

3）可以与简化表示视图一样先新建一个视图。然后按"Enter"键。

4）单击"视图管理器"的"属性"对话框，如图 9-59 所示。

5）单击 ☒ 按钮，弹出如图 9-60 所示的"分解位置"对话框。

图 9-59 视图管理器

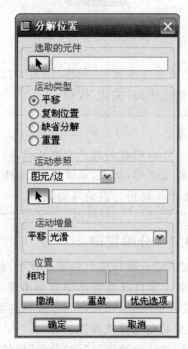

图 9-60 分解位置

6）定义沿运动参照的平移运动。

单击"分解位置"对话框的"运动类型"选项组，选中"平移"单选按钮。在"运动参照"选项组的下拉列表中，选择"平面法向"，再选取图形区的图元作为运动参照。然后单击右下角

"优先选项"按钮,在弹出的图 9-61 所示的对话框中选中"随子项运动"单选按钮,并单击"关闭"按钮。单击图元,移动鼠标进行移动操作。然后选取其他图元重复此移动操作。

7)完成分解运动以后,单击"分解位置"以后对话框中的"确定"按钮。

8)保存分解状态。在"视图管理器"对话框中选取 `<< ...` 按钮,然后单击"视图管理器"中的"编辑"|"保存"按钮,在弹出的如图 9-62 所示的"保存显示元素"对话框中单击"确定"按钮。最后关闭"视图管理器"。

图 9-61　优先选项

图 9-62　保存显示元素

说明:
单击下拉菜单"编辑"|"分解"|"取消分解视图"命令,可以取消分解视图的分解状态。

9.4.4　定向视图

定向视图功能可以将组件以指定的方位进行摆放,可便于观察或为将来生成工程图做准备。

【例 9-5】创建定向视图。

1)打开"视图"|"视图管理器"命令,在"视图管理器"对话框中的"定向"选项卡中单击"新建"按钮,命名后按 Enter 键。如图 9-63 所示。

2)选择"编辑"|"重定义"命令,弹出"方向"对话框,如图 9-64 所示。

3)在"类型"下拉列表框中选取"按参照定向"。在"选项"区域"参照 1"下的列表框中选取"前",再选择装配的基准平面 ASM_RIGHT 朝前. 然后在"参照 2"下的列表框中选取"右",再选取模型表面,使得所选的表面朝向右侧。如果选择"动态定向"类型可以对所选视角重新进行定位,如图 9-65 所示。

4)单击"确定"按钮,关闭"方向"对话框,再关闭"视图管理器"。

9.4.5　X 截面视图

X 截面视图是指创建一个剖面来切除零件或组件的一部分来查看模型的截面。在组件模式下,可以创建一个与整个组件或仅与一个选定零件相交的剖面。组件中每个零件的剖面线分别确定,组件剖面可以应用在绘图中。

Pro/ENGINEER 提供的剖面工具可以创建平面剖面、偏移剖面以及来自多面模型的剖面。平面剖面标有剖面线,并进行了填充,偏移剖面标有剖面线,但未进行填充,多面模型剖面文件的扩展名为.stl。

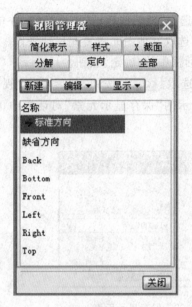

图 9-63　视图管理器

图 9-64　"方向"对话框

【例 9-6】创建 X 截面视图。

1)单击"视图管理器"的"X 截面"标签，显示无剖面设置，单击"新建"按钮新建一个剖面，其名称显示在"项目"列表框中，回车后弹出一个菜单管理器，如图 9-66 所示。

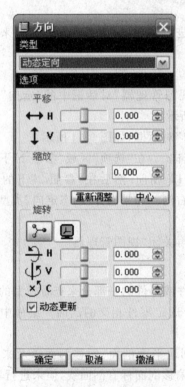

图 9-65　"方向"对话框

图 9-66　剖截面选项

2)在该菜单管理器中可以选择"模型"或"一个零件"作为剖面基准,然后选择"平面"、"偏距"或"区域"剖面类型,默认选择"单一"模式。单击"完成"命令弹出"设置平面"菜单管理器,如图 9-67 所示,有"平面"和"产生基准"两种生成剖面的方式。

3)若选取"平面"生成剖面,需要选择一个平面作为生成剖面的参照或者在右侧工具栏上选择 □ 来创建一个平面来作为剖面参照,如图 9-68 所示。

图 9-67 设置平面

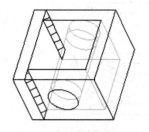

图 9-68 选取"平面"创建剖面

4)若选取"产生基准"生成剖面,将弹出如图 9-69 所示的对话框,包括穿过、法向、平行、偏距、角度、相切和混合截面七种方式。

其中,"穿过"可以选择点、线段或者小平面作为剖面穿过的图元,如果选择点或线段,并不能准确地确定剖面的位置,系统将再次弹出图 9-69 所示的对话框,可以再次选择参照来一起生成剖面平面。穿过正方体左上方和右下方的两条棱产生的剖面,如图 9-70 所示。

"偏距"可以选择平面作为参照,按照提示通过点或输入偏移距离来确定剖面位置。底面向上方偏移产生剖面,如图 9-71 所示。

图 9-69 菜单管理器

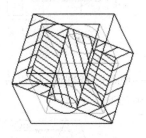

图 9-70 通过"穿过"创建剖面

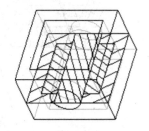

图 9-71 通过"偏距"创建剖面

"角度"可以通过与参照面成一定角度来确定平面。先通过"穿过"选择一条线段或轴线作为基准面旋转的轴线，然后输入旋转角度，穿过内部小正方体一条棱，与外部大正方体的前表面成 45 度产生剖面，结果如图 9-72 所示。

"混合截面"使选取的模型的面自动生成截面。选取内部小正方体的前面，得到剖截面如图 9-73 所示。

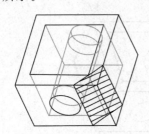

图 9-72　通过"角度"创建剖面

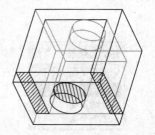

图 9-73　通过"混合截面"创建剖面

以上类型属于"平面剖面"。剖面的第二种类型是"偏距"剖面，它可以通过草绘平面来切割组件，从而得到剖截面。在装配体底面做草图，如图 9-74 所示。得到的剖截面如图 9-75 所示。

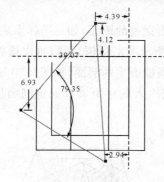

图 9-74　草图

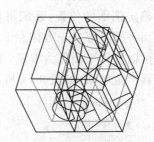

图 9-75　偏距剖截面

还有一种是区域剖面，可以在一定范围内对组件进行切割，切割的区域不仅限于平面内。如图 9-76 所示。

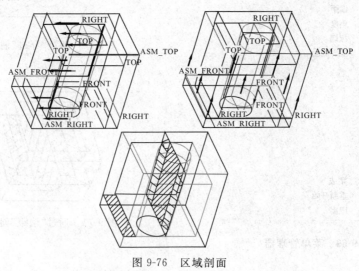

图 9-76　区域剖面

9.5 实 例

【例 9-7】导入 CPU 风扇零件,然后进行装配。

1)新建组件文件,输入文件名称为 cpu_fan,如图 9-77 所示,单击"确定"按钮进入组件设计模式。

2)单击下拉菜单"插入"|"元件"|"装配",或单击主窗体右侧工具栏 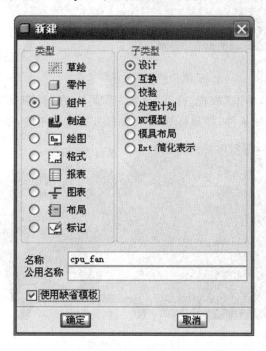 按钮。在"打开"对话框中选中并打开文件 radiator.prt,结果如图 9-78 所示。

图 9-77 新建文件

3)在装配操控板上,单击"放置"按钮打开"放置"选项卡;在"约束类型"下拉列表中选择"缺省"选项,单击 按钮;单击主窗体上侧工具栏 按钮、 按钮和 按钮,关闭选择中心、基准面和基准轴的显示。放置后的散热器如图 9-79 所示。

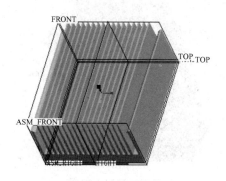

图 9-78 打开文件

图 9-79 放置散热器

4)单击下拉菜单"插入"|"元件"|"装配"，或单击主窗体右侧工具栏 ![按钮] 按钮。在"打开"对话框中选中并打开文件 fan. prt，如图 9-80 所示。

图 9-80　打开零件文件

5)在装配操控板上，单击"放置"打开"放置"选项卡，在"约束类型"下拉列表中选择"匹配"选项，创建第一个匹配条件；用鼠标选取风扇右边的一个内壁，如图 9-81 所示。

图 9-81　选择内壁

然后用鼠标选取散热器右侧面。结果如图 9-82 所示。

6)在"放置"选项卡中，单击"新建约束"，在"约束类型"下拉列表中选择"匹配"选项，创建第二个匹配条件。用鼠标选取散热器散热片的一个上端面，如图 9-83 所示。

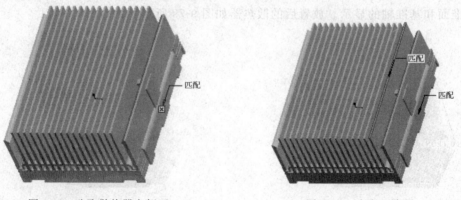

图 9-82　选取散热器右侧面　　　　　　图 9-83　选取上端面

　　按住鼠标滚轮,改变视图方向,调整到有利于选取第二个匹配面的位置,用鼠标选取风扇卡座的一个底面,如图 9-84 所示。

　　按快捷键 Ctrl+D 恢复到标准方向视图显示,结果如图 9-85 所示。

　　7)在"放置"选项卡中,单击"新建约束",在"约束类型"下拉列表中选择"匹配"选项,创建第三个匹配条件。用鼠标选取散热器的一个前端面,如图 9-86 所示。

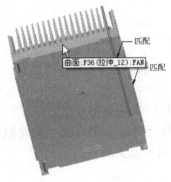

图 9-84　选取底面　　　　　图 9-85　切换到标准视图方向　　　　图 9-86　选取前端面

　　8)再按住鼠标滚轮,改变视图方向,调整到有利于选取第三个匹配面的位置,用鼠标选取风扇卡口的内侧面,如图 9-87 所示。

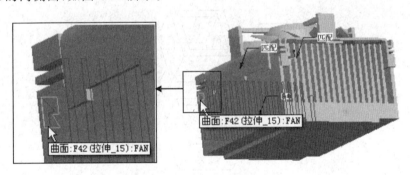

图 9-87　选取卡口的内侧面

　　按快捷键 Ctrl+D 恢复到标准方向视图,结果如图 9-88 所示。

　　9)单击 ✓ 按钮完成风扇的放置。结果如图 9-89 所示。

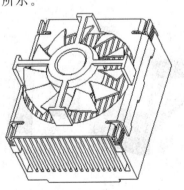

图 9-88　切换到标准方向视图　　　　　　　图 9-89　装配完成

10)单击工具栏 ▣ 按钮保存文件，在第 10 章工程图将使用本文件。

9.6　思考与练习

1. 装配约束有哪些？分别如何应用？

2. 装配约束时有哪些应注意的问题？

3. 在装配模式下，如何将元件添加到组件？

4. 运动类型包括几种类型？分别是如何定义的？

5. Pro/ENGINEER Wildfire 5.0 对于调节组件中元件的位置，包含几种运动类型？分别是什么？

6. 在进行零件装配的过程中，放置约束中的哪种约束可以一次性确定元件的位置？

7. 自定义约束集中的哪种约束将元件连接至参照轴，以使元件以一个自由度沿此轴旋转或移动，包括两种约束一种是轴对齐，另一种是平面配对或对齐或点对齐。

8. 简述在组件环境下的零件装配过程。

9. 在制作 X 截面视图时，平面剖面的生成方式有哪几种？

10. 视图有几种创建方法？分别说明。

11. 根据提供的零件文件，进行如图 9-90 所示的装配。

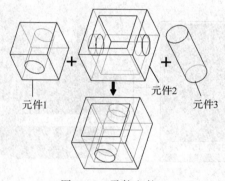

图 9-90　零件文件

12. 根据提供的如图 9-91 所示的零件文件，装配一个低速滑轮装置，装配结果如图9-92所示。

图 9-91　零件文件　　　　　　　　　　　　图 9-92　装配结果

第 10 章　工程图

学习单元：工程图	参考学时：4
学习目标	
◆掌握常用工程视图的创建方法 ◆掌握图框格式的绘制 ◆掌握尺寸标注的方法 ◆掌握简单零件的工程图设计 ◆掌握文件导入与导出的方法	
学习内容	学习方法
★工程图的基础知识 ★调整实体的方法 ★创建工程图视图的一般过程 ★文件的导入与导出的方法 ★尺寸标注 ★其他注释，如公差、技术要求等	◆理解概念，掌握方法 ◆熟悉应用，勤于练习
考核与评价	教师评价 （提问、演示、练习）

　　工程图是产品在研发、设计和制造过程中的重要工具，因此工程图的创建是零件设计过程中的重要环节，本章将对创建工程图视图的基本步骤、调整实体的方法，以及尺寸标注及其他注释做详细的介绍。重点是工程图视图的创建和修改以及尺寸的标注方法。

10.1　工程图基础

10.1.1　工程图菜单简介

和工程图相关的菜单集中为"插入"、"格式"和"编辑"菜单。

(1)"插入"菜单如图 10-1 所示。

(2)"格式"菜单如图 10-2 所示。

(3)"编辑"菜单如图 10-3 所示。

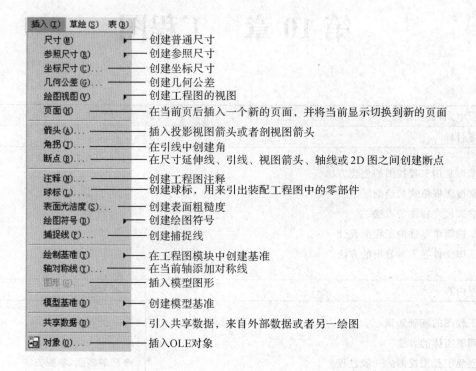

图 10-1　插入菜单

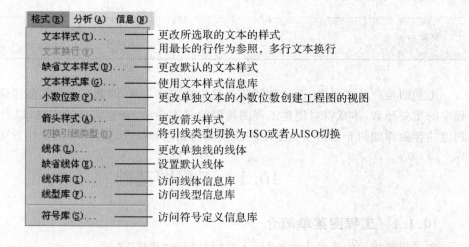

图 10-2　格式菜单

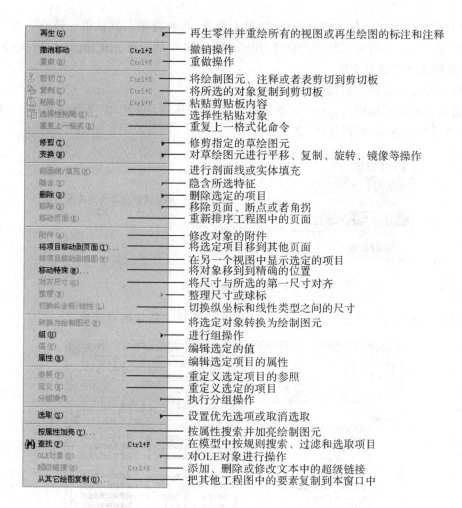

图 10-3　编辑菜单

10.1.2　工程图的视图

在绘图模块中可以创建工程图的各种视图：

（1）按视图的复杂程度分，可分为基础视图和高级视图。

（2）按视图生成的顺序分，可分为一般视图和投影视图。

（3）按视图的不同特性分，可分为投影视元、辅助试图、旋转视图、详细视图、剖视图和剖面图等类型。

（4）按剖视种类分，可分为全剖、半剖、局部剖、旋转剖和断面视图等类型。

10.1.3　工程图设置文件

1. 什么是工程图设置文件

工程图的设置文件用来控制工程图中的尺寸高度、文本字型、文本方向、几何公差标准、字体属性、草绘的标准和箭头形状等要素。在设置文件中，每个要素对应一个参数选项，系统为这些参数选项赋予了默认值，用户可以根据需要进行定制。

需要配置的文件中，用选项 drawing_setup_file 指定某个特殊的工程图的设置文件的路径,这样系统将采用文件中的设置值,如果不设置,系统将采用默认值。还有一个工程图设置文件控制图框中的项目要素的设置,用 config.pro 中的选项 pro_format_dir 来设置。

2. 定制工程图设置文件

修改工程图设置的一般操作过程为：

1)进入工程图环境以后,选择下拉菜单"文件"|"属性"命令,在弹出的如图 10-4 所示"菜单管理器"中,选择"绘图选项"命令。

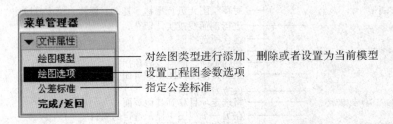

图 10-4　菜单管理器

2)设置参数选项。单击"绘图模型"后,会弹出图 10-5 所示的对话框。

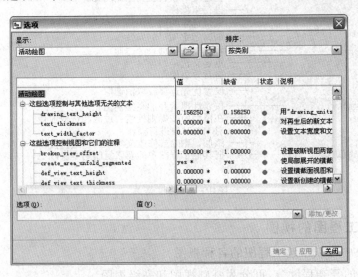

图 10-5　选项对话框

在选项区内找到并单击 drawing_units；在对话框下端的"值"列表框内选取或者输入值；单击右端的 添加/更改 按钮。如需修改或添加其他选项,继续重复操作,完成后单击"应用"按钮,最后单击 🖫 按钮,将修改保存在当前工作目录或者其他适当的目录中。

10.1.4　设置工程图的比例

1. 比例类型

工程图中有两种比例：全局比例和单独比例。

● 全局比例。全局比例是整个工程图的比例,由配置文件中的 default_draw_scale 设定。不设定的话,系统会根据零件模型的大小自动生成一个全局比例值。全局比例值位于工程图框外面的左下角。如图 10-6 所示。

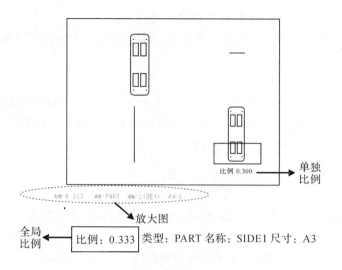

图 10-6　设置全局比例

● 单独比例。单独比例是工程图中各视图单独设定的比例值,如图 10-7 所示。用户可以在如图 10-7 所示"绘图视图"对话框中选择"比例"项,然后选择"定制比例",输入该视图的比例值,即该视图的单独比例。修改工程图的全局比例,不影响该单独比例。

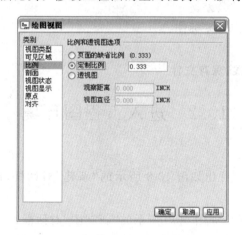

图 10-7　设置单独比例

2. 设置视图比例的方法

在 Pro/ENGINEER 中可以有 2 种方法设置视图比例:

1)用关系表达式驱动视图比例

以模型中的一个或者几个尺寸为参数建立一个关系式,当模型的尺寸发生变化时,视图的比例也发生变化。若用关系驱动的视图含有子视图,则系统会同时更新这些子视图。当视图没有设置单独比例时,关系表达式不能驱动。

2)修改视图比例

Pro/ENGINEER 中可以有以下几种修改比例值的方式:

● 单击下拉菜单"编辑"|"值"命令来修改比例值。

● 直接单击工程图的全局比例或单独比例进行修改。

● 在绘图视图对话框中的"类型"列表框里选择"比例"，然后输入比例值或者比例的关系表达式即可。

3. 工程图的比例格式

通过工程图设置文件中的选项 view_scale_format，可以将工程图中的比例设置为小数格式（值为 decimal）、分数形式（值为 fractional），或者是比例格式（值为 ratio_colon）。

10.1.5 创建工程图的一般过程

1. 新建一个工程图文件，进入工程图环境

（1）单击新建文件，选择"绘图"文件类型，输入文件名称。

（2）选择要建立工程图的零件或装配体，并选择图纸的格式或模板。

2. 产生视图

（1）创建基本视图，即主视图、俯视图和右视图等。

（2）修改或者添加其他视图，使零件或装配体能够清晰地表达。

3. 在生成的工程图中添加尺寸和标注

（1）显示模型尺寸，将多余的尺寸去除或者手动添加尺寸。

（2）添加必要的草绘尺寸。

（3）如有需要，添加尺寸公差。

（4）创建基准，进行几何公差标注。

（5）标注表面粗糙度。

4. 校核图纸，确认无误，保存文件

10.2　进入工程图环境

【例 10-1】新建工程图。

1）单击"新建"按钮 ▢，弹出如图 10-8 所示的"新建"对话框；选取文件类型，输入文件名，取消使用默认模板。

2）单击"确定"按钮，弹出如图 10-9 所示的"新制图"对话框。

3）"缺省模型"：系统默认选取当前活动的模型，可以单击 浏览... 按钮选取其他文件。

4）在"指定模板"选项组中选取工程图模板或图框模式，该区域有以下选项：

● "使用模板"：创建工程图时，使用某个工程图模板。

● "格式为空"：不使用模板，但是使用某个图框格式。

● "空"：不使用模板，也不使用图框模式。

如果选择"使用模板"，可以在"模板"栏中选取模板（如图 10-9 所示），或者单击 浏览... 按钮，选取模板并打开。

如果选择"格式为空"（如图 10-10 所示），需要在"格式"选项组中单击 浏览... 按钮，然后选取并打开某个格式文件。在实际工作中常选用此选项。

选用"空"选项，对话框如图 10-11 所示。如果选取图纸的幅面尺寸为标准尺寸，应先在"方向"选项组中，选择"纵向"或"横向"放置按钮，然后在"大小"选项组中选取图纸的幅面；

如果图纸的尺寸为非标准尺寸,则应该在"方向"选项组中,单击"可变"按钮,然后在"大小"选项组中输入图幅的高度和宽度尺寸及采用的单位。

5)单击"确定"按钮,进入工程图环境。

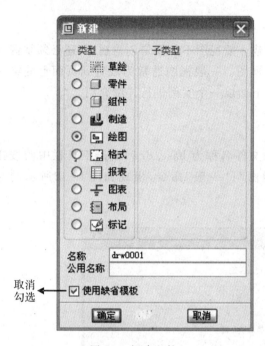

图 10-8 新建文件

图 10-9 指定模板

图 10-10 使用空模板

图 10-11 不使用模板

10.3 创建工程图视图

10.3.1 创建基础视图

1. 创建一般视图

创建一般视图是创建其他视图的前提，创建一般视图不仅仅是创建视图，还必须掌握如何改变视图的方向，以便从不同的角度来观察视图。一般视图通常为放置到页面上的第一个视图，系统一般按默认方向创建一般视图。下面以一个实例进行详细介绍。

【例 10-2】创建一般视图。

1）新建文件。

打开零件文件 base.prt，然后新建工程图文件名称为 base.drw；单击工具栏中的按钮 [图]，或者在主菜单栏中选择"插入"|"绘图视图"|"一般"命令，出现如图 10-12 所示的对话框。

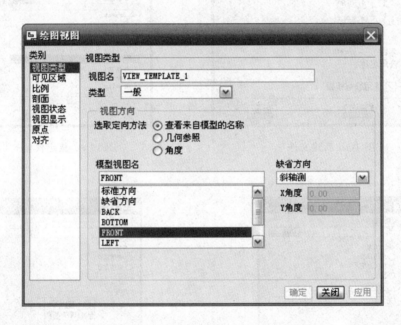

图 10-12 绘图视图对话框

2）设置参数。在左侧"类别"列表里选择"视图显示"；在右侧"显示线型"下拉列表里选择"隐藏线"；在左侧"类别"列表里选择"比例"，在右侧填写比例值或比例关系式。

3）在左侧"类别"列表里选择"视图类型"，然后改变视图方向，如图 10-12 所示。选择"模型视图名"列表中的视图方向，然后单击"应用"按钮，也可以"选取定向方法"中的单选按钮和"缺省方向"选项来重定义参照改变视图的方向。这时绘图区域即以所选定方向显示。

4）改变视图的方向，以便从不同的角度来观察视图。系统一般按默认方向创建视图，在绘图区的某一个位置单击，系统会在该位置放置零件的一般视图。此时，会出现如图 10-13 所示的对话框，按"是"即可。

5）最终创建结果如图 10-14 所示。最后保存文件。

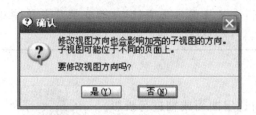

图 10-13　确认操作

图 10-14　一般视图

另外，也可以选择已保存的视图方位进行定向。首先将零件文件打开，先将零件摆放好，然后单击工具栏中的 ，打开如图 10-15所示的对话框；单击"已保存的视图"，在名称栏定义一个名称，单击"保存"和"确定"按钮，完成视图保存。打开原来的绘图文件，在如图 10-12 的对话框中，模型视图中选择已保存的视图，然后单击"确定"按钮打开。

图 10-15　"方向"对话框

提示：

也可以通过右键操作创建一般视图：在绘图区放置一般视图的位置，单击右键，然后在快捷菜单中选取"插入普通视图"。

2. 创建投影视图

投影视图是一般视图沿水平或垂直方向的正交投影。投影视图放置在投影通道中，即位于父视图的正上方、正下方或正左方、正右方。下面举例说明。

【例 10-3】创建投影视图。

1）打开零件文件 base. prt 和工程图文件 base. drw，在该工程图上创建投影视图。首先单击下拉菜单"插入"|"绘制视图"|"投影"，插入投影视图。选取父视图，父视图上将出现一个框，代表投影；将此框水平或垂直地拖到所需的位置，单击左键即可放置视图，如图10-16所示。

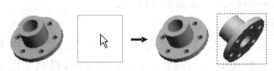

图 10-16　创建投影视图

2）要修改投影视图的属性，可以选取投影视图并单击右键，选择快捷菜单上的"属性"，或者双击该视图。得到如图 10-12 所示的对话框。其设置方法与一般视图相同。最后保存文件。

提示：

也可以通过右键操作插入投影视图：在父视图单击右键，然后在快捷菜单中选择"插入投影视图"。如图 10-17 所示。

3. 创建辅助视图

辅助视图也是一种投影视图，只是向选定曲面或轴进行投影。选定曲面的方向确定了投影通道，父视图中的参照必须垂直于屏幕平面。它主要用于辅助复杂的投影视图来表现模型特征。

【例 10-4】创建辅助视图。

1）打开零件文件 base.prt 和工程图文件 base.drw，在该工程图上创建辅助视图。首先单击下拉菜单"插入"|"绘制视图"|"辅助"，选取父视图中要创建辅助视图的边、轴、基准平面或曲面；父视图上方出现一个框，代表辅助视图，将此框水平或垂直地拖到所需的位置，单击左键即可放置辅助视图。如图 10-18 所示。

2）要修改投影的属性，选取并在投影视图上单击右键，选择快捷菜单上的"属性"，得到如图 10-12 所示的对话框。其设置方法与一般视图相同。最后保存文件。

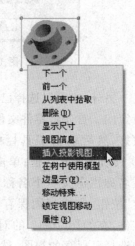

图 10-17　插入投影视图

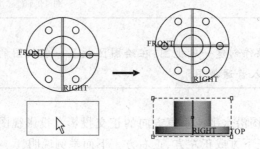

图 10-18　创建辅助视图

4. 创建旋转视图

旋转视图是现有视图的一个剖面，它绕切割平面投影旋转 90 度。可将在 3D 模型中创建的剖面用作切割平面，或者在放置视图时即时创建一个剖面。旋转视图和剖视图的不同之处在于旋转视图包括一条标记视图旋转轴的线。

【例 10-5】创建旋转视图。

1）打开零件文件 base.prt 和工程图文件 base.drw，在该工程图上创建旋转视图。首先单击下拉菜单"插入"|"绘制视图"|"旋转"，插入旋转视图，得到如图 10-19 所示的对话框。

2）选择"截面"下拉列表中的"创建新截面"，依弹出对话框的提示创建新截面，创建新截面完成后的界面如图 10-20 所示。

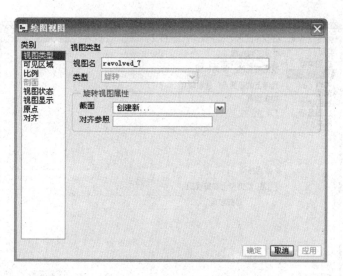

图 10-19 "绘图视图"对话框

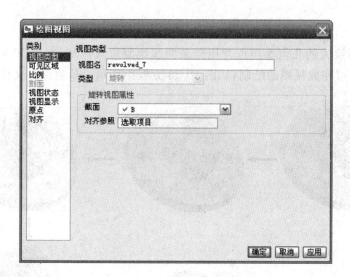

图 10-20 设置视图类型

3）创建的旋转视图如图 10-21 所示。最后保存文件。

5. 创建局部视图

局部放大图是一种细化特征的表达方式，它主要用于表达复杂零件图的某一部位的结构图，也是一种常用的视图表现方法。

【例 10-6】创建局部视图。

1）打开零件文件 base. prt 和工程图文件 base. drw，在该工程图上创建局部视图。首先在绘图区双击一般视图，然后在"绘图视图"对话框中"类别"列表框内选择"可见区域"选项，并在"视图可见性"下拉列表中选择"局部视图"选项，如图 10-22 所示。

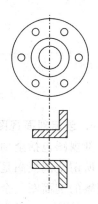

图 10-21 旋转视图

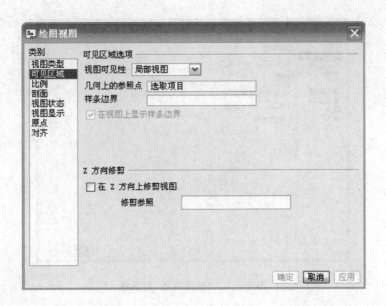

图 10-22　选择局部视图

2）分别选择放大的几何参照点并用样条曲线绘制放大区域，如图 10-23 所示。然后单击"确定"按钮即可完成视图的绘制，如图 10-23 方框中所示。最后保存文件。

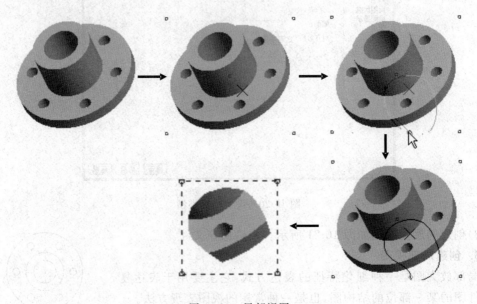

图 10-23　局部视图

6. 创建剖面视图

剖视图包括全剖视图、半剖视图和局部剖视图。

所谓全剖视图是将整个基础视图从头至尾切成两半，然后从水平或者垂直的投影角度去观察的剖面图。全剖视图是剖视图中最常见的一种方式，它一般应用于外形规则并且对称性较好的结构模型。

【例 10-7】创建全剖视图。

1）打开零件文件 base.prt 和工程图文件 base.drw，在该工程图上创建全剖视图。首先在绘图区选中一般视图并双击，或单击鼠标右键，在弹出的快捷菜单中选择"属性"命令；在弹出的"绘图制图"对话框左侧的"类别"选择"面"，然后在右侧的"剖面选项"选择"2D 截面"单选按钮，如图 10-24 所示。

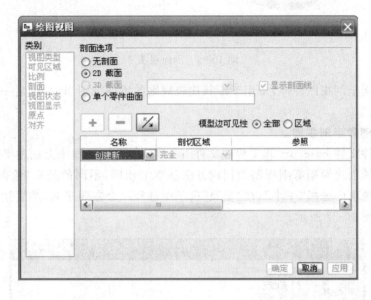

图 10-24　设置剖面

2）单击 **+** 按钮，在列表框中"名称"选择"创建新…"，弹出菜单管理器，默认选择"平面"|"单一"，单击"完成"命令。如图 10-25 所示。

图 10-25　"剖截面创建"菜单管理器

3）依据系统提示设置名称，选择剖截面；最后在"绘图视图"对话框中单击"确定"按钮完成操作，如图 10-26 所示。最后保存文件。

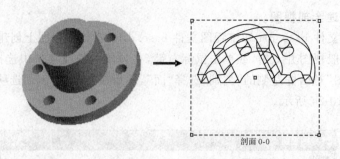

图 10-26　剖面视图

半剖视图同全剖视图一样，常用于形状比较规则的零件视图当中，也是一种常见的零件结构表达方法。

【例 10-8】创建半剖视图。

1)打开零件文件 base.prt 和工程图文件 base.drw，在该工程图上创建半剖视图。

半剖视图的创建同局部剖视图的创建方法基本上相同，不同的是在"绘图视图"对话框中的剖切区域选项中选择"一半"，在"参照"选项中选择一个参照平面，然后指定要显示半剖的那一侧。如图 10-27 所示。

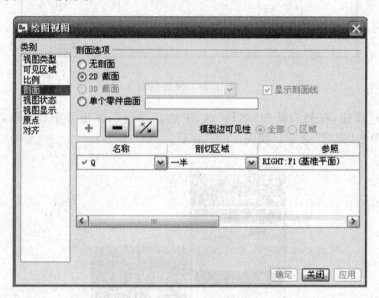

图 10-27　"绘图视图"对话框

2)最后在"绘图视图"对话框中单击"确定"按钮完成操作，如图 10-28 所示。最后保存文件。

局部剖视图主要应用在外形不规则、结构比较复杂的几何模型中，在工程图的绘制中有着很重要的作用。局部剖视图不同于局部放大图，尽管都是突出显示结构的某一细节特征，但由于局部剖视图是一种剖视图，因此它有显示局部结构内外特征的双重作用。

【例 10-9】创建局部剖视图。

1)打开零件文件 base.prt 和工程图文件 base.drw，在该工程图上创建局部剖视图。局

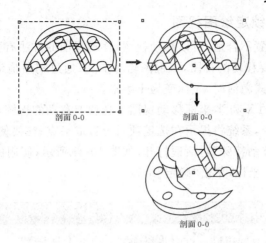

图 10-28　半剖面视图

部剖视图的创建方法和局部放大图的创建方法基本相同,不同的是在"绘图视图"对话框中设置的选项不同,如图 10-29 所示。

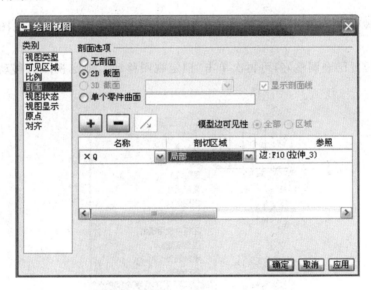

图 10-29　"绘图视图"对话框

2)绘制局部边线时要建立一个由样条曲线构成的平面来切割局部视图,如图 10-30 所示。最后保存文件。

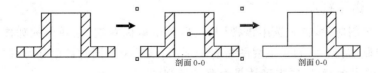

图 10-30　局部剖视图

10.3.2 移动和锁定绘图视图

如果视图的位置放置不合适,可以移动视图,移动视图的方法有两种:

● 第一,直接选取要移动的视图,该视图轮廓加亮;通过拐角拖动中心点即可将该视图拖动到新位置。拖动模式激活时,光标变为十字形。

● 第二,使用精确的 X 和 Y 坐标移动视图。选取要移动的视图,该视图轮廓加亮;选择"编辑"|"移动特殊"命令,系统将提示在选定项目上选取一点;在要使用的选定项目上,单击一点,作为移动原点,"移动特殊"对话框打开,如图 10-31 所示;使用鼠标选择点或在对话框中输入的具体的 X 和 Y 坐标,单击"确定"结束。

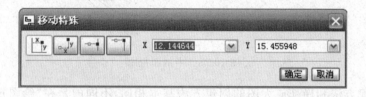

图 10-31 "移动"对话框

如果视图被锁定了,右键在菜单中单击"锁定视图移动",取消"锁定视图移动"的勾选状态。

如果视图位置已经调整好,可再次单击"锁定视图移动",锁定视图的移动。如图 10-32所示。

图 10-32 锁定视图移动

10.3.3 删除视图

要将某个视图删除,首先选中该视图,然后单击鼠标右键,在弹出的如图 10-33 所示的快捷菜单中选取"删除"。如果该视图带有子视图,该子视图同时被删除,此时会弹出一个如图 10-34 所示的提示窗口,要求确认是否删除该视图。

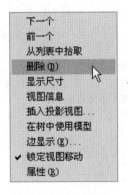

图 10-33　删除视图

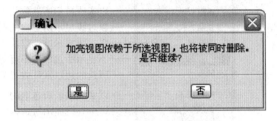

图 10-34　确认操作

10.3.4　显示视图

工程图中的视图可以在创建之前通过配置文件 config.pro 中的选项 hlr_for_quilts 来控制隐藏线删除过程中如何显示面组。如果设置为 yes,则系统将在隐藏线删除过程中包括面组,否则不包括。

线型显示的设置步骤为:在如图 10-35 所示的对话框中"显示线型"设置为其中的一项,然后单击"确定"按钮。

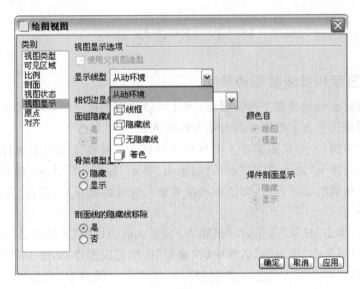

图 10-35　视图显示

边显示的方式有隐藏线、拭除直线、隐藏方式和消隐 4 种显示方式。相切边的显示样式有缺省、无、实线、灰色、中心线和双点划线。其设置步骤为:单击"视图"|"绘图显示"|"边显示"命令,弹出如图 10-36 所示的对话框,选取要设置的边线,然后在菜单管理器中选取命令,选择"完成"命令。

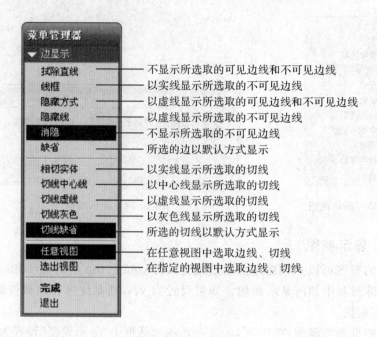

图 10-36 "边"显示菜单管理器

10.4 尺寸标注

10.4.1 显示和拭除被驱动尺寸

已有特征的被驱动尺寸源于特征模型，因此当修改模型尺寸时，在工程图中该尺寸随之变化。下面介绍该尺寸在工程图中的显示和拭除两种操作。

要显示视图中的尺寸，只需单击主工具栏上按钮 ，或在主菜单中选择"视图"|"显示及拭除"命令，系统弹出"显示/拭除"对话框；单击"显示"按钮，在"类型"选项框中，单击"尺寸"按钮，并选择相应的显示方式，在图中选择要显示尺寸的特征后，单击"关闭"按钮结束操作，如图 10-37 所示。

要拭除尺寸，单击"拭除"按钮，在"拭除方式"选项框中选择"所选项目"选项并选择要拭除的尺寸显示，最后单击"选取"对话框中的"确定"按钮完成操作，如图 10-38 所示。

在"显示/拭除"对话框中包括了类型和显示方式两方面内容，其各选项的定义和功能如下：

视图显示/拭除的选项定义如下：

● 特征：显示或拭除被选取特征的尺寸。

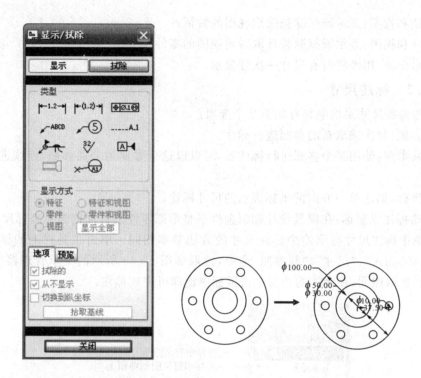

图 10-37　显示与拭除

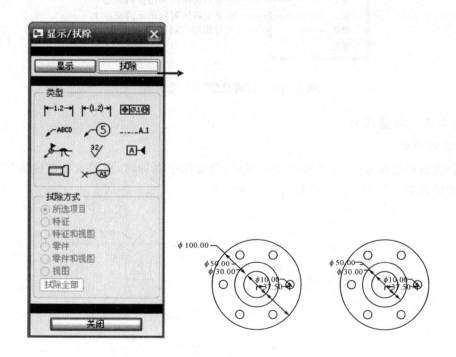

图 10-38　显示与拭除

● 零件：显示或拭除被选取零件的尺寸。

● 视图：显示或拭除被选取视图的尺寸。

- 特征和视图：显示或拭除被选取视图的特征。
- 零件和视图：显示或拭除被选取特定视图的零件尺寸。
- 显示全部：用来将所有尺寸一次性显示。

10.4.2　标注尺寸

尺寸和参照尺寸菜单中共有如下几个选项：

- 新参照：每次选取新的参照进行标注。
- 公共参照：使用某个参照进行标注后，可以以这个参照为公共参照，连续进行多个尺寸的标注。
- 纵坐标：创建单一方向的坐标表示的尺寸标注。
- 自动标注纵坐标：在模具设计和钣金件平整形态零件上自动创建纵坐标尺寸。

　　工程图中标注尺寸与草绘中标注尺寸的方法基本相同。单击工具栏上的标注尺寸按钮，或者选择"插入"|"尺寸"|"新参照"命令，选取如图10-39所示的菜单管理器中"依附类型"的选项，选取图元，在合适的位置单击鼠标中键即可完成标注。

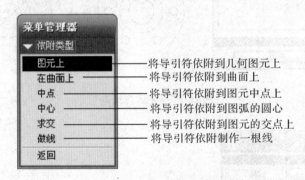

图10-39　"依附类型"菜单管理器

10.4.3　调整尺寸

1. 移动尺寸

　　选择要移动的尺寸，当尺寸加亮变红以后，当出现✛图标时，再用鼠标左键拖住尺寸移动到所需的位置。如图10-40所示。

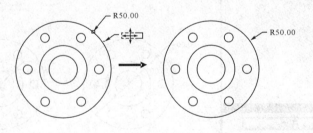

图10-40　移动尺寸

2. 编辑尺寸

　　编辑尺寸包括修改数值、属性或者尺寸隐藏等。具体的方法是，选取某一尺寸，单击鼠标右键，从弹出的快捷菜单中选取相应的命令，可以对尺寸进行编辑，如图10-41所示；或者双击某一尺寸,可以打开"尺寸属性"对话框,可以修改尺寸,如图 10-42 所示。

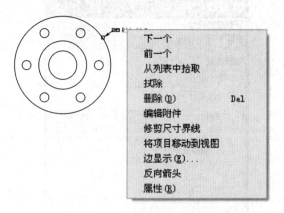

图 10-41 右键打开属性对话框

图 10-42 属性对话框

3. 整理尺寸

整理尺寸包括以下几个方面:

- 在尺寸界线之间使尺寸居中。
- 在尺寸界线之间或尺寸界线与草绘图元交截处,创建断点。
- 向模型边、视图边、轴或捕捉线的一侧,放置该尺寸。
- 设置箭头方向。
- 将尺寸的间距调整到一致。

单击下拉菜单"编辑"|"整理"|"尺寸"或者单击工具栏的 ▦ ,对话框如图 10-43 所示。

用鼠标圈选所有尺寸,然后单击"应用"和"关闭"按钮结束操作。

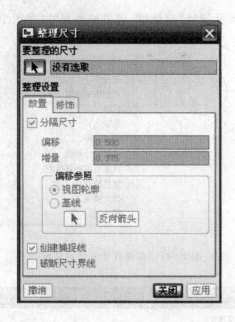

图 10-43　整理尺寸

10.5　注　释

完整的工程图还需要有注释来对各个视图进行说明,特别是在一些模具零件、机床零件或装配视图上,都需要很多的相关文字或者其他文本说明。

10.5.1　注释的生成

在主菜单中选择"插入"|"注释"命令,或者单击工具栏上的"创建注释"按钮 ，系统弹出"注释类型"菜单管理器,如图 10-44 所示。

在图 10-44 中,在"注释类型"下拉菜单中依次选择"无方向指引"|"输入"|"水平"|"标准"|"缺省"|"制作注释"选项,接着在"获得点"下拉菜单中选择"选出点"选项,然后在绘图区选择一点来放置该注释,最后在"输入注释"文本框中输入要添加的文本内容,按 Enter 键结束操作。

10.5.2　注释的编辑

1. 注释的删除

选取某一注释文本,单击鼠标右键,从弹出的快捷菜单中选取"删除",可以删除注释。

2. 注释的修改

选择要编辑的注释,然后双击该注释文本,系统弹出"注释属性"对话框,在该对话框内选择"文本"或者"文本样式"选项,可以分别对文本内容或者文本的外观,包括字型、高度、宽度以及其他相关属性做修改。如图 10-45 所示为"文本"和"文本样式"选项卡的设置内容。

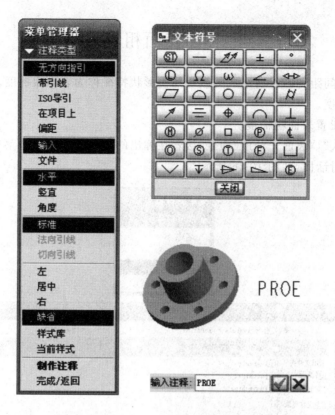

图 10-44　设置注释

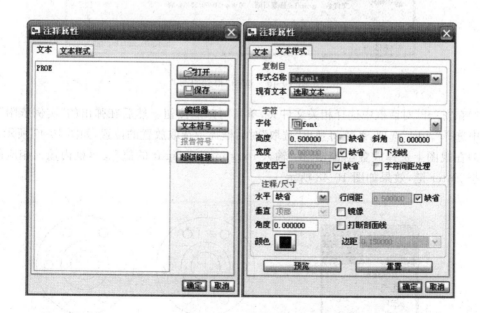

图 10-45　编辑注释

10.6 表面粗糙度

平面上较小间距和峰谷所组成的微观几何形状特征称为表面粗糙度。在工程图中必须添加相应的粗糙度。

【**例 10-10**】设置表面粗糙度。

1）选择"插入"|"表面光洁度"命令，接着在弹出的"得到符号"下拉菜单中选择"检索"选项，弹出"打开"对话框，如图 10-46 所示。

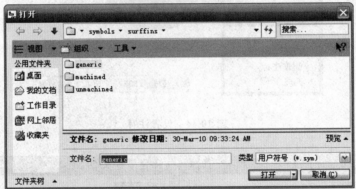

图 10-46 选择"得到符号"

2）在"打开"对话框中选择相关文件夹，单击"打开"按钮。然后在弹出的"实例依附"快捷菜单中选择"法向"选项，系统将弹出"选取"对话框提示选取放置的位置，如图 10-47 所示。

3）在视图上选择放置位置，并在"输入 roughness_height 的值"文本框内输入相应的值，然后按 Enter 键，效果如图 10-48 所示。

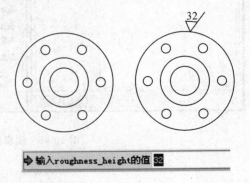

图 10-47 选择"实例依附"选项　　　　图 10-48 设置粗糙度

10.7　几何公差

在加工过程中,几何形状和相对位置会产生误差,称为几何公差,在工程图中标注的几何公差是表示基本尺寸的允许变动量在图样上标注的几何公差,一般采用由公差框和指引线组成的代号进行标注时,允许在技术要求中用文字说明。

【例 10-11】创建几何公差。

1)单击 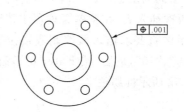按钮或者选择"插入"|"几何公差"选项,然后在弹出的"几何公差"对话框中选择模型,在参照"类型"选项和位置"类型"选项中选择参照和放置位置,单击"确定"按钮结束操作,如图 10-49 所示。

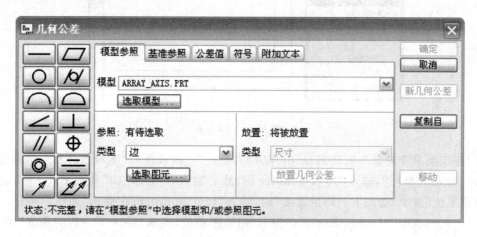

图 10-49　插入几何公差

2)在上述的"公差几何"对话框中,可以在"模型参照"、"基准参照"、"公差值"、"符号"和"附加文本"五个选项中添加相关设置。创建结果如图 10-50 所示。

图 10-50　创建公差几何后的结果

10.8　材料明细表

材料明细表也是工程图中一项重要的内容,尤其是在装配图中,此表的应用比较常见,它是反映零件数量及材料的一种表达方式。该表的列出,使视图所表达的模型组成结构、零件材料属性或者其他相关的零件特征,都能一目了然。因此,材料明细表的创建在装配图、工程图中有重要的作用。

【例 10-12】创建材料明细表。

1)单击 按钮,或者选择"表"|"插入"|"表"命令,然后弹出"创建表"菜单管理器,如图 10-51 所示。

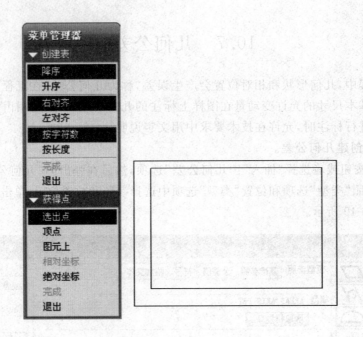

图 10-51　插入表

2)在该菜单管理器中依次选择"升序"|"右对齐"|"按长度"|"绝对坐标系"，信息提示区中提示"输入 X 坐标"，输入"15"，按 Enter 键；然后输入 Y 坐标"10"并按 Enter 键；在提示"用绘图单位(毫米)输入下一列的宽度"时，输入"150"并 Enter；在提示"用绘图单位(毫米)输入下一列的宽度"时，直接 Enter；在提示"用绘图单位(毫米)输入第一列的高度"时，输入"150"并回车；在提示"用绘图单位(毫米)输入下一列的高度"时，直接按 Enter 键，得到如图 10-51 所示的图纸边框。

3)再次插入表，在菜单管理器中依次选择"升序"|"右对齐"|"按长度"|"绝对坐标系"，信息提示区将要求输入值控制表格位置及大小，依次输入 X、Y 坐标为"0"，列宽依次输入"10"、"10"、"10"，最后"按 Enter 键"，行高依次输入"4"、"8"、"8"，再按 Enter 键，系统生成如图 10-52 所示标题栏。

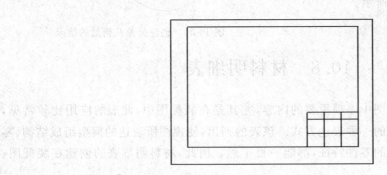

图 10-52　插入表格

4)再利用"表"|"合并单元格"功能，修改表格使其如图 10-53 所示。

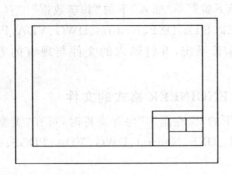

图 10-53　完成后的表格

5)保存文件。以后直接调用。

10.9　文件导入与导出

10.9.1　导入非 Pro/ENGINEER 格式的文件

导入非 Pro/ENGINEER 格式文件的方式有两种：

1)单击工具栏上的图标 ![] 打开文件，然后在"类型"下拉列表中选择文件的格式，包括 IGES、STEP、STL、DXF、Neutral、DWG、VDA、PDGS、CGM、ECAD、CATIA 等。选择文件后单击"打开"按钮，即可导入新的 Pro/ENGINEER 文件。如图 10-54 所示。

图 10-54　打开文件

2）在现有零件中，选择下拉菜单"插入"下的"共享数据"|"自文件"，在"类型"选框选择文件的格式，将 IGES、STEP、STL、DXF、Neutral、DWG、VDA、PDGS、CGM、ECAD、CATIA 等格式的文件输入 Pro/E 系统，并将输入的文件与现有的零件合并为新的三维几何模型。

10.9.2　导出 Pro/ENGINEER 格式的文件

单击下拉菜单"文件"下的"保存副本"保存文件时，可在"类型"中选择想要保存文件的格式，如 IGES、STEP、STL、DXF、Neutral、DWG、VDA、PDGS、CGM、ECAD、CATIA 等，如图 10-55 所示。

图 10-55　"保存副本"对话框

1）IGES 格式：IGES 为一般的点、线、面资料转换格式。转换 IGES 对话框如图 10-56 所示，可以输出基准曲线和点、实体、壳和多面等形式。系统默认为将零件的三维几何模型输出为曲面。也可以输出为线框边形式，即仅输出三维几何模型的边界线。

如果要输出模型的部分几何，有两种方式：

方法一：单击图 10-56 所示对话框中的 面组.... ，然后选取三维几何模型上的曲面，输出仅含有部分几何的资料。

图 10-56　输出 IGES

方法二:将所要输出的几何资料放入图层中,然后单击 定制层... ,出现如图 10-57 所示的"选择层"对话框,而图层的"输出状态"有"孤立"、"遮蔽"、"跳过"、"显示"和"忽略"5 个选项。

● 跳过:此图层内的几何信息将不会输出。

● 忽略:此图层内的几何信息将会输出为 IGES 格式的信息,但是输出的 IGES 文件不包含此图层显示状态的设置。

● 显示、遮蔽、孤立:此图层内的几何信息输出为 IGES 格式,且输出的 IGES 格式文件也包含此图层显示状态的设置。另外,若图层的显示状态之前已设置为不显示,则在输出后,会自动产生一个默认名称为 INTF_BLANK 的图层,包含所有不显示的几何资料,并且不显示在画面上。也就是只有在设置图层显示时起作用,在输出时没有差别。

2)中性:产生一个不含任何特征,仅含最后零件的几何模型的三维几何信息。

3)STL:产生"快速原型制作"所需的三角网络数据,对话框如图 10-58 所示。

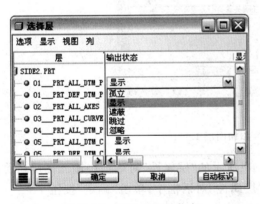

图 10-57　选择层显示状态　　　　图 10-58　输出 STL

● 采用的坐标系统:若现有的零件没有坐标系统,可以直接用默认的坐标系,也可以单击 ✳ 自己创建坐标系。一般采用的是物体位于第一象限的坐标系统。

● 输出格式:输出的三角网格数据为"二进制格式"或者"文字格式"。

● 三角网格的法线向量:选择允许负号值或者不允许负号值。

● 弦高:定义为三角网格与三维几何模型的误差值。先输入弦高值,然后系统会提示最大与最小的弦高值,一般采用最小的弦高值。

● 角度控制:控制三角网格两条边线夹角的大小。一般采用默认的 0.5。

4)DWG 或 DXF:AutoCAD 的二维文件或者 Inventor 的三维文件。

5)VRWL:产生可以制作 www 网页的文件。

6)PATRAN 或 COSMOS:产生 PATRAN 或 COSMOS 等 CAE 软件可以接受的文件

格式。

7)CGM:产生 CGM 格式的文件,该文件很小,显示线条清楚,因此极适合将 CGM 文件贴图至 Microsoft Word 文件中。

8)STEP:三维实体模型文件转换的格式。

9)Photo Render:用以贴附物体材质或背景的文件格式。

10)CATIA:产生 CATIA 软件可以接受的文件格式。

11)TIFF 或 JPEG:位图的文件格式。

【例 10-13】导出文件。

1)打开已有零件 cylinder. prt,零件如图 10-59 所示。

2)将圆柱的两个曲面加入图层。单击工具栏上的"图层"图标

图 10-59 打开已有零件

, 使图层树显示在主窗口左侧的浏览区;单击"层"|"新建层",在如图 10-60 所示的"层属性"对话框中输入图层名称:1。然后选择拉伸特征,所选的特征会显示在"层属性"对话框中;单击"确定"按钮。

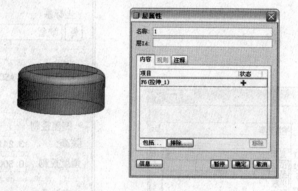

图 10-60 添加图层 1

3)同样,单击"层"|"新建层",在如图 10-61 所示的"层属性"对话框中输入图层名称:2。然后选择倒圆角特征,所选的特征会显示在"层属性"对话框中;单击"确定"按钮。

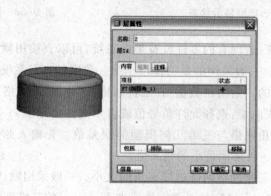

图 10-61 添加图层 2

4)导出 IGES 文件。单击下拉菜单"文件"下的"保存副本",然后在"类型"中选择"IG-ES(＊.igs)",在"新名称"中输入文件名称:box。然后单击"导出 IGES"对话框中的"定制层";将图层 2 的输出状态设置为"遮蔽",如图 10-62 所示;按"确定"按钮完成文件导出操作。

图 10-62　输出 IGES

5)创建一个新的零件,然后打开 IGES 文件:单击"打开"按钮,将对话框中"类型"设置为"IGES(＊.igs)",选择文件"box.igs",在信息窗口显示的零件如图 10-63 所示。

图 10-63　打开已有零件

6)单击工具栏上的图层图标 ,可以看到图层 2 被隐藏,多了一个隐藏项目,如图 10-64 所示。

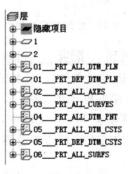

图 10-64　隐藏项目

若使用较特殊的打印机或专属的出图机,则直接安装打印机或者出图机的驱动程序;选择打印机后单击"确定"按钮。

10.9.3 零件打印

零件的三维模型或二维工程图的打印步骤如下：

选取下拉式菜单"文件"下的"打印"，得到如图 10-65 所示的对话框，其中"目的"选框用以指定打印机，默认为 MS Printer Manager。

图 10-65 零件打印

单击"添加打印机类型"按钮 ，则出现如图 10-66 所示的对话框，可以在对话框中选择合适的打印机。

图 10-66 增加打印机类型

单击"打印"对话框中的"配置"按钮 **配置...**，可以更改打印机的配置。配置之后单击"保存"按钮，可将配置保存到打印机设置文件（. pcf 格式）。

若要打印的零件为着色图时，选择下拉菜单"文件"|"保存副本"，保存为 TIFF、JPEG 等格式，单击"确定"，然后将图形文件贴至 Word 文件中，或者用一般图形处理软件做处理或直接出图。单击"打印"，按"确定"按钮直接打印着色图。

10.10 实 例

【例 10-14】根据 CPU 风扇的三维模型创建相应的工程图。

1)在工具栏上单击 □ 按钮，弹出"新建"对话框；在"类型"选项组中选择"绘图"单选项，输入文件名 cpu_fan1,然后单击"确定"按钮打开"新制图"对话框;单击 [浏览...] 按钮,找到 fan.prt,在该对话框中设置相关属性,图纸方向选择横向,大小选择 A4,如图 10-67 所示;单击"确定"进入工程图环境。

图 10-67　选择模板

2)单击 ▦ 按钮并通过合并单元格和设置表格宽度来创建标题栏表格,并单击 ▤ 按钮添加注释和表格内容,完成如图 10-68 所示的表格和注释的创建。

技术要求:
1. 未注尺寸公差为±1
2.

零件名称		比例	1：1		
		数量	1		
设计		数量		对斜	1Y12
制图					
审校					

图 10-68　表格和注释的创建

3)在绘图区单击右键,选择"插入一般视图",弹出"绘图视图"对话框,如图 10-69 所示;在"绘图视图"对话框中根据需要修改视图比例(此处设置为 1.0),将显示设为"隐藏线",并设置视图方向,然后在工程图上某一位置单击鼠标左键确认放置的位置。

4)通过鼠标右键操作,添加两个投影视图(方法设置与一般视图相似)和一般视图,可以通过选择在零件文件中保存需要位置的视图,并设置比例为 7：10。调整后的结果如图 10-70所示。

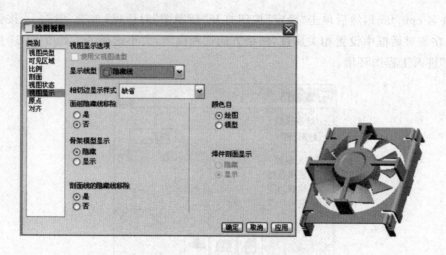

图 10-69　插入一般视图

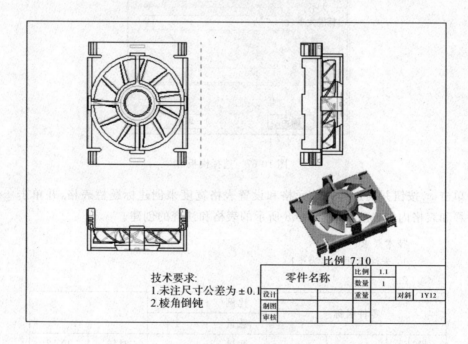

图 10-70　插入其他视图

5)尺寸标注

单击"显示/拭除"按钮 ，选择"显示"，并在"显示/拭除"对话框中选择相应的"尺寸"项目，显示方式选择"特征"，如图 10-71 所示，显示视图中的尺寸；单击"关闭"按钮结束操作。

在主菜单选择"编辑"|"整理"|"尺寸"命令，或利用按钮 工具，对已生成的尺寸进行整理，如图 10-72 所示。

6)再次单击"显示/拭除"按钮 ，选择"拭除"，在"显示/拭除"对话框中选择相应的"尺寸项目"，拭除方式选择"所选项目"，拭除视图中多余的尺寸；单击"关闭"按钮结束操作；单

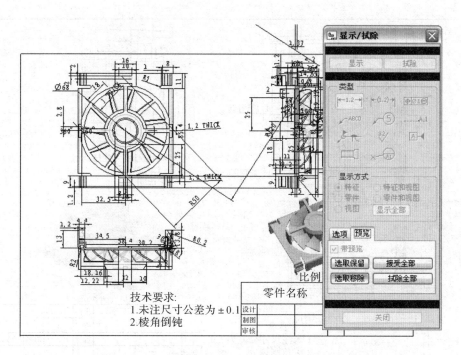

图 10-71　显示所有尺寸

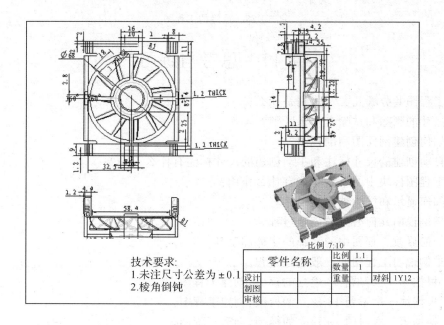

图 10-72　整理尺寸

击"尺寸"按钮,重新定义个别尺寸,调整个别尺寸到合适的位置,结果如图 10-73 所示。

7)根据需要适当添加注释、粗糙度和公差。

散热器的工程图与之类似,读者可以自己练习。

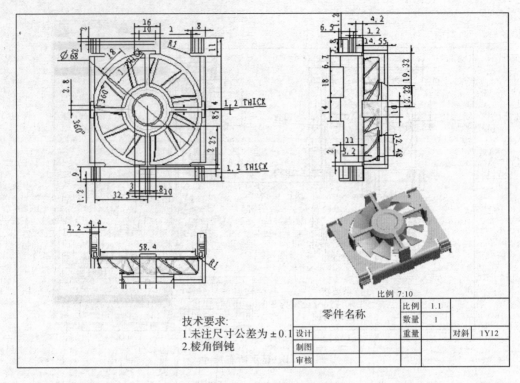

图 10-73　最终的工程图

10.11　思考与练习

1. 工程图共分哪几类？分别是什么？

2. 尺寸的删除和拭除有什么区别？

3. 如何创建剖面图和剖视图？

4. 自动创建的尺寸标注和手动创建的尺寸标注有什么不同？

5. 工程图模块中的草绘功能有什么作用？

6. 如何显示和拭除被驱动尺寸？

7. 举例说明几何公差的创建过程。

8. 如何修改工程图中的注释的字体和字高？

9. 举例说明工程图的一般创建过程。

10. 根据第 5 章习题 17 建立的模型，创建工程图。

11. 根据第 5 章习题 18 建立的模型，创建工程图。

12. 根据第 5 章习题 19 建立的模型，创建工程图。

13. 根据第 5 章习题 21 建立的模型，创建工程图。

14. 根据第 5 章习题 22 建立的模型，创建工程图。

15. 根据第 5 章习题 24 建立的模型，创建工程图。

16. 根据第 6 章习题 9 建立的模型，创建工程图。

17. 根据第 6 章习题 10 建立的模型，创建工程图。

18. 根据第 6 章习题 11 建立的模型，创建工程图。

第 11 章　创建关系式和族表

学习单元:创建关系式和族表	参考学时:4
学习目标	

◆理解关系式的选项
◆掌握创建关系式的基本步骤
◆理解关系式的两种格式
◆掌握创建族表的基本步骤

学习内容	学习方法
★关系式的选项 ★创建关系式的基本步骤 ★关系式的两种格式 ★创建族表的基本步骤	◆理解概念,掌握方法 ◆熟悉操作,勤于练习
考核与评价	教师评价 (提问、演示、练习)

在进行零件设计时,可以通过关系式在参数和参数之间建立联系。例如可以将长方体的长设置为宽的两倍。

11.1　关系式的选项

单击下拉菜单"工具"下的"关系",弹出"关系"对话框,如图 11-1 所示。在此对话框中输入关系式,按"确定"按钮。当按工具栏上的"再生模型"图标 🔛 ,系统会根据所给定的关系式进行几何计算。

🔢 :切换尺寸的显示方式。显示方式为数值和符号两种。

⬛ :单击此按钮会弹出如图 11-2 所示的"评估表达式"对话框,在对话框中输入某个尺寸符号、参数符号或者数学式,系统可以计算出与此尺寸、参数或者数学式有关的关系式,以求得此尺寸、参数或数学式的值。

⬛ :单击此按钮会出现如图 11-3 所示的"显示尺寸"对话框,使用者在此对话框中输入某个尺寸符号,然后系统会在零件或者组件的几何模型上显示出尺寸。

⬛ :单击此按钮用以将关系式设置为对参数或尺寸的不同单位。

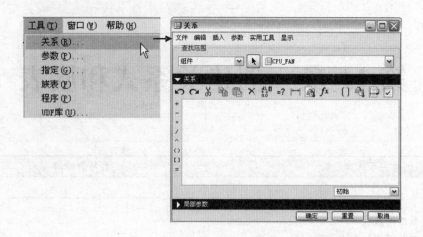

图 11-1 "关系"对话框

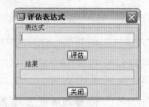

图 11-2 "评估表达式"对话框   图 11-3 "显示尺寸"对话框

f_x：单击此图标会出现"插入函数"对话框，如图 11-4 所示，可以选择数学函数并加到关系式中。

{}：单击此按钮会出现"选取参数"对话框，如图 11-5 所示。可以选择对话框中列出的在现有零件上已设置好的参数，加到关系式中。

图 11-4 "插入函数"对话框   图 11-5 "选取参数"对话框   图 11-6 "选择单位"对话框

：单击此图标后出现"选择单位"对话框，如图 11-6 所示。可以在此对话框中选择所要的类型及其单位，加到关系式中。

：单击此图标，系统会自动重新排列所有关系式的先后顺序。

：单击此图标，可以验证目前的关系式是否有错误。

11.2　关系式的格式

关系式有等式和不等式两种。

1. 等式

其格式是"未知数＝已知数"，意思是将右侧的已知数指定给左侧的未知数。创建等式时，可使用的运算符号为：＋、－、＊、/、()、＝。

2. 不等式

创建不等式时，可以使用的运算符号为＞、＞＝、＜＞、＜、＜＝。不等式常用于条件式 if…else…end if 的陈述。

11.3　实　　例

【**例 11-1**】在圆孔位置与壶体直径之间建立关系式，以使圆孔位置随壶体直径改变而改变。

1）打开零件文件 kettle. prt，得到如图 11-7 所示的零件。

2）单击"工具"|"关系式"，选取圆孔和壶体，得到如图 11-8 所示图形，尺寸符号显示在画面上。

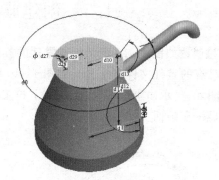

图 11-7　打开已有零件

图 11-8　显示尺寸符号

3）在画面上点取圆孔的位置符号 d29 和 d28，此时符号显示在"关系"对话框中，接着点选对话框的任意处，然后完成下列关系式的输入：d29＝d10/2。按 Enter 键，然后输入 d28＝d10/3，按"确定"，完成输入。

4）按工具栏上的"重生模型"按钮 ，零件变化如图 11-9 所示。

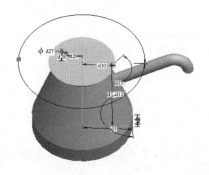

图 11-9　得到新的零件

11.4　创建零件族表

创建族表的步骤如下:

1)打开已有的零件模型,选取下拉菜单"工具"|"族表",出现"族表"对话框。

2)点选"加入栏框资料"的图标█,即出现"族项目"对话框。

3)若欲加入族表的资料为特征尺寸,则在"添加项目"栏选择"尺寸"。用鼠标左键来点选特征,然后选择尺寸,则尺寸的符号出现在对话框的项目栏框。

4)单击"族项目"对话框中"确定"按钮,零件的特征和尺寸的资料将显示在栏中。

5)点选█,增加例证栏框,重复以上操作。

6)点选某特征的例证名称,按"族项目"对话框下方"打开"按钮,即可显示该例证。

7)编辑完族表后,按"确定"按钮。

使用"族表"需要注意以下相关事项:

● 所有例证都可以作为另一个族表的主零件,即可在例证中创建一个族表。

● 一个族表内的所有例证都可以普通零件方式打开文件。

● 所有族表内的例证都可以普通零件方式来产生工程图。

● 标准零件的修改方式与普通零件相同,但是例证的修改要更改族表内的数据。

11.5　创建族表的范例

【例 11-2】创建如图 11-10 所示标准零件的族表并创建其三个例证。

1)打开已有的零件文件 pry.prt,如图 11-10 所示。

2)双击图元,显示出零件的尺寸,选取下拉菜单"信息"下的"切换尺寸",使零件的尺寸以参数符号显示在画面上,如图 11-11 所示。

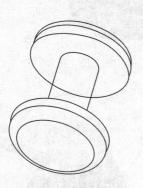

图 11-10　标准零件

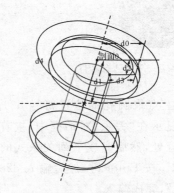

图 11-11　显示尺寸

3)选取尺寸 d0,再按住鼠标右键,由快捷菜单中选取"属性",得到的"尺寸属性"对话框,如图 11-12 所示。

4)单击对话框中的"尺寸文本"标签,在"名称"栏框中输入尺寸的名称"radius",按"确定"结束尺寸符号的修正。尺寸符号显示在画面上,如图 11-13 所示。

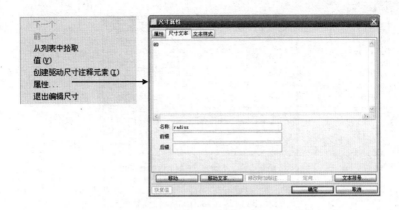

图 11-12　尺寸文本编辑

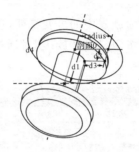

图 11-13　添加尺寸名称

5)单击菜单栏上"工具"|"族表",出现如图 11-14 所示的"族表"对话框。

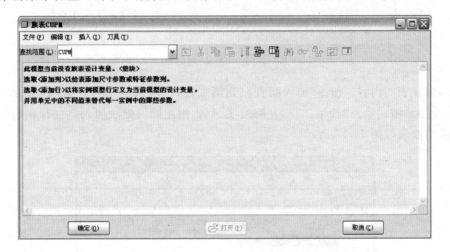

图 11-14　"族表"对话框

6)将尺寸及特征加入族表。按"增加/删除栏框"图标 ，出现如图 11-15 所示的"族项目"对话框。选取特征,显示其尺寸符号;在"族项目"对话框中的"添加项目"栏中选择"特征"。

图 11-15　"族项目"对话框

7)选圆角特征,以指定此特征为族表中的可变特征,在"族项目"对话框的栏框中显示出所加入的尺寸和特征,单击"确定"按钮,出现"族表"对话框,第一列显现出所加入的尺寸与特征,如图 11-16 所示。

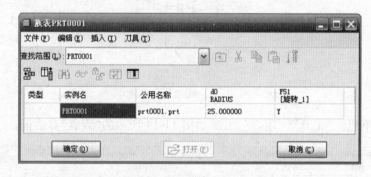

图 11-16　"族表"对话框

8)编辑族表的内容。按 加入新资料到第二行,选取第一行的数据,单击"编辑"下的"复制单元"及"粘贴单元"到第二行,并修改实例名,用相同的做法加入第三行和第四行的资料。完成的族表如图 11-17 所示。

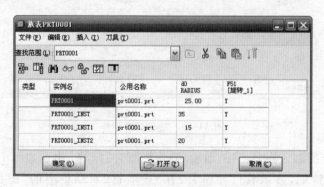

图 11-17　添加新资料

9)检查例证。选第一行例证名称,按对话框下方的"打开"按钮,例证如图 11-18 所示。

图 11-18　第一行资料对应的例证

10)同样,打开第二行、第三行、第四行的例证名称,得到如图 11-19 所示结果。

图 11-19　打开例证得到的结果

11)按工具栏上的"保存文件"的图标来保存文件。

11.6　思考与练习

1. 关系式的格式有几种? 分别是什么?
2. 创建零件族表的步骤是什么?
3. 如何在参数与参数之间建立联系?
4. 如何创建关系式?

第 12 章 Pro/E 软件的系统规划与配置

学习单元：Pro/E 软件的系统规划与配置	参考学时：4
学习目标	

◆理解并掌握 Config.pro 文件的创建和修改方法

◆理解并掌握 Config.pro 文件的加载顺序

◆理解并掌握定制屏幕中各选项卡的用法

◆理解并掌握 Pro/E 零件模板的创建方法

◆了解材质库和 B.O.M 的生成方法

学习内容	学习方法
★Pro/E 系统的主配置文件 Config.pro ★定制屏幕 Config.win 文件 ★零件建模模板 ★工程图模板 ★组件模板 ★Pro/E 系统材质库的定义与应用 ★系统库文件的配置和调用	◆理解概念，掌握应用 ◆熟悉操作，勤于实践
考核与评价	教师评价 （提问、演示、练习）

12.1 系统规划与配置概述

Pro/E 是高端的 CAD 设计软件，系统庞大、功能强大，各种功能和设置在安装后的缺省状态并不能满足企业的使用要求，这就需要正确配置 Pro/E 软件，从而充分发挥它的功能。例如 Pro/E 安装后缺省标准为 ANSI（美国国家标准），长度的单位是英寸，重量的单位是磅，三视图投影方向为第三象限，这些都与 GB（中国国家标准）有很大的不同。还有产品的制造采购清单（B.O.M）以前是靠人工统计的，工作繁琐，且容易出错。经过正确配置后的 Pro/E 系统可以全自动生成产品的制造采购清单，而且没有错误。企业在使用 Pro/E 系统之前，必须按照如下的说明进行配置，使 Pro/E 在正确的、标准一致的环境下运行，为高效使用 Pro/E 做好准备，充分发挥 Pro/E 系统的效力。

12.1.1 系统规划与配置的主要内容

企业和个人都必须进行 Pro/E 系统的规划与配置。个人可以直接套用企业的规划配置，也可以在满足企业规划和配置的基础上，进一步发展自己的规划配置。Pro/E 系统规划和配置的主要内容包括：

1. Pro/E 系统的首要配置

(1)Config. sup 是 Pro/E 系统受保护的系统配置文件，即强制执行的配置文件。其中可以设定的内容与 Config. pro 相同。任何其他的系统规划与配置不得与它冲突，在冲突时以 Config. sup 的设置为准，其他配置的设置无效。例如，可以设置中国 GB 的标准件库，设置公司的标准件库等，这样其他人和其他位置的国标库和公司标准件库都无效。

(2)Config. pro 设置项目级和个人级的 Pro/E 系统配置，Pro/E 一般类型的系统配置文件，通过设定其中选项的值，可以设置单位、各种库文件路径、色表文件位置、项目搜索路径等。

(3)Config. win 可以设置 Pro/E 系统的软件操作界面。其内容记录了软件的界面设置，比如菜单的内容和位置，自定义的快捷键的图标与使用，创建新的菜单和新的复合图标，各种功能图标的显示与否及显示的位置，满足专用化和高效使用要求。Pro/E 系统可以随时调用不同的 Config. win 文件，形成不同的 Pro/E 使用界面。

2. 模板文件

在创建新的项目时，Pro/E 会根据一个选定的模板文件创建新项目。通过模板文件生成的 Pro/E 数据文件将具有统一的界面、格式，符合相同的标准。如建模模板内有 Pro/E 单位设置、参数设置、视角设置、层的设置、关系式等，这些都将带入由模板创建的文件中。工程图模板内包含工程图的字体、尺寸标注样式、符号、图框等设置。

3. 工程图配置

工程图配置文件(. dtl 格式文件)用于设置工程图的工作环境，是对 Config. pro 文件在工程图中的补充和延伸。

工程图的格式文件(Format 文件)用于设定统一的图框、标题栏、明细栏、字体、尺寸格式等，用于在创建工程图的时候调用。

4. 库配置

库配置包括各种库的建立和调用，包括中国国标(GB)标准件库、通用件库、材料库、材质库、自定义特征库、工程图符号库、公差表库、钣金的折弯表等。安装 Pro/E 后，自带的某些库文件已可以基本满足我们的使用，如公差表库、材料库等还有一些很重要但 Pro/E 没有提供的库文件，如国标标准件库、通用件库、企业内部库等。库的建立和配置是 Pro/E 系统规划与配置的主要工作之一，建立各种库的工作量很大，也很繁琐。它是企业使用和实施 Pro/E 系统中非常基础性的工作，因为会不断地重复调用各种库，所以配置齐备准确的库可以一劳永逸。企业在配置 Pro/E 库过程中，可以借用其他的技术成熟、功能齐备的库，在其基础上发展完善成为自身的 Pro/E 库。

5. 配置文件的安装位置

企业 Pro/E 系统的所有配置文件集中放在一个名为"pro_stds"的文件夹下，此文件夹的位置与 Pro/E 的安装路径平行。

Pro/E 的实施应用中，除了 Pro/E 软件和配置文件"pro_stds"外，还有就是 Pro/E 的数据文件，如零件模型、装配模型和工程图等。因此 Pro/E 相关的文件和数据按照位置分为 3 部分：Pro/E 软件、Pro/E 配置文件和 Pro/E 应用数据。

12.1.2　pro_stds 的组成与说明

Pro/E 系统实施应用的配置文件都集中放在名位"pro_stds"的文件夹中，"pro_stds"文件夹放在与 Pro/E 安装目录平行的位置。

对 pro_stds 的使用说明如下：

Mapkeys.htm 快捷键的使用说明。在键盘上输入 1～2 个字符，就可实现一连串菜单的单击的效果。使用 Mapkeys.htm 可以提高 Pro/E 的使用效率，减少鼠标和菜单的单击次数和时间。

PurgeProSubs 删除旧版文件的程序。它的功能比 Purge 强大，Purge 只能在当前目录下删除旧版的 Pro/E 文件，命令则可以在任何位置删除所有的 Pro/E 旧版文件，包括所有的子文件夹内的所有旧版文件。

Configs 基本配置文件库主要包括：

（1）Pro/E 系统的首要配置文件：Config.sup、Config.pro、Config.win。

（2）工程图配置文件：工程图的主配置文件（.dtl 格式文件）、工程图 Format 的配置文件（.dtl 格式文件）。

（3）色表文件（.map 格式文件）、B.O.M 格式文件（.fmt 格式文件）、Pro/E 系统的颜色配置及背景颜色文件（.scl 格式文件）、模型树的格式文件（.cfg 格式文件）等。

Start_files Pro/E 系统的模板库：普通零件模板、钣金件模板、装配模板、各种型号的零件图模板和装配图模板等。

Library Pro/E 系统的库文件：国标标准件库、通用件库、型材库、企业专用件库等。好的库可以使 Pro/E 实施应用事半功倍、一劳永逸。

Sections 常用截面（.sec 格式文件），如正六边形、正八边形等。对于企业常用的型材等，也可以将其截面保存在此，以便于在此基础上修改调用。

Symbol_dir 工程图符号库。工程图中的各种符号是采用插入符号的方式插到工程图中的，因此，必须为 Pro/E 系统定义符号库后才能有效地使用工程图符号。Pro/E 系统自带一些基本符号，如果要使用 Pro/E 系统没有的符号，就增加此新的符号进入符号库。当插入符号时，自动打开符号库，从中选择合适的符号插入工程图。

Format_dir 工程图标准格式库（Format 文件）。使工程图有统一的图框、标题栏、明细栏、字体和尺寸格式等。

Tol_tables 公差表库。通过配置 Pro/E 系统的工程表，在设计中直接选用公差配合，Pro/E 自动根据公差表确定尺寸的上下偏差数字，免去了查公差表的繁琐。

Group_dir 用户自定义特征的目录库。对于某些要经常重复用到的特征，可以定义为自定义特征，将它们集中放在一个文件夹内。配置 Pro/E 的自定义特征库路径指向此文件夹，就完成了自定义特征库的定义。下次建立类似的特征时，可以在此特征的基础上修改特征位置参考和尺寸。

Material_dir Pro/E 系统的材料库。不同的材料有不同的材料特性，如抗拉强度、抗剪强度、刚度、密度、泊松比、热膨胀系数和比热等。材料的性能会影响产品的性能。如不同密度材料制造的产品的重量会不同。为了在 Pro/E 中计算产品的性能，需要给产品赋予材料，要赋予产品材料，必须定义好各种材料并配置好材料库。

Texture_dir Pro/E 系统的材质库。不同的材质有不同的特性，如表面光洁度、表面亮度、材质的色彩、材质的透明度和反光率等,材质会影响产品的视觉效果。

Note_dir 注释和技术说明库。注释和技术说明是用在工程图中的文字型描述,对于某些通用的技术说明,可以定义成 note,将不同的 note 集中放在一个文件夹中,定义成注释和技术说明库。这样就可以重复地调用,而不必每次人工输入,提高 Pro/E 的使用效率。

12.2 主配置文件(Config. pro)

Pro/E 最重要的配置文件是 Config. pro,它是整个 Pro/E 系统的灵魂,其他所有的配置文件都是围绕它展开的。正是由于 Config. pro 的设置和调用,它们才能够真正发挥自己的威力。一般在企业或公司中都把 Config. pro 定制为标准文件,作为大家共同的工作环境,在应用产品数据管理和协同设计过程中便于交流和数据共享。

12.2.1 Config. pro 说明

Config. pro 是一个文本文件,采用写字板、记事本等进行创建和修改,所包括的参数可以进行以下设置:单位的设置,库的设置,模板的设置,运行环境的设置,运行界面的设置,工程图设置,打印设置等。Config. pro 有大量的选项,决定着系统运行的方方面面,各种选项都可以按照字母顺序排列,也可以按功能分类。Config. pro 文件只有在调用加载后才会发挥作用。Pro/E 系统可以有很多 Config. pro 文件,根据不同的项目和使用环境使用不同的 Config. pro 文件。项目不同,装配零部件的搜索路径就不同,必须为各个项目设置正确的搜索路径,才能保证打开装配时能找到它的零部件。项目不同,零件的精度、调用的色表、软件的配置环境、工程图的标注等可能改变,这也需要配置新的 Config. pro 文件。Config. pro 的创建、调用修改等使用方法如下:

1. 创建 Config. pro

在 Pro/E 中,有上千个选项。如果用户非常熟悉这些选项,就可以自行创建 Config. pro。主要有两种创建方式:一种是通过记事本、写字板等文字编辑器来创建,只是保存时注意后缀;另一种是在"选项"对话框中编辑修改后另存为其他文件。

2. 修改 Config. pro

依次单击主菜单"工具"→"选项",弹出"选项"对话框(如果在"选项"对话框的列表框中没有任何选项内容,则应取消选中"仅显示从文件加载的选项"复选框,系统将会自动显示前面文本所示的配置选项的内容,如图 12-1 所示)。

在对话框的最上边有"显示"下拉列表、"打开"按钮、"保存"按钮和"排序"下拉列表。其中"显示"下拉列表用于选取需要进行修改的配置文件,其选项是当前系统中所拥有的配置方案(配置文件)。单击"打开"按钮,用于打开系统配置文件。单击"保存"按钮,用于将当前修改好的配置方案另存为其他名称的配置文件。"排序"下拉列表用于选取配置文件各选项的排序方法,其选项是由系统所提供的排序方法,共 3 种:按字母、按设置和按类别。

"仅显示从文件载入的选项"复选框,用于过滤配置文件中的配置选项,如果选中该复选框,则系统将只显示从文件载入的配置选项,否则就显示配置文件中所有的配置选项。

"选项"对话框的中间是两个列表框,显示当前配置文件的一些配置选项、选项值、选项状态和一些说明等。

在列表框的下边有"选项"文本框和"值"下拉列表框,如果在列表框中选中某一个配置

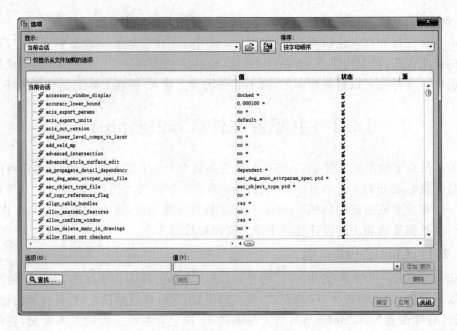

图 12-1　"选项"对话框

选项，则在"选项"文本框中显示配置选项的名称，在"值"下拉列表框中显示配置选项的值。当要修改某一个选项时，首先选中选项，然后在"值"文本框中输入选项的数值，并单击"添加/更改"按钮即可，也可以单击"删除"按钮来将某个选项删除。

如果单击"查找"，则弹出"查找选项"对话框，如图 12-2 所示，用于帮助查找需要修改的选项。

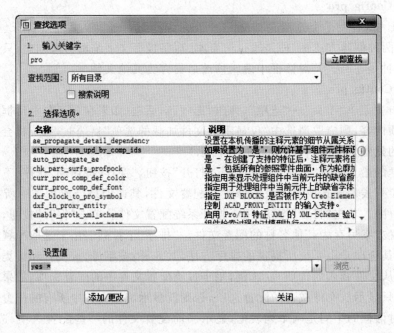

图 12-2　"查找选项"对话框

同样,单击"浏览"按钮可以帮助输入或选择选项的数值。

下面通过实例来介绍如何进行配置文件的修改,其操作过程如下:

1) 启动 Pro/E,然后依次单击主菜单"工具"→"选项",弹出"选项"对话框。取消选中"仅显示从文件载入的选项"复选框。

2) 在"当前进程"列表框中选中"bell",此时系统将在"选项"文本框中显示"bell",并在"值"文本框中显示"yes",将"值"修改为"no",此时"添加/更改"按钮变成有效状态,单击该按钮即可将"bell"的值设置为"no",即关闭信息铃响。

3) 最后单击该对话框中的"应用"按钮。

4) 使用相同的方法,可以修改其他的设置项。

提示,对于文件中的注释语句,只能在文字编辑器中修改。

5) 最后单击"关闭"按钮,关闭该对话框。

此外,用户可以单击对话框中的"保存"按钮,保存当前的配置文件等。

12.2.2　Config. pro 重要配置选项说明

Pro/E 系统的 Config. pro 选项有上千个,每个选项都控制着特定的对象,有它特定的作用。各企业在实施和应用 Pro/E 系统的工程中,产品不同、加工工艺不同,使用的 Pro/E 模块也会有所不同,因此用到的配置选项和最终的 Config. pro 配置文件也会不同。但是 Pro/E 软件系统有一些最基本的、最重要的部分,是同工作环境息息相关的。下面将对文件中常用的、重要的配置选项进行说明。

1. 模板设置参数

Template_designasm 设置组件模板,如 inlbs_asm_design. asm。

Template_drawing 设置工程图模板,如 c_drawing. drw。

Template_solidpart 设置实体零件模板,如 inlbs_part_solid. prt。

2. 搜索零部件文件参数

Search_path 设置零部件的搜索路径。这个命令可以多次重复使用,把所需要的各种文件夹都添加进来,这样系统将可以找到多个目录下的文件。对于装配来说,这个设置尤其重要。用户这样设置,可以避免多次重复设置当前工作目录的麻烦。

Search_path_file 后面设置具体的搜索文件 search. pro,它是多个搜索路径的集合,一般用于固定的路径,如标准件库等。

3. 环境参数

Pro_unit_length 指定长度单位。

Pro_unit_mass 指定质量单位。

4. 公差设置参数

Tol_display 设置是否显示公差。如果选择 yes,则显示公差;如果选择 no,则不显示。

Tol_mode 设置公差显示模式。如果选择 limits,则显示上下极限公差;如果选择 nominal,则只显示名义尺寸,不显示公差;如果选择 plusminus,则显示带有正负公差值的尺寸;如果选择 plusminussym,则显示带有对称正负公差值的尺寸。

Tolerance_standard 设置公差标准,包括 ansi 和 iso 两种。

5. 用户界面参数

Allow_confirm_window 决定在退出 Pro/E 之前是否出现提示窗口。如果选择 yes 则将显示确认对话框;如果选择 no,则将不显示。

Button_name_in_help 决定在按钮相关帮助菜单中显示选项名称的方式。如果选择 yes,则将显示英文选项;如果选择 no,则将显示中文选项。

Default_font 设置文本字体,不包括菜单、菜单栏及其子项、弹出式菜单等。

Diglog_translation 决定对话框的显示方式。如果选择 yes,则将显示简体中文对话框;如果选择 no,则将显示英文对话框。

12.2.3 Config 文件的加载顺序

当 Pro/E 启动时,会自动加载 Config. sup 和 Config. pro 文件。但是加载顺序有所不同,一般按照以下顺序加载:

1) 加载 Pro/E 安装目录下的 text 文件夹中的 Config. sup 文件。这个文件主要用于配置企业强制执行标准,属于绝对遵循的参数。

2) 加载 Pro/E 安装目录下的 text 文件夹中的 Config. pro 文件。这个文件主要用于配置常用库目录的路径。

3) 加载本地目录下的 Config. pro 文件。这个文件主要用于配置启动的常用目录的路径。本地目录是启动目录的上一级目录。

4) 加载启动目录下的 Config. pro 文件。这个文件主要用于配置环境变量和搜索本地目录的路径。

5) 对于在上述文件中没有配置的选项,取系统的默认值。

12.3 定制屏幕(Config. win)

Config. win 文件是 Pro/E 系统的软件界面文件,决定菜单的显示方式及其位置,功能图标的显示与否、显示方式、显示位置,模型树的显示,信息提示窗口的显示位置等,Config. win 使得用户可以按照自己的需要配置 Pro/E 的界面。

单击"工具"→"定制屏幕"主菜单选项,弹出"定制"对话框,如图 12-3 所示。"定制"对话框有 5 个选项卡,分别是"工具栏"、"选项"、"导航选项卡"、"命令"、"浏览器"。设置完毕后,系统将默认设置保存到当前目录下的"Config. win"文件中。如果对设置不满意,则可以单击"缺省"按钮恢复到系统默认设置。下面将分别介绍。

1."命令"选项卡

"命令"选项卡主要用于设置个别命令的快捷按钮,是系统的默认设置。首先在"目录"列表中选中一个命令类,则将在"命令"列表中显示此命令类中所有命令的按钮图标;按住一个命令按钮图标并拖动,将鼠标指针移动到 Pro/E 操作界面的工具栏中,系统将自动在工具栏中添加选中的命令按钮。如果要取消操作,则只要在工具栏中按住一个命令按钮并拖动,将命令图标移出工具栏即可。

在对话框"命令"列表中选中一个命令按钮,那么对话框中的"说明"按钮和"修改选取"按钮变得有效。如果单击"说明"按钮,则将显示选中命令的名称和提示描述。如果单击"修改选取"按钮,则将弹出下拉菜单,用于复制、粘贴、选取当前命令按钮图标。

2."工具栏"选项卡

单击"定制"对话框中的"工具栏"标签,打开"工具栏"选项卡,如图 12-4 所示,主要用于

图 12-3 "定制"对话框

设置工具栏的出现和位置。

如果需要某一命令工具栏出现在界面的工具栏中,则只需要选中相应的复选框即可,如图 12-4 所示的"文件"、"编辑"、"视图"、"模型显示"和"基准显示"等。在其右边都有一个下拉列表,它与左边命令工具栏相对应,用于控制对应的命令工具栏在操作界面上的位置。单击最右端的下拉按钮,打开下拉列表,有"顶"、"左"和"右"3 个选项:选择"顶"选项表示工具

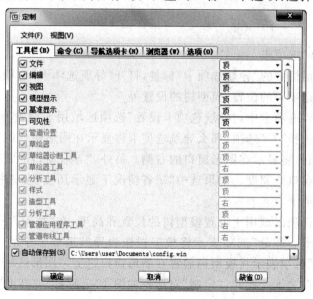

图 12-4 "工具栏"选项卡

栏位于界面的顶部,选择"左"选项表示工具栏位于界面的左边,选择"右"选项表示工具栏位于界面的右边。

3."选项"选项卡

单击"定制"对话框中的"选项"标签,打开"选项"选项卡,如图12-5所示。它主要用于设置信息提示次窗口的大小、菜单显示等。

在"选项"选项卡中,"次窗口"选项区域用于设置打开一个次级窗口的大小,"以缺省尺寸打开"单选按钮是指设置为系统默认的尺寸,而"以最大化打开"单选按钮是指以最大化的形式打开次级窗口。

"菜单显示"选项区域的"显示图标"复选框用于决定菜单选项名称旁边是否显示相应图标。

图 12-5   "选项"选项卡

4."导航选项卡"选项卡

单击"定制"对话框中的"导航选项卡"标签,打开"导航选项卡"选项卡,如图12-6所示,主要用于设置导航选项卡的位置、模型树的设置等。

在"导航选项卡"选项卡中,"导航选项卡设置"选项区域用于设置导航选项卡在整个环境中的位置。如果选择"左"选项,那么导航选项卡将显示在图形窗口的左侧;如果选择"右"选项,那么导航选项卡将显示在图形窗口的右侧。另外,"导航窗口的宽度"滑块和文本框用来设置导航选项卡窗口的宽度。如果选中"缺省情况下显示历史"复选框,则将在导航选项卡中显示"历史"选项卡。

"模型树设置"选项区域用于设置模型树的位置和高度,在"放置"下拉列表中有3个选项:"作为导航选项卡一部分"选项表示将模型树作为导航选项卡中的一个选项卡,是默认值;"图形区域上方"选项表示将模型树放置在图形窗口之上,"图形区域下方"选项表示将模型树放置在图形窗口之下。此时,"定制"对话框如图12-7所示。"高度"滑块和文本框用于调整模型树的高度。

当应用设置完成后,可以单击"应用设置"按钮使设置生效。

图 12-6 "导航选项卡"选项卡

图 12-7 "模型树设置"选项区和"高度"滑块

5."浏览器"选项卡

单击"定制"对话框中的"浏览器"标签,打开"浏览器"选项卡,如图 12-8 所示。它主要用于设置浏览器的宽度、默认情况下的显示等。

在"浏览器"选项卡中,"窗口宽度"滑块和文本框用于设置浏览器宽度。"在打开或关闭时进行动画"复选项用于决定浏览器的动画效果;"缺省情况下在载入 Pro/E 时展开浏览

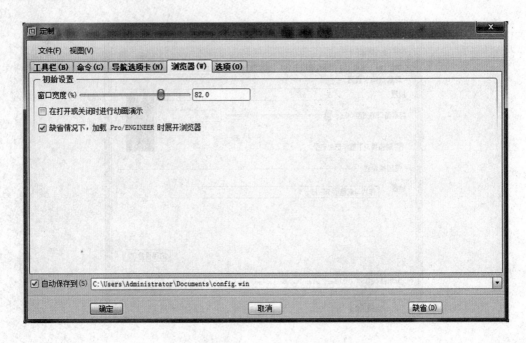

图 12-8　"浏览器"选项卡

器"复选项用于决定浏览器是否在进入 Pro/E 系统时就展开。

12.4　Pro/E 模板创建

对于 Pro/E,很多情况下都是在同一个工作要求中进行工作,所以可以通过模板的方式来建立通用模板,这样可以避免重复的操作,并且通过零件模板创建生成的零件都有相同的属性,如系统的单位、零件的精度、模型文件的参数及参数值等。

下面介绍零件模板的创建和使用方法。组件模板和零件模板的创建一样,具体的创建步骤如下:

1. 建立零件模板文件

在"零件"模板下,如果在"新建"对话框中取消选中"使用缺省模板"复选项,则在单击"确定"按钮后将显示如图 12-9 所示的"新文件选项"对话框。通过单击"浏览"按钮可以选择需要的模板。如果用户已经创建了模板,就可以通过这个操作加载。选择某个模板后,将该模板以其他名称保存起来。

2. 设置模板单位

1)依次单击主菜单"编辑"→"设置"选项,弹出"零件设置"菜单管理器。

2)选择"单位"选项,弹出"单位管理器"对话框。

3)在"单位制"的列表中选择所需要的单位制,单击"设置"按钮命令其生效。或者可以自己创建需要的单位制,单击"新建"按钮,弹出"单位制定义"对话框。从中可以选择需要的长度、质量、时间和温度参数。然后单击"确认"按钮即可。

4)系统将设置新的单位制,弹出提示对话框,如果选中"转换尺寸"单选按钮并确定,则将进行单位转换。如果选中"解译尺寸"单选按钮,则保持尺寸值不变,只是单位发生改变。

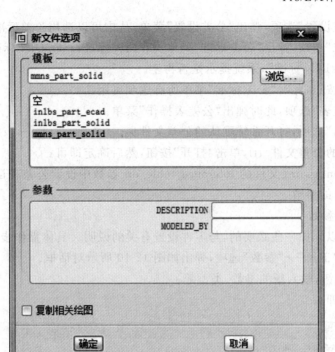

图 12-9 "新文件选项"对话框

5)关闭"单位管理器"对话框。

3. 设置模板材料

对于零件来说,必须赋予材料才能进行质量、有限元分析等工作。

1)依次选择"零件"→"设置"→"材料"选项,弹出"材料"对话框。

添加材料到模型中。

2)从左侧材料列表中选择一种材料并双击,该材料将添加到右侧"模型中的材料"列表中。用户可以重复上面步骤,添加多个材料到模型中。

3)创建新材料。

(1)在"材料"对话框中单击"新建"按钮,弹出"材料定义"对话框,在此对话框中输入材料名称、密度。

(2)在"结构"选项卡中输入泊松比、杨氏模量等。

(3)在"热"选项卡中输入热导率,指定热容量。

(4)在"杂项"选项卡中确定剖面线、折弯因子和硬度。

(5)在"用户定义"选项卡中决定用户定义的材料参数值。

(6)在"外观"选项卡中,单击"新建"按钮,可以通过"材料外观编辑器"对话框创建材料颜色等。也可以单击"选择者"按钮,通过"外观选择器"对话框来选择所需的外观状态。

4)保存文件,并单击"材料"对话框中"确定"按钮。在 Config. pro 文件中,材料库也可以通过 pro_material_dir 设置。

4. 设置公差

1)依次单击主菜单"编辑"→"设置"选项,弹出"零件设置"菜单管理器。

2）选择"公差设置"选项，弹出"公差设置"菜单，从中可以选用公差标准。

3）选择"标准"选项，弹出"公差标准"菜单。有两种标准：ISO/DIN 标准和 ANSI 标准。

4）选择"ISO/DIN 标准"，系统提示是否再生。

5）单击"是"按钮，此时"公差标准"菜单所有选项可用。

6）选择"公差表"选项，此时弹出"公差表操作"菜单。

7）选择"检索"选项，打开系统默认的公差文件夹。

8）选择需要的公差文件.ttl，单击"打开"按钮，然后确定即可。

系统将在 Config.pro 文件的 tolerance_table_dir 参数中设置公差表目录。按照这种方式，建立其他需要的参数。

5．添加模板参数

在模板中可以添加一些必要的，与零件设置有关的说明。具体操作步骤如下：

1）依次单击"工具"→"参数"选项，弹出如图 12-10 所示对话框。

2）单击 ⊞ 按钮，输入新的参数、类型等。

输入后确定即可。

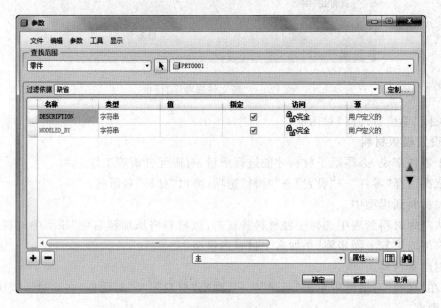

图 12-10　"参数"对话框

12.5　材质库与自动生成 B.O.M

12.5.1　材质库

材质库提供模型的表面视觉属性，通过调用材质库进行渲染，实现设计产品的效果图，让设计的产品看起来跟真实的物体一样。材质库由很多种材质组成。材质的属性主要有颜色、表面光洁度、表面光的反射率和光的透射率。可以用图片代替材质，图片的视觉效果作为渲染的效果。将最常用的颜色及与颜色配套使用的材质配置好，保存为一个或者多个文件,通过配置文件 Config. pro 进行配置后调用。

材质库可以分为软件自带材质库和用户自定义材质库两种。与 Pro/E 软件配套,有一个材质库光盘,包含各种色表、材质、渲染文件。将此材质库安装后,通过 Pro/E 系统配置文件 Config. pro 选项"pro_texture_dir",就完成了材质库的配置,设计中即可调用此材质库,给模型赋予材质进行渲染,渲染中的色表是插入模型中,即下次打开时,即使这些色表丢失,模型的渲染效果也保持不变。

12.5.2 自动生成 B. O. M

B. O. M 是采购和制造用的材料清单。以前的设计中,B. O. M 都是通过人工统计汇总出来的,对于大型设计,B. O. M 的工作量很大,而且这个工作特别繁琐,很容易出错。Pro/E 通过对系统的合理配置,加上格式文件的规划设置,可以实现自动生成清单。可以直接交付采购与制造,不再需要设计人员去统计零件的个数,不再需要提标准件清单。

要实现 Pro/E 系统自动生成清单,有两个前提条件,第一个前提条件是零件和装配中定义了适当的参数并且为这些参数赋予了参数值。例如要自动生成,必须能够自动生成零部件的名称、重量、图号或者标准号等,在零部件中必须含有这些参数值。第二个前提条件是有正确的格式文件,能够提取零件和装配中的各种参数值,自动生成清单。

满足第一个前提条件是零件和装配的建模模板配置问题,在模板中建立哪些参数,通过模板生成零件和装配后,为文件输入哪些参数值,如零件的名称、零件的图号、零件的材料。Pro/E 自动计算零件的重量并统计零件的数量。

12.6　思考与练习

1. 系统规划与配置的主要内容有哪些?
2. Pro/E 软件定制屏幕包括几个选项卡? 各有什么作用?
3. Pro/E 系统的首要配置包括几个文件? 分别有哪些特点?
4. 详细介绍 Config. pro 配置文件的创建和修改方法。
5. 说出 Config. pro 配置文件的加载顺序?
6. 详细介绍 Pro/E 零件模板的创建方法。
7. 材质库都有哪几类? 材质库的属性主要有几种?
8. 简要说明 B. O. M 的生成方法。

51cax 教学资源服务指南

一、51cax 教学资源的特点

51cax 提供优质的、与教材配套的立体教学资源。立体教学资源采用立体词典的形式。"立体"是指资源结构的多样性和完整性,包括视频、电子教材、印刷教材、PPT、练习、试题库、教学辅助软件、自动组卷系统、教学计划等。"词典"是指资源组织方式,即把一个个知识点、软件功能、实例等作为独立的教学单元,就像词典中的单词。教师利用这些"单词",可灵活组合出各种个性化的教学资源。

二、如何获得配套立体资源?

选用本教材的任课教师请直接致电(0571-28852522)索取配套立体资源(教师版)及专用序列号。

其他用户可通过以下步骤获得配套立体资源(学习版):1)在 www.51cax.com 网站注册并登录;2)点击"输入序列号"键,并输入教材封底的序列号;3)在首页搜索栏中输入本教材名称并点击"搜索"键,在搜索结果中下载本教材配套的立体词典压缩包,解压缩并双击 Setup.exe 安装。

＊在首页点击"教学软件"下载立体词典教学软件,覆盖安装即可以升级到最新的立体词典软件版本。

三、如何使用立体词典教学软件?

在 window 视窗中,依次点选:"开始"|"所有程序"|"立体词典教学软件",即可启动教学软件。在教学软件界面中点击"帮助"键,即可观看操作说明(动画),只需几分钟便可掌握教学软件的使用方法,并学会如何对教学资源进行添加和修改。

四、如何使用试题库及在线自动组卷系统?

1)登录 www.51cax.com 网站;2)点击"输入序列号"键,并输入我们为教师提供的专用序列号;3)单击"进入组卷系统"键,进入"组卷系统"进行组卷。

＊点击"立体词典"软件中的"帮助"键,即可下载并观看操作说明(动画),只需几分钟便可掌握组卷系统的使用方法,并学会如何对试题库进行添加和修改。

五、51cax 的服务

51cax 提供优质教学资源与教材的开发服务,热忱欢迎出版社、教师、工程技术人员等前来洽谈合作。网站:www.51cax.com　电话:0571-28852522　邮箱:book@51cax.com

机械精品课程系列教材

序号	教材名称	第一作者	所属系列
1	AUTOCAD 2010 立体词典:机械制图(第二版)	吴立军	机械工程系列规划教材
2	UG NX 8.0 立体词典:产品建模(第三版)	单岩	机械工程系列规划教材
3	UG NX 6.0 立体词典:数控编程(第二版)	王卫兵	机械工程系列规划教材
4	立体词典:UG NX 6.0 注塑模具设计	吴中林	机械工程系列规划教材
5	UG NX 10.0 产品设计基础	郭志忠	机械工程系列规划教材
6	CAD 技术基础与 UG NX 6.0 实践	甘树坤	机械工程系列规划教材
7	ProE Wildfire 5.0 立体词典:产品建模(第三版)	门茂琛	机械工程系列规划教材
8	机械制图	邹凤楼	机械工程系列规划教材
9	冷冲模设计与制造(第二版)	丁友生	机械工程系列规划教材
10	机械综合实训教程	陈强	机械工程系列规划教材
11	数控车加工与项目实践	王新国	机械工程系列规划教材
12	数控加工技术及工艺	纪东伟	机械工程系列规划教材
13	数控铣床综合实训教程	林峰	机械工程系列规划教材
14	机械制造基础—公差配合与工程材料	黄丽娟	机械工程系列规划教材
15	机械检测技术与实训教程	罗晓晔	机械工程系列规划教材
16	Creo 3.0 立体词典:产品建模	金杰	机械工程系列规划教
17	机械 CAD(第二版)	戴乃昌	浙江省重点教材
18	机械制造基础(及金工实习)	陈长生	浙江省重点教材
19	机械制图	吴百中	浙江省重点教材
20	机械检测技术(第二版)	罗晓晔	"十二五"职业教育国家规划教材
21	逆向工程项目实践	潘常春	"十二五"职业教育国家规划教材
22	机械专业英语	陈加明	"十二五"职业教育国家规划教材
23	UGNX 产品建模项目实践	吴立军	"十二五"职业教育国家规划教材
24	模具拆装及成型实训	单岩	"十二五"职业教育国家规划教材
25	MoldFlow 塑料模具分析及项目实践	郑道友	"十二五"职业教育国家规划教材
26	冷冲模具设计与项目实践	丁友生	"十二五"职业教育国家规划教材
27	塑料模设计基础及项目实践	褚建忠	"十二五"职业教育国家规划教材
28	机械设计基础	李银海	"十二五"职业教育国家规划教材
29	过程控制及仪表	金文兵	"十二五"职业教育国家规划教材